KB275596

유라시아 횡단, 22000km

유라시아 횡단, 22000km

동해항, 블라디보스토크에서 이스탄불까지
'시베리아, 실크로드'를 자동차로 달린다

글·사진 **윤영선**

스타북스

(가나다순)

나이 70세 가까운 부부의 실크로드, 시베리아 횡단 여행. 꿈같은 여정, 끝없는 도전. 젊은 후배들에게 도전 정신과 희망을 주는 생생한 여행기이다.

권태호 한겨레신문 논설실장

단순한 여행기가 아니다. 유라시아 대륙과 대자연의 역사가 녹아 있다. 추억 많은 사람이 부자라는 말에 공감! 쉽게 따라 할 수 없는 경험이라 부럽다.

김영화 한국일보 뉴스룸 국장

필자는 학창시절부터 구상한 꿈의 여행을 현실로 만들었다. 동토의 시베리아, 유목민의 고향인 사막과 초원, 실크로드 유적, 카스피해… 이 땅에 정착한 한국인의 시원, 모태로 회귀하는 눈부신 여정에 마음으로 동행하면서 뭉클한 감동과 위로를 선물로 받았다.

이하경 중앙일보 대기자, 전 주필

이 책은 단순한 여행기가 아니다. 지식이 담긴 역사서다. 혜초 스님의 왕오천축국전 등 우리민족의 얼이 파미르고원까지 어떻게 펼쳐졌는지 흥미진진한 스토리를 담았다. 중국에 외국 등록 차량 반입이 힘들다는 등 기본적인 여행 정보뿐 아니라 현지에서만 들을 수 있는 역사적 사실들이 이 책 곳곳에 숨은 보석처럼 알알이 박혀 있다.
춘원 이광수 소설 '유정'의 배경인 바이칼 호 탐방기와 은막의 스타 남정임이 영화 '유정'으로 데뷔하면서 여주인공의 이름을 예명으로 썼다는 사실, 시베리아는 원주민어로 '잠자는 땅'이라는 지식, 영화배우 율브린너가 블라디보스톡 태생이라는 것 등 깨알 상식이 넘쳐난다. 이 책은 또 "세상은 눈에 보이는 게 전부가 아니야. 눈에 안 보이는 것들을 볼 줄 아는 지혜가 필요하다"는 인생의 교훈들과 중석몰촉中石沒鏃·완벽귀조完璧歸趙 같은 고사성어도 많아 삶의 지혜와 지식의 보물 같은 역할도 한다.

나라를 생각하는 필자의 애국심을 2만2000km 여정 내내 느낄 수 있어 여타 여행기와는 달랐다. 여행뿐 아니라 역사와 종교에 관심 있는 독자들에게 강력히 추천한다.

최우석 조선일보 편집국 부국장

윤영선 전 관세청장은 매사에 성심을 다하는 공무원의 전형이었다. 그의 열정과 순수함이 이번 여행기에도 고스란히 담겨 있다. 삶의 후반부를 멋진 도전과 감동으로 장식한 윤 전 청장께 박수를 보낸다.

황인혁 매일경제신문 디지털뉴스부장

길은 사람이다. 시간과 문명이 다져지는 바탕이다. 길에서 명멸했던 자연과 역사의 속살을 관찰하고 독특한 시각으로 채색된 완성품이 이 책이다. 유라시아 횡단에 도전하는 작가는 동방의 마르코 폴로 같다. 동쪽으로 전해진 문명의 길을 거슬러 서쪽으로 탐사하는 루트는 흥미진진하다.

김경한 작가, 컨슈머 타임스 대표

칠순에 험난한 미지의 실크로드를 완주하신 종심從心, 그 도전과 용기에 경의를 표합니다.

박재완 성균관대학 재단 이사장. 전 기획재정부 장관. 노동부 장관

매주 연재한 22,000km 대장정의 기록을 읽어보면 마치 저자를 따라 직접 동행한 느낌이다. 글은 역시 글쓴이를 닮나 보다. 저자의 글은 솔직담백하고 소탈하고 맑다. 글 그대로 가슴에 와 닿는다. 박식하여 동서고금, 종횡무진 거침이 없다. 포기할 줄 모르는 도전과 용기, 그리고 기개가 넘친다. 저자와 동행하면서 줄곧 남다른 열정, 삶의 활력, 밝은 에너지가 전염되어 오는 것을 느낀다. 우리 젊은이들에게도 일독을 권하고 싶다.

변재용 한솔교육 회장

신선한 기획, 무모한 실행!! 현지의 풍광, 유적과 문화를 기록한 여행기이자 한민족 이주의 역사와 독립운동의 발자취 그리고 문화적 유산을 짚어 가는 대서사의 기록이 큰 감동을 주었다. 국경으로 나누어진 여러 민족의 운명을 비단길 상인이 지나던 과거보다 현재가 더 냉엄한 현실로 보였다. 자유로운 영혼이 되어 고난의 오지 여행을 무사히 마친 저자에게 깊은 경의를 보낸다.

안용석 법무법인 광장 대표

꿈을 꾸는 사람은 아름답다. 꿈이 생명이기 때문에 꿈이 있는 한 젊음이 함께 한다. 윤영선 청장의 유라시아 대륙횡단은 오랜 꿈이었고 그 꿈을 이루어가는 여정을 담은 이 책은 우리에게 젊음의 향기와 성취의 기쁨을 전해준다. 부럽고 존경스럽고 다음 꿈 이야기가 기대된다.

유지범 성균관대학 총장

어렸을 때부터 지금까지 오랜 시간 친구의 변신을 지켜보면서 점점 큰 놀라움을 갖게 됩니다. 조용하고 성실한 학생에서 유능하고 적극적인 공직자를 거쳐, 이젠 모험가로서의 멋진 모습을 보여주는 끊임없는 열정은 어디서 나오는 것인지 궁금하네요. 유라시아 횡단의 역경을 기록한 이번 책에 이어 티벳 오지를 탐험하고 있다는 최근 소식을 들었는데, 내년쯤은 일런 머스크의 우주선을 타고 여행하지 않을까요? 흥미진진한 이 책을 인생을 다양하게 엮고 싶어 하는 모두에게 추천합니다.

유진룡 국민대학교 석좌교수, 전 문화관광부 장관

한번 읽기 시작하면 중독되어 끝까지 읽어야만 하는 흥미진진하고 감동적인 여행기!

윤재륜 호림미술관 관장. 전 서울대학교 공과대학 교수

마르코폴로의 동방견문록보다도 재미있고, IMAX 대형 영화를 보는 듯이 눈을 뗄 수 없는, 인문 역사적 지식이 특히 돋보이는 유라시아 대륙 22,000km 횡단 여행기, 일독을 강력히 추천합니다.

이영진 성균관대 법학전문대학원 석좌교수, 전 헌법재판관

놀랍다! 고희를 목전에 둔 나이에 자동차로 22,000km 유라시아 횡단 여행을 감행하다니. 부럽다! 결혼 40주년 기념으로 부인까지 끌어들여 긴 고생 여정을 함께 하다니. 존경스럽다! 여행의 전 과정을 글과 사진으로 꼼꼼히 정리하여 세상과 공유하다니. 이 책을 읽다 보면 지루할 틈이 없이 어느덧 저자와 함께 유라시아 횡단 여행을 함께하는 듯한 묘한 기분에 빠져들게 된다. 저자가 들려주는 역사 이야기와 여행 꿀팁도 귀중한 덤이다.

조재연 성균관대학 법학전문대학원 석좌교수. 전 대법관, 법원행정처장

공직에서 30여 년, 민간에서 10여 년 근무를 마치고 2024년 봄 직장에서 은퇴했다. 새로운 도전으로 무엇을 해볼까? 고민하다가 문득 50년 전 학창 시절의 꿈이 생각났다. 그동안 직장에 얽매여 도전하지 못했던 꿈을 이번에 실천해 보자고 결심했다. 고대 한민족 역사의 자취와 얼이 숨 쉬는 아시아 대륙의 깊은 오지를 다녀오는 것이다.

학창 시절 '역사, 지리' 과목은 내가 가장 좋아하는 과목이었다. 고대 동서 간에 교역, 문화, 종교 등 통행로인 '실크로드'를 가보고, 1,300년 전 젊은 신라 승려 혜초 스님이 통과했던 여정을 따라가 보고, 우리나라를 자주 침략했던 유목민의 활동무대인 몽골고원과 일제강점기 해외 독립운동 무대였던 연해주와 시베리아를 가보는 것이다.

아울러 세계에서 가장 험난한 사막으로 알려진 타클라마칸 사막, 지구의 지붕으로 불리는 파미르고원, 천산산맥과 천산고원, 중앙아시아의 키질쿰 사막, 카스피해, 코카서스산맥 등 아시아 대륙의 깊은 속살을 들여다보는 것이다.

결혼 40주년, 내 나이 70세를 맞이하여 의미 있는 이벤트를 찾던 중에 "시베리아, 실크로드" 횡단 여행 소문을 듣고, 우리 부부는 반갑게 합류했다. 2024년 7월, 8월 두 달 동안에 걸친 유라시아 횡단 자동차 여행에 참여한 것은 내 삶의 작은 행운이다.

힘난한 코스를 동행해 준 아내에게 감사한다. 40년 인생 동지인 아내는 내게 가장 가까운 친구이다. 아내는 남편에 대한 사랑과 우정 때문에 억지로 여정에 동참했는데 아내가 없었다면 훨씬 힘든 여행이 되었을 것이다. 아내는 사막 길 여행 중 목 디스크가 발병하여 반쯤 울어가며 함께했는데 가끔은 병이 생긴 일행에게 간병인 역할, 남성 일행들 간에 갈등이 생겼을 때는 유머와 농담으로 화합 지원 등 여행 중 감초 역할을 해주었다.

이번에 처음 만난 김중석 목사님, 강경중 회장님, 오영환 대표님, 이경태 실장님과 차량을 선도한 현광민 대장과 윤하경 군 모두가 불가에서 말하는 큰 인연이다. 난삽한 원고를 매끄럽게 다듬어준 서울고 후배 우현석 투어플랜 대표께 감사드린다.

실크로드 여행으로 아내와 공통의 추억이 많아져 더욱 돈독한 인생 친구가 된 것도 값진 선물이다. 엄마 아버지에게 힘을 보태준 윤태인, 윤태준 두 아들, 며느리에게도 고맙다. 먼 훗날 할아버지 할머니가 어떤 사람인지를 내 사랑하는 손자, 손녀들이 이 책을 통해 알고, 굳세게 삶을 살아갔으면 하는 바람이다. 미지의 땅으로 자동차 여행을 떠나는 동생에게 물심으로 성원을 해주신 큰형님 부부(윤해선, 유선묵)께도 감사 인사를 드린다.

　마지막으로 평소 재치와 유머가 넘치고, 이번 여행을 함께 했으며, 내 인생의 동지이자 가장 사랑하는 친구인 아내 송익순에게 이 책을 바친다.

2025. 9.

윤영선

CONTENTS

PART 5 중앙아시아 실크로드 구간

유라시아 실크로드 여행경로
러시아
카자흐스탄
벨라루스
우크라이나
몰도바
루마니아
아티라우
아스트라한
불가리아
흑해
베이네우
블라디카프카스
조지아
카스피해
이스탄불
트라브존
트빌리시
우즈베키스탄
타슈켄트
키르기스스
앙카라
바투미
히바
오시
그리스
튀르키예
시바스
아르메니아
아제르바이잔
부하라
안디잔
카파도니아
투르크메니스탄
사마르칸트
타지키스탄
카슈
키프로스
시리아
아프가니스탄
지중해
레바논
이라크
이란
이스라엘
파키스탄
요르단
쿠웨이트
이집트
카타르
리비아
사우디아라비아
아랍에미리트
인도
오만
홍해
아라비아해
예멘
에리트리아
수단
지부티
에티오피아
인 도 양

러시아
바이칼호
스코보로디노
울란우데
치타
네르친스크
벨로고르스크
카흐타
다르항
하바롭스크
울란바토르
몽골
우수리스크
블라디보스토크
자민우드
엘렌하오터
투루판
쿠차
하미
북한
동해
거수
주천
둔황
장예
대동
서울
대한민국
동해
평요
란주
서해
중국
천수
서안
대만
일본
네팔
부탄
방글라
데시
미얀마
라오스
남중국해
필리핀
태국
벵골만
베트남
캄보디아
평
스리랑카
브루나이
말레이시아
양
싱가포르
인도네시아
태

— PART 1 —

대륙을 향한 첫날

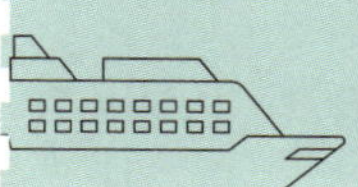

동해항에서 블라디보스토크로

"시계는 살 수 있지만 시간은 살 수 없다"라는 금언이 있다. 인생의 삶에서 꼭 하고 싶은 일을 뒤로 미루지 말라는 뜻이다.

학창 시절부터 오랫동안 꿈꾸었던 소망이 있다. 동양과 서양의 고대 교역로인 '실크로드' 탐방, 신라 승려 '혜초'의 왕오천축국전 발자취, 지구의 지붕으로 불리는 '파미르고원' 등 아시아 대륙의 속살은 어떻게 생겼는지 몸으로 직접 체험하고 싶은 소망이다.

결혼 40주년과 내 나이 70세 기념으로 오랜 세월 간직했던 꿈인 '시베리아, 실크로드' 유라시아(유럽과 아시아) 대륙횡단 여행을 실천해 보기로 했다.

2024년 7월 2일 화요일 오후 3시 동해항 여행터미널에서 카페리호에 자동차를 싣고 러시아 블라디보스토크로 출발할 계획이다.

여객선 출발 3시간 전까지 체크인을 위해 12시까지 동해항에 도착하기 위해 이른 아침에 서울에서 자동차로 영동선 고속도로를 타고 강릉 방향으로 향한다. 장맛비가 출발부터 계속 내린다. 평창, 대관령 들어서면서 강한 비에 산안개까지 앞을 가렸다. 자동차 앞 유리창 브러쉬가 쉼 없이 움직여 더욱 마음이 심란하다. 이번 자동차 여행에 동반자로 함께 가는 아내의 표정이 불안한 기색이다.

이번 자동차 여행은 통상적 여행인 고성, 성당 등 문화유적, 미술관이나 박물관, 쇼핑이나 먹거리 등 일반 관광과는 다른 여행이다. 여행 경로는 러시아 블라디보스토크항에서 유럽대륙 이스탄불까지 서쪽으로 계속 가면서 북쪽과 남쪽으로 오르내리는 장거리 여행이다. 이동해야 할 거리는 약 2만 2천km이다.

여행사조차도 관광상품으로 팔지 아니하는 오지, 초원, 사막, 반사막, 스텝지역, 고산지대를 운전해서 가는 것이다. 낭만적이기보다는 고행苦行길이고, 인내와 불편함을 요구하는 거친 여행이다. 우리나라는 자동차 여행 불모지이고, 유럽과 아시아 대륙을 관통하는 자동차 여행에 대한 여행 경험도 매우 적다. 아무나 도전하기 어려운 코스이다. 60대 후반 부부로서는 아마도 최초로 시도하는 유라시아 대륙횡단 자동차 여행일 것이다. 험난한 여행 코스에 대해 아내뿐 아니라 자녀들, 친지들의 반대와 걱정이 많다.

여행을 가기로 결심한 지난 4월부터 마음속으로 내심 걱정이 많았다. 자동차가 지나가는 도로의 형편이나 사정은 어떨지? 인터넷도 아니 되고 병원도 없는 시베리아나 사막의 오지에서 큰 병이 생기면 어떻게 대응할지? 중간에 자동차가 고장이 나면 대체 어떻게 할지? 시베리아, 고비사막, 타클라마칸 사막 등에서 도둑이나 강도를 만난다면? 아시아와 유럽대륙을 관통하는 장거리 여행 도중 만날지도 모를 상황에 대한 불안감이다.

동해항에서 블라디보스토크항으로 가는 카페리호

함께 가기로 약속한 아내는 출발이 가까워질수록 불안해 하는 눈치다. 신경이 예민해지고 있다. 아내는 수시로 자기는 빼고 나 혼자 가라는 하소연을 하여 힘들게 한다. 동해항으로 가는 차 안에도 아들들, 손자들, 친구들과 서울에서 함께 보내는 것이 훨씬 재미있다고 가기 싫다고 불평한다. "향후 나와의 여행은 이번이 마지막이다."라고 차 안에서 반협박까지 한다.

나 자신의 불안감이 커질수록, 아내의 반발이 커질수록 이번에 떠나지 아니하면 영원히 못 가게 된다는 생각으로 못 들은 척 무시하며 가고 있다.

자동차 양쪽 벽에 우리가 지나갈 여행 경로를 나타내는 대형 지도를 붙여 놨다. 학창 시절 '세계지리, 세계사' 과목을 좋아했다. 광대한 시베리아 초원, 유목민들이 살았던 사막과 초원, 실크로드 유적, 카스피해 등 언젠가는 가보리라고 생각만 하였는데 드디어 출발한다.

통과하는 국가는 러시아, 몽골, 중국, 키르기스스탄, 우즈베키스탄, 카자흐스탄, 남부 러시아 재입국, 조지아, 튀르키예다. 블라디보스토크에서 북서쪽 시베리아를 따라 바이칼호로 간 후에 여기서 남쪽으로 내려와서 몽골을 지나 중국으로 들어가는 코스이다. 매우 험하기로 소문난 고비사막, 타클라마칸사막, 키질쿰사막을 통과해야 한다. 몽골고원, 파미르고원, 천산고원, 아나톨리아 고원 등 고산지대도 통과해야 한다.

고등학교 시절부터 오랫동안 미뤄왔든 인생 숙제를 이번에 해결하는 여행이다. 우리나라는 지정학적으로 자동차 여행이 무척 힘든 나라이다. 유럽 국가들은 국경 통과가 자유롭고, 맘만 먹으면 자동차로 동유럽, 러시아, 중앙아시아, 인도 등을 쉽게 갈 수 있다.

하지만 우리는 아시아 대륙으로 가는 길목을 북한이 가로막

출발 전 자동차 옆면에 유라시아 대륙횡단 여행 지도를 부착해 놓았다.

고 있다. 자동차를 배에 실어서 러시아에서 여정을 시작해야 한다. 북한을 우회하여 인천에서 중국 산둥 반도로 가는 것을 생각할 수 있지만 중국은 외국인의 자동차 여행을 금지하는 국제협약(제네바협약) 미가입국이다. 우리나라 관세청은 중국으로 자동차 여행을 위한 승용차 반출을 금지한다는 것을 출발 며칠 전에 알았다. 우리는 불가피하게 러시아와 몽골을 경유, 중국 내몽골로 우회하기로 여행계획을 변경했다.

동해항에서 러시아 블라디보스토크까지는 바닷길 거리는 700km, 운항 시간이 25시간이다. 일주일에 한 번만 카페리호가 다닌다. 러시아와 우크라이나 전쟁으로 러시아로 들어가는 항공편이 중단되었기 때문에 블라디보스토크로 가는 배편이 유일하다.

12시경 동해항 국제여객터미널에 도착해서 함께 갈 동반자들과 반갑게 상견례를 하였다. 이곳에서 처음 만나는 사람도 몇 사람 있다. 여행팀은 여비를 분담하는 6명이 주축이다. 지원 인원 두 명(선두에서 자동차 길을 안내하는 사람, 러시아어 통역을 담당하는 학생) 전체 8명이다.

차량은 사막의 험한 길을 갈 수 있는 차대가 튼튼한 SUV '모하비'차 세 대이다. 차를 가져온 사람은 여비를 적게 내고, 나머지 사람은 여비를 더 내기로 했다.

동해항 국제선 여객선 대합실에 처음 왔는데 승객은 대다수가 러시아인이다. 러시아의 어느 지방 도시처럼 러시아어 목소리만 들린다. 키도 크고, 체격도 뚱뚱한 러시아인들이다. 마치 어느 러시아 지역에 온 것 같다. 배에 싣고 갈 보따리들이 많고, 1인당 가져가는 보따리 숫자도 많다. 아마도 상당수는 '보따리

블라디보스토크행 카페리호 3등 객실 내부

상'을 하는 사람처럼 보인다.

오후 배가 출발할 시간이 되어서도 빗줄기는 더욱 강해지고 계속 내린다. '배가 정시에 출발할 수 있을지? 파도가 높으면 뱃멀미는 안 할지?' 걱정이다. 당초 예상보다 운항 시간이 늘어날 것 같다.

여객선 예약이 늦은 관계로 선실은 20여 명이 함께 쓰는 커다란 원룸 3등 객실이다. 70년대 학창 시절 수학여행 가서 큰방에 수십 명이 함께 잤던 기억이 떠오른다. 러시아 사람도 몇 명 같은 방에 있다. 승객당 헌 매트리스 한 개, 베개 하나씩 배정이다. 밤에 화장실 갈 때 누워있는 옆 사람을 밟지 아니하도록 조심해야 한다. 출발 첫날부터 매우 불편한 여정이다. 아내는 말은 안 하지만 정말로 심란한 표정이다.

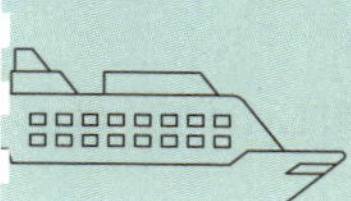

블라디보스토크행 국제여객선

동해항 국제여객터미널에 장맛비는 계속 강하게 내리고, 바람도 세차게 불어온다. 다행히 비바람 속에서 블라디보스토크행 여객선은 7월2일, 오후 3시 정시에 출발했다.

여객선 선실까지 높이가 20m 이상 높은데, 각자 자기 짐을 들고 선실로 올라가야 한다. 선실까지 가파른 계단으로 무거운 트렁크를 들고 올라가는 것도 보통 일이 아니다. 여행용 가방은 침실 매트리스 옆에 놔뒀다. 속옷이나 세면도구를 넣고 꺼내기 편해야 하고, 도난 방지를 위해서 바로 옆에 두고 있다.

시속 30㎞ 속도로 가는 여객선은 블라디보스토크항 도착까지 25시간 걸린다. 처음 타보는 국제선 3등실 객실이 매우 비좁다. 갑판에 나가보면 비바람이 불고, 짙은 해무海霧 때문에 시야가 수백 m도 아니 되어 답답하다.

우리는 여객선 식당에서 식사를 했다. 식사는 일률적으로 1만 5,000원짜리 한가지인데 음식 품질은 별로다. 식권을 사서 1층에 설치된 뷔페식당에서 한다. 식당의 좌석 숫자가 턱없이 부족하여 줄 서서 기다리다가, 앞사람이 먹고 나면 다음 사람을 들여보낸다. 군대 배식처럼 식사 시간 10분 전에 미리 줄을 서서 기다려야 음식 부족이 없다.

식사하러 갈 때 같은 선실을 쓰는 러시아 40대 여성에게 짐을 봐달라고 부탁하였다. 이 여성은 대구에서 일을 하고 있는데 2년 만에 고향에 남편과 자녀를 만나러 간다고 한다. 10살짜리 아들이 방학이라 대구에 엄마를 만나러 왔다가 함께 귀국하는 중이라고 한다. 모자는 식사를 빵과 간식으로 선실에서 한다.

작은 샤워실은 복도 중앙에 남, 여 하나씩 있다. 우리 부부는 수건을 안 가져왔다. 수건은 당연히 샤워실에 비치되어 있을 것으로 예상했는데 수건이 없다. 샤워 후에는 작은 손수건으로 간신히 물기를 닦는다. 아내는 수건과 샴푸가 없어서 머리를 못 감는다고 불평한다.

저녁 식사 후 할 일이 없어서 아내와 맥주 한 잔 마시러 휴게

블라디보스토크행 국제선 카페리호 갑판

실에 갔다. 러시아인들은 휴게실에서 한국 라면을 저녁 식사로 먹고 있다. 뜨거운 물을 제공하기 때문에 컵라면을 안주 삼아 술자리가 요란하다. 여객선 면세점에서 위스키 한 병을 샀다. 향후 지구의 지붕인 파미르고원의 산신령에게 작은 산신제를 지낼 생각이다.

자동차를 외국으로 가지고 떠나는 자동차 여행은 항공 여행보다 절차가 매우 복잡하다.

첫째, 영문으로 작성된 '자동차 여행증명서'가 필요하다. 자동차는 관세법에서 '휴대품'으로 분류하여 국경에서 세금을 부과하지 아니한다. 자동차 여행을 떠나기 전에 자동차의 차대번호, 제작 연도, 차량 종류 등을 영문으로 표시한 정부의 '영문증명서'를 발급받아 소지하고 다녀야 한다.

한국에서 가져간 자동차를 다른 나라에서 팔고 돈으로 가지고 오거나, 한국의 헌 차를 가지고 가서 팔고, 외국에서 새 차를 사 오면 아니 된다. 사고 등으로 폐차가 되면 해당 국가의 '폐차확인서'를 한국에 가져와야 한다. 즉 한국에서 가져간 차량을 다시 한국에 가져와야 한다.

또 개인 명의로 소유한 차량이어야 한다. 법인 명의 차, 렌터카는 여행자의 개인 휴대품으로 보지 아니함에 따라 외국으로 반출이 안 된다. 동해항에서 자동차의 선적, 러시아 블라디보스토크 항구의 세관에서 자동차 통관, 국제번호판 발급 업무는 전문 운송업자에 수수료를 주고 맡겼다. 이러한 복잡한 사실을 자동차 여행을 준비하면서 처음 알았다.

둘째, 도로가 나쁘고, 장기간 운행을 대비한 수리와 소모품 부품 교체는 미리 해야 한다. 자동차 타이어를 새것으로 교체하

동해항 국제선 여객선 대합실에서 기념 촬영

고, 예비 타이어 한 개를 산다. 엔진오일, 에어컨 오일 등도 갈아야 한다.

우리 일행 8명은 자동차를 3대 가지고 간다. 차종은 기하 자동차 '모하비' SUV 차이다. 모하비는 차대가 튼튼하고 힘이 좋아서 장거리 험로에 적합한 차라고 말한다.

여행을 함께 가는 일행은 8명인데 전체가 만난 것이 동해항이 처음이다. 8명 중에서 6명은 비용을 부담하는 주축 인원이고, 두 명은 여행을 지원하는 스텝이다. 유라시아 대륙의 자동차 여행에 대한 공통된 관심으로 우연히 만난 사람들이다. 여성은 내 아내 한 사람뿐이다. 아내는 낯선 남성들 사이에서 함께 대화를 나눌 여성이 없다고 짜증을 냈다.

우리 부부만 빼고 자동차 드라이브를 좋아하는 사람들이다. 출신 지역도 여수, 임실, 제천, 이천, 서울 등 다양하다. 스텝 중

안개 낀 블라디보스토크 항구 전경

한 사람은 러시아어과 4학년 재학생으로 러시아어 통역 등을 위해 두 달 동안 채용한 알바생이다. 일행 모두의 출신지, 직업, 연령 등이 다르다. 처음 만난 사람들끼리 장기간 여행 중에 생길 수 있는 갈등과 건강이 걱정된다. 남남끼리 장기간 여행은 상호 소통과 배려가 중요한데, 끝까지 갈등 없이 다녀오기를 기도했다. 차량 세대에 각각 두 명, 세 명, 세 명 나누어 탑승하고, 운전은 교대로 하기로 했다.

배는 망망대해 동해 바다를 가로질러 북동쪽으로 향한다. 동해항을 보면서 "거친 바다가 훌륭한 선원을 만든다." "인생은 망망대해를 항해하는 선원과 같다."라는 명언이 생각난다. 바다는 여러 개의 얼굴을 갖고 있다. 잔잔하고 평온한 바다, 폭풍우가 몰아치는 무서운 바다 등 시시각각 변하는 얼굴을 갖고 있다.

해가 뜨는 동쪽은 과거 신성한 지역으로 생각했다. 고대 이집트나 메소포타미아 국가도 해가 뜨는 동쪽은 산자의 땅, 해가 지는 서쪽은 죽은 자의 땅으로 구분했다. 우리도 좋은 의미로 해동海東국 명칭을 사용했다.

드디어 다음 날 오후 늦게 러시아 블라디보스토크항에 도착했다, 멀리서 안개에 살짝 덮인 금빛 찬란한 러시아정교회 돔 양식이 보인다. 만 25시간 항해 끝에 러시아에 도착했다.

항구는 옅은 안개에 덮혀 멀리서 희뿌옇게 보인다. 모든 항구는 출발점이면서 종착점이다. 고향에 돌아온 사람들에게 항구는 종착점이지만, 이스탄불을 향해 출발하는 우리에게는 대장정의 출발점이다.

러시아어 블라디보스토크 뜻은 '동방을 지배하라'는 의미이다. 19세기 러시아 제국주의 시대의 오만함이 느껴진다.

선원들이 승객들을 배에서 30명씩 끊어서 순차적으로 내리게 한다. 여객선에서 하선 하는데 3시간 이상 걸렸다. 하선 순서는 먼저 1등실 승객, 2등실 승객, 러시아인 순서로 내리게 한다. 외국인인 우리는 가장 늦게 하선했다. 25시간 좁은 선실에 갇혀 있다가 부두에 발을 내리니 개운하다.

7월 3일 오후 4시, 동해항 출발 25시간 항해 끝에 블라디보스토크 항구 도착해서 3시간 기다린 뒤에 하선을 마친 시각이 오후 7시이다. 이제는 길게 줄을 서서 러시아 출입국관리국, 세관(해관海關) 등을 통과해야 한다.

블라디보스토크 독립운동 유적지 방문

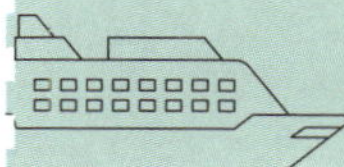

7월 3일 저녁 늦게 연해주의 항구도시 블라디보스토크항 세관에서 입국 절차를 마쳤다. 항구는 이슬비가 내리고 있다.

'연해주'라는 단어는 19세기 조선 말기 함경북도 두만강을 건너서 러시아 땅으로 이주한 조선인들이 '바다 옆에 붙어있는 땅'이라는 뜻으로 부르면서 생겼다.

항구에 있는 세관을 해관海關이라고 부른다. 비행기가 생기기 전에는 항구의 해관海關을 지나서 입국, 출국 절차를 거쳤다. 인류는 2,000년 전 로마 시대부터 항구에 해관을 설치하고, 관세를 징수했다. 중국은 현재도 관세청 명칭을 '해관총서'라고 부른다.

우리 일행은 여객선에서 가장 늦게 오후 7시경 하선했다. 다행인 점은 공통 경비를 보관 중인 짐가방이 세관검사에서 무사히 통관한 점이다. 러시아는 우크라이나 전쟁 제재로 신용카드 사용이 금지되고 있다. 사막 등 오지는 신용카드 사용이 어렵기 때문에 부득이 달러를 가져갈 수밖에 없다. 우리 짐은 모두 엑스레이 투시기를 무사히 통과했다. 그런데 돈이 들어있는 가방

블라디보스토크 항구 세관 건물

을 러시아 세관 직원이 열어 보라고 한다. 다행히 가방 위쪽만 살짝 보고, 돈이 있는 가방 아래쪽은 확인하지 아니해서 모두의 가슴을 쓸어내렸다. 러시아 공무원은 생트집 잡기 등 악명이 높다고 들었다. 10.000불 초과 달러의 세관 미신고로 시작부터 곤욕을 치를 뻔했다. 정말로 다행이다. 향후 육상 국경 통과시 현금의 분산 보관 등 법규 준수를 철저히 해야 하는 교훈을 얻었다.

문제는 사람이 아니라 자동차 통관이다. 통관 업자에 차 통관을 부탁했지만, 최소한 5일이 걸린다고 한다. 업체 없이 개인이 혼자 하면 10일 이상 걸릴 수도 있다고 한다.

블라디보스토크에서 차의 통관을 기다리는 동안 러시아 자동차보험 가입, 영어로 된 자동차 번호판 부착 등 준비를 했다. 자동차 번호판은 글자가 한글 대신 영어 알파벳으로 표기한

'국제번호판'을 부착해야 한다.

차가 통과될 때까지 5일의 여유시간을 일제 강점기 독립운동가 유적을 찾아보기로 했다. 조선인들이 살았던 블라디보스토크 '신한촌' 등 유적지를 찾아가기로 했다.

블라디보스톡은 고위도라서 7월 날씨는 덥지 아니하다. 우리는 대중교통편도 모르고, 러시아어도 모르기 때문에 걸어가기로 했다. 러시아 '키질 문자'로 표시한 도로 표시판은 읽을 수 없으니 도움이 안 된다. 하지만 초행길임에도 휴대폰 '구글맵'을 켜고 걸어가니 큰 불편이 없다. 한 시간 걸어가니 과거 일제 강점기 시대 조선인이 살았던 '신한촌' 지역이다. 태평양이 내려 보이는 언덕 마을인데, 어느 단독주택 문 앞에 설치한 "서울 거리"라는 작은 문패가 있어서 기념 촬영을 했다.

'신한촌 기념탑' 위치를 지나가는 러시아 부인에게 물어봤더니 친절하게 기념탑으로 안내해 준다. 서민 아파트 단지 모퉁이에 설치되어 있다. 그나마 철조망으로 막혀서 가까이 접근은 안

주택가 울타리에 설치한 '서울 거리' 표식

된다. 이번 여행을 위해 외국어 통역이 가능한 "삼성 갤럭시S" 신형 휴대폰을 구입해 왔다. 휴대폰을 통해 러시아 여성과 처음으로 러시아어 대화를 시험해 봤다. 불편하지만 짧은 문장의 대화는 가능했다.

'신한촌新韓村' 기념탑은 소련의 스탈린이 1937년 중앙아시아로 강제 이주한 조선인이 살았던 마을에 세워진 기념탑이다.

기념탑의 기둥 셋의 의미는 '남한인, 북한인, 고려인'을 상징한다고 한다. 아내는 근처 공원에서 야생화를 따와서 약식으로 헌화하고 위로의 묵념을 했다. 울타리에 누군가 붙여 놓고 간 빛바랜 노란색 리본의 문귀를 읽으니 숙연해진다.

"조국의 후손임이 자랑스럽습니다. 대한민국이 있게 해주셔서 감사합니다."

연해주에 살았던 조선인들은 근대 우리 민족 수난사의 대표

블라디보스토크 주택가에 설치된 '신한촌' 기념비(왼쪽)와 신한촌 기념탑 철문에 붙어있는 리본

적 사례이다. 조선이 멸망하고, 일제 강점기 격동기에 살았던 함경도 주민들 애환의 얘기이다. 19세기 말기 두만강 인근에 살았던 함경도 주민들은 관리의 부패, 과도한 세금을 피해서 두만강을 넘어 중국의 길림성, 러시아의 연해주 지역으로 이주했다. 황무지를 개척하여 농사를 지어 생업을 유지하기 위함이다. 연해주 지역은 청나라 영토였는데, 1860년 청나라가 서구 국가와 전쟁에서 패배한 후 러시아에 빼앗긴 지역이다. 연해주로 최초 이주는 1863년 두만강 하류의 13가구가 러시아 영토에 이주한 것으로 러시아에서 기록하고 있다.

19세기 말 러시아 땅 연해주 지역은 인구가 많지 않아서 러시아는 조선인의 이주를 관대하게 대했다고 한다. 당시 러시아인은 고려인을 '카레이스키'라 불렀다.

연해주 땅에서 농사짓거나 상업활동을 하고 살던 조선인에게 스탈린은 강제 이주를 명령했다. 1937년 가을 스탈린은 연해주 지역에 살던 약 17만 여명의 조선인들을 우즈베키스탄, 카자흐스탄 등 7,000킬로 이상 떨어진 멀고 먼 중앙아시아로 강제 이주시켰다. 우리 민족의 유태인판 '디아스포라'이다. 조국이 없는 망국의 국민을 지켜줄 사람은 없었다. 항의하는 사람은 무조건 처형했다. 조선인의 갑작스러운 이주 명령은 재산과 전답을 그대로 놔두고 떠나야 했다. 90여년이 지난 오늘날 약 50만 명의 고려인 4세, 5세들이 중앙아시아, 러시아 등 여러 나라에 흩어져 살게 된 이유다.

1930년대 블라디보스토크에는 대학교, 중등학교, 많은 교회 등이 있었다고 한다. 이들이 독립군에도 병사로 입대하고, 상해 임시정부에 독립 자금도 지원했다.

블라디보스토크에는 일제 강점기 독립운동 유적이 많다. 1909년 안중근 의사가 만주 하얼빈에서 한일합방 원흉 '이토 히로부미'를 저격한 후 일본 경찰은 총기와 자금 지원 등 배후를 캐기 위해서 안 의사를 심하게 고문했으나, 안 의사는 끝까지 자백하지 아니하고 이듬해 여순감옥에서 총살되었다. 안 의사에게 거사 자금을 지원하고, 안중근 의사 사망 후 유가족을 보살펴준 사람은 블라디보스토크 '최재형 선생'이다.

안 의사는 '이토 히로부미' 저격 전에 최재형 선생 집을 여러 차례 방문했다고 한다. 최재형 선생은 1860년대 어린 시절 함경도에 살던 부모님을 따라 연해주로 이주했다. 그리고 러시아 초등학교를 졸업했다. 러시아어 실력으로 군납사업 등을 해서 성공한 기업인이 되었고, 교민 사회 후원과 독립운동에 많은 후원을 하셨다. 최 선생은 1920년 일본군에 의해 러시아 우수리스크에서 체포되어 즉결 처형되었다.

최재형 선생 기념패는 러시아어, 영어, 중국어 3개 언어로 되어 있다. 정작 우리말 한글 표기는 없어서 아쉽다. 이름표기도 '최재형'이 아니고 '최재현'으로 잘못 표기되어 있다. 우리 영사관에서 잘못 적은 최선생 이름 오자도 정정하고, 한국어 설명도 추가해서 다시 만들었으면 하는 바람이 들었다.

생가 벽에 있는 기념패에는 "최재형(1858-1920)은 한국의 애국자, 독립운동가, 지도자이다. 1962년 한국 정부의 건국훈장을 수상했다. 한국 언어와 한국문화 보급에 힘쓰고, 러시아문화를 한국인에 소개하는데 기여했다."라고 적고 있다.

상해 임시정부의 초대 국무총리를 역임한 '이동휘' 선생 기념비에도 들러 헌화했다. 상해 임시정부는 1919년 9월 수립되었다. 상해, 연해주, 한성에 있던 세 개 독립단체를 통합하여 설립한 것이다. 초대 대통령 이승만, 초대 국무총리 이동휘 선생이다.

이동휘 선생은 조선 말기 한성무관학교를 나온 무관이다. 조선 멸망 후 블라디보스톡으로 이주한 사회주의 성향의 독립운동가이다. 1920년 소련의 레닌이 200만 루블을 상해임시정부 독립운동 자금으로 주었다. 이 선생의 측근이 40만 루블을 공산당 확장에 사적으로 사용한 것이 발견되어 감찰 담당이던 김구

최재형 선생의 생가 건물 벽에 부착된 기념판

선생이 척살하였다. 이승만 대통령, 안창호 선생 등과 노선 차이로 일찍 임정과 결별하고 1921년 1월 연해주로 돌아가서 고려공산당 창당 등 평생 공산주의 운동을 하신 분이다. 조선말, 일제 강점기 암울한 시기에 많은 지식인들이 공산주의, 사회주의 사상에 심취된 것은 당시의 시대상이다.

이 선생은 1920년대, 30년대 스탈린의 공포정치와 잔혹한 숙청 정치를 목격하신 분인데, 공산주의 실상은 잘 몰랐던 분이라는 생각이 든다. '건국훈장'도 공산주의 경력 때문에 매우 늦은 1995년 추서됐다.

　어두웠던 조선 말기 흑黑역사Black history 현장을 보면서 다시는 어두운 흑역사를 반복하지 않도록 냉혹한 역사의 현실을 직시해야 한다는 생각이 들었다.

　하루 종일 블라디보스토크 역사의 현장을 역사학과 학생처럼 답사했다. 걷기 불편한 여름 샌달을 신었던 아내는 "내일은 운동화를 신겠다"고 말한다. 우리가 기억하고 감사해야 할 독립운동가 유적지를 돌아보면서 울림이 있는 하루를 보냈다.

상해 임시정부 초대 국무총리 이동휘 선생 기념비

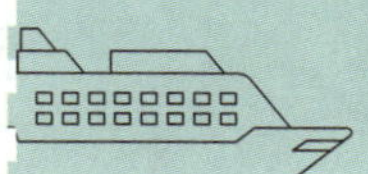

블라디보스토크 관광

블라디보스토크는 관광도시가 아니라서 딱히 갈만한 곳이 별로 없다. 자동차가 나올 때까지 자유롭고 편안한 마음으로 소요逍遙하기로 정했다. 기원전 4세기 중국의 장자는 목적 없이 산책하며 즐기는 '소요유逍遙遊'를 수양의 한 수단으로 말했다.

러시아가 동유럽에서 우크라이나와 전쟁을 하고 있지만, 태평양 블라디보스토크는 전쟁의 긴장감이 전혀 없다. 시내의 곳곳에 군인 동상이 많다. 박물관도 군사역사박물관, 육군박물관, 잠수함박물관, 태평양 함대박물관 등 군 관련 박물관이다. 군인 존중 상무 정신, 애국심과 충성심 고취는 전체주의 국가의 일반 현상이다. 시내 곳곳에 있는 군사박물관 등을 어슬렁거리며 시간을 보낸다.

근현대 한반도 격동기 역사는 러시아와 직간접적으로 연관이 있다. 고종의 아관파천, 2차세계대전 후 남북한 분단, 북한의 6.25 전쟁 등 러시아의 팽창주의는 우리 근대사의 비극과 관련이 크다.

서기 926년 멸망한 발해의 유적이 보관된 '아르세니예프 향

야외에 있는 군사역사박물관

토박물관'에 향했다. 입장료는 500루불(약 7,500원)이다. 이곳은 '발해' 유적을 가장 많이 보관하고 있는 박물관이다. 한국의 중앙박물관은 '발해' 유적이라고는 별다른 게 없다. 하지만 이곳 향토박물관 1층에는 발해관이 있고, 한국어로 된 설명서가 비치되어 있다.

박물관에 비치된 한글 설명서 첫 장은 "발해는 중국으로부터 파괴된 고구려 터를 기반으로 7세기(698년)에 건국되었으며, 훗날 동해안에서 가장 위대한 나라 중 하나가 되었다. 발해는 만주, 연해주, 북한 지역의 영토를 지배하였으며, 말갈인들을 비롯해 새로운 나라를 구하던 고구려인들이 거주하였다. 수도는 상경(중국 헤이룽성 동경성)이고, 동쪽 수도는 동경(두만강 건너 훈춘)이다. 채굴, 금속가공, 가죽 가공 등 기술이 상당히 발달하였다.”라고 설명하고 있다. 유물로는 8세기 궁궐과 사찰의 지붕 장식물, 무덤에서 발굴한 불교 조각상, 청동거울 등을 전시하고 있다.

발해사는 고려시대 '삼국사기'를 집필한 '김부식'이 우리 역사에서 제외함에 따라 오랫동안 잊혀져 왔으나 조선 후반기 실학자 유득공이 '발해고'에서 발해 역사를 재발견했다.

동해안을 따라서 '원산' 이남의 땅은 통일신라, '원산' 북쪽의 땅은 발해 땅이었다. 유득공은 거란족에 의한 발해가 멸망함(926년)으로써 만주 지역 고구려의 옛 영토가 영원히 우리 역사에서 사라졌다고 아쉬워했다. 정확히 지금으로부터 1100년 전의 일이다.

고려사에 의하면 발해 멸망 후 왕족과 주민 수만 명이 귀순했다는 기록이 있다. 고구려의 후계국인 고려로 다시 돌아온 것이

발해유적 전시 중인 '아르셰니예프' 향토박물관

향토박물관의 샤머니즘 자료

다. 태조 왕건은 발해 왕자에게 왕씨 성을 하사하고, 잘 보살펴 주었다고 전한다.

향토박물관은 만주와 시베리아에서 수집한 샤머니즘(무속신앙) 자료가 매우 풍부하다. 현재 우리나라는 세계에서 샤먼(무속인)의 숫자가 가장 많은 나라라고(약 10만명 추정) 말한다. 하지만 샤먼(무당)의 본거지인 시베리아 지역은 현재 무당이 거의 없다고 한다. 과학기술이 고도로 발전함에도 미신이 발호하는 우리나라 현실은 역설적이다. 우리 고대 역사에서 잊혀진 발해의 유물을 러시아 블라디보스톡 향토박물관에서 만나볼 수 있는 현실이 아타까울 뿐이다.

블라디보스톡은 중국인 관광객이 매우 많다. 인접한 흑룡강

성에서 버스를 타고 여행 온 관광객이다. 시내 음식점 등의 간판은 중국어가 병기되어 있다. 시내 중심가 어디를 가나 중국인 단체 관광객의 목소리 소리가 왁자지껄하다.

러시아인의 인종차별은 매일반이라 우리도 피해 갈 수는 없었다. 우리 부부가 달러화를 루블화로 바꾸기 위해 은행에 갔다. 100달러짜리 화폐를 약간 흠집이 있다고 트집 잡고 환전을 거부하는 등 은행직원들의 서비스가 매우 불친절하다.

러시아정교회 내부를 보기 위해 교회에 들어가려고 하니 경비원이 한 시간 후에 오라고 못 들어가게 막는다. "우리는 한국 관광객이다. 예배에 참석하고 싶다."라고 말하니 친절하게 들어가라고 말한다. 알고 보니 중국인으로 오인한 은행과 교회에서 인종차별을 한 것이다. 향후 러시아인을 만나게 되면 한국인임을 먼저 말해야 할 것 같다.

'왕과 나', '십계' 등 영화로 유명한 미국 배우 '율브리너'가 블라디보스톡에서 태어났다는 것을 이번에야 알았다. 시내를 배회하다가 율브리너 생가에 우연히 들렸는데 주택은 수리 중이고, 마당에 동상이 서 있다. 1950년대, 60년대 활약한 배우로, 대머리에 카리스마 넘치는 눈매로 인기를 끌었던 배우이다. 요즘도

영화 '왕과 나' 주연배우
율브리너 동상

포크롭스키 교회 야외 미사. 성인(聖人) 추모 미사

크리스마스 때 '십계' 영화를 TV에서 상영하는데 젊은 세대는 율브리너를 잘 모를 것이다.

숙소 근처에 있는 러시아정교회 '포크롭스키' 주교좌 교회도 방문했다. 우리는 "동방정교회, 러시아정교회, 조지아 정교회" 등 정교회正敎會에 낯설다. 정교正敎는 한자 뜻대로 하면 '옳은 교회'라는 의미이다. 카톨릭교회가 8세기 게르만족 포교에 필요한 성화聖畫 제작을 허용할지? 우상숭배로 볼 것인지? 등의 교리 다툼 끝에 갈라진 교회이다. 로마 카톨릭교회의 게르만족 포교를 위한 성화 제작을 우상숭배로 보아 반대했던 비잔틴 교회가 '옳은 교회' 스스로 정교회正敎會로 칭하면서 교파가 갈라졌다.

교회 벽면의 이콘 성화가 화려하다. 정교회도 결국은 포교를 위해 성화聖畫를 제작했다. 러시아정교회는 예배 시간 내내 사제와 신자 계속 서 있어야 한다. 신에 대한 존경의 표현이다. 성가도 악기 없이 육성으로만 부른다. 러시아정교회는 결혼한 사람도 신부가 될 수 있다고 한다. 다만, 결혼한 신부는 주교 등 고위직 사제는 될 수 없다고 한다.

러시아 혁명 후 스탈린은 "1도시 1교회" 원칙을 정하고 러시아정교회, 이슬람교 등 모든 종교를 탄압하였다. 원칙적으로 한 도시에 하나의 교회만 인정되고, 나머지 교회나 사원은 폐지했다. '포크롭스키' 교회는 1도시 1교회에 해당되어 블라디보스토크에서 가장 오래된 교회다. 스탈린이 1953년 사망하고, 후계자 후루시초프가 스탈린 격하 운동과 함께 종교 자유도 허용함에 따라 스탈린 사후 많은 신설 교회가 생겼다고 한다.

태평양 바다에 있는 해수욕장에 가봤다. 해변에 모래는 없고 크고 작은 자갈이 가득한 바닷가에 일부 사람들이 일광욕을 즐기고 있다. 평일이라 그런지 사람이 적다.

아내와 나는 기념으로 양말을 벗고 바닷물에 발을 담가 보았

블라디보스토크 근처 해수욕장

러시키섬 '시바토 수도원' 사제와 함께

다. 크고 작은 자갈이 많아서 해수욕장으로 적합하지 아니해 보임에도 블라디보스토크의 대표적인 휴양지라고 한다.

블라디보스토크 외곽 러시키 섬에 위치한 '시바토수도원'에 택시를 타고 찾아갔다. 시내에서 멀리 떨어져 있는데, 시간은 남고 할 일은 없어서 간 것이다. 태평양 연안의 '러시키 섬'에 위치한 시바토수도원은 신부 2명, 수도사 20명이 거주한다고 한다. 검은 사제복을 입고, 수염을 기른 사제에게 한국에서 왔다고 말하고 함께 사진 촬영을 요청 하니 기꺼이 응한다. 향후 이런 오지의 수도원에 한국인이 찾아올 일은 없을 것이라고 말하면서 서로 웃었다.

19세기 말 블라디보스톡에 이주한 조선인이 처음 정착한 지역은 '개척리'라고 한다. 현재 이곳은 블라디보스톡 젊음의 거리인 '아르바트' 거리로 변했다. 초창기 정착지로서 움막 등 주거환경이 매우 불결하고, 전염병이 창궐해서 1911년 러시아 정부가 외곽에 새로운 주거지를 만들어, "신한촌新韓村"으로 이주시켰다.

옛 개척리가 있던 아르바트 거리는 서구식 건물, 예술 조형물, 식당과 카페 등 젊은 청년들이 좋아하는 대표적인 문화거리이다. 우리는 아르바트 거리의 중국 식당에서 점심을 여러 번 먹었다.

블라디보스톡 기차역은 항구 옆 태평양 연안에 있다. 제정 러시아가 1904년에 완공한 시베리아 철도의 종착역이다. 모스크바까지 9,300km, 기차 정거장 숫자만 850개로 세계에서 가장 긴 철도이다. 이 역에서 1907년 고종의 '헤이그밀사'인 정사 이상설, 부사 이준 등 세 분이 출발한 역이다. 힘없는 국가 조선의 젊은 관리 세 명이 비장한 각오로 만국평화회의가 열리는 네덜란드 헤이그로 출발한 불라디보스토크역을 찾아갔다.

우리 일행은 딱히 갈 곳을 정하지 아니하고 발길 닿는 대로 자유롭게 소요逍遙하면서 시간을 보냈다.

시베리아 대평원 횡단

중 앙 시 베 리 아 고 원
러시아
스 타 노 보 이 고 원
바이칼호
스코보로디노
치타
울란우데
네르친스크
벨로고르스크
캬흐타
다르항
하바롭스크
울란바토르
몽 골 고 원
몽골
고 비 사 막
자민우드
엘렌하오터
우수리스크
블라디보스토크
대동
북한
동해
평요
서울
동해
란주
대한민국
일본
천수
서안
서해
중국

고려인 강제이주
'리즈돌노예'역

블라디보스톡 도착한 지 5일째인 7월 8일 오후 자동차가 세관에서 통과된다는 소식을 들었다. 모두가 환호성을 지른다. 숙소 근처 '신라'라는 한국식당에서 김치찌개로 저녁 식사를 하면서 무사고 완주를 다짐한다. 일행 중에서 가장 연장자인 K 교수는 "걱정을 떨치고 즐겁게 갑시다."로 건배한다. 일행 모두 "가자, 이스탄불"을 힘차게 소리쳤다.

영어로 여행은 travel인데, 어원은 '고생, 고난'이라는 'travail'에서 나왔다. 우리도 집 떠나면 고생이라는 말이 있는데, 서양도 여행travel은 고생travail이라는 어원에서 시작했다는 말을 떠올리고 동양이나 서양이나 사람은 똑같다는 생각이 들었다.

오후 늦게 블라디보스토크 도착 5일 만에 차를 러시아 세관에서 운전해서 가져왔다. 우리 일행은 차 앞에서 실크로드 출정식을 하면서, "가자! 이스탄불"을 힘차게 외쳤다. 이번 여행은 단순히 이스탄불 도착이 목표가 아니고, 지나가는 실크로드의 역사적 장소, 특히 우리 선조들의 발자취를 기억하는 역사와 지

조지아 식당 종업원들

리 기행이다.

　전체 일행은 8명으로 여행 때문에 처음 만난 사람들이다. 처음 만난 어른들이 장기간 여행하면서 마찰 없이 보내기 것은 쉽지 않다. 서로 마음의 거리를 좁혀야 한다. 고난을 함께 겪으면서 우정이 생기기를 희망했다.

　당분간 좋은 식당 만나기 어렵다. 출발을 앞두고 맛집을 검색해 보니 근처에 조지아 식당이 있다. 이곳에서 점심을 먹기로 했다. 조지아 대표 음식으로 딤섬 일종인 ‘킨칼리’와 풍선빵을 시켰다. 만두에 손잡이가 있어서 내용물을 흘리지 않도록 먹는 요령을 직원이 설명한다. 작은 공 크기 둥근 ‘게살 풍선빵’을 주문했는데, 직원이 바람을 빼고, 칼로 잘라주는데 맛이 독특하다. 조지아는 여행 후반부에 카스피해 북쪽과 코카서스산맥을 넘어서 지나갈 국가이다. 조지아 음식이 가격도 저렴하고 우리 입맛에 맞는다.

블라디보스토크 음식 가격은 서울의 약 60% 수준이다. 7월 초순 이곳 대학 졸업 시즌이다. 식당이나 호텔 식당에서 졸업생 가족들의 축하 세리머니를 자주 보게 된다. 조지아 식당에서도 이곳 대학생 가족들의 졸업 축하연을 보았다. 가족들이 생일 파티처럼 식당 측에 졸업식 축하를 사전에 부탁하는 것 같다. 식당이 축하 음악을 크게 틀고, 식당 종업원 5, 6명이 졸업생 좌석으로 우루루 달려가서 세리머니를 시작한다. 남자 졸업생에게 털 장식 모자를 씌워주고, 여자 졸업생에게는 하얀 면사포를 씌워준 다음 직원들이 축하 노래를 불러준다. 처음 보는 풍경이라 약혼식인지 물어봤더니 졸업 축하 이벤트라고 했다.

오늘은 짧은 거리인 200여km 떨어진 '우수리스크'까지 이동해서 숙박을 해야 한다. 시베리아 평원은 바이칼호까지 약 3,700km 달려야 한다. 하바롭스크, 벨로고르스크, 스코보로디노, 울란우데 등 생소한 지명의 시베리아 대초원을 통과해야 한다. 시베리아 대평원은 관광객은 거의 안 다니고, 화물차가 주로 다니는 산업용 도로이다.

숙소, 도로, 휴게소 상태가 어떨지 걱정이 된다. 블라디보스토크 위도는 43도(서울 37도)인데 스코보로디노(북위 54도)까지 서북쪽으로 올라갔다가 바이칼호로 향하는 길이다. 우리 일행을 태운 차량의 옆에 지도를 붙여 놨더니 지나가는 차량이나 사람들이 차에 붙어있는 여행 지도를 신기하게 바라본다. 지나가는 운전사가 가끔 창문을 열고 우호적 표시로 엄지척 신호를 보내고, 또는 반갑다는 뜻으로 자동차 경적을 눌러주며 지나간다.

우수리스크로 가는 길은 우리의 시골 농촌 풍경과 닮았다. 토양은 흑갈색으로 매우 비옥하다. 이곳은 1,500년 전 고구려의

일행을 태운 자동차 3대, 차량 양옆은 여행경로 지도

변방 땅이고, 고구려의 멸망 후에는 고구려 유민들이 세운 발해의 영토이며, 일제 강점기에 조선인들이 농사짓던 땅이다.

차는 근세 독립운동 장소 러시아 연해주와 시베리아를 지나고 있다. 다음 유목민 고향 몽골고원과 고비사막, 1300년 전 신라 혜초스님의 천축(인도) 여행길, '한번 들어가면 살아나오기 힘든 땅'이라는 타클라마칸 사막, 지구의 지붕 파미르고원, 중앙아시아 국가, 카스피해, 코카서스산맥 등을 지나갈 것이다.

금년 4월 실크로드 여행에 참여할 것을 결심하고, 아내를 여행 동반자로 설득하는 일이 어려웠다. 아들과 가족들이 여행 도중 사고를 염려해서 적극 반대한다. 아내를 설득하는데 한 달여 걸렸다. 아내는 '콜드cold 알러지'가 있어서 추운 지역에 가는 것을 피하려고 한다.

여행 출발 3일 전에 아들 며느리 손자들과 내 나이 70세 생일 축하와 무사고 여행을 기원하는 조촐한 가족 식사를 했다.

실크로드 여행 참여를 결정하고, 여행에 대한 사전지식을 얻기 위해 일본 NHK. KBS가 제작한 실크로드 영상, 신라 승려 혜초, 당나라 현장법사의 유튜브 영상 등을 틈틈이 열심히 봤다.

김규현 님이 쓴 '파미르고원의 역사와 문화 산책,' 프랑스 베르나로 올리비에의 '나는 걷는다' 여행기, 1400년 전 당나라 현장법사가 쓴 '대당서역기', 1300년 전 신라 혜초스님의 '왕오천축국전' 번역서, 중국사와 한국사 역사책을 읽었다. 중앙아시아 국가의 역사책, 실크로드를 다녀온 외국 여행가들의 실크로드 여행기 등 많은 관련 서적을 읽었다.

우수리스크 가는 중간에 시베리아 철도역, '리즈돌노예'역이 있다. 현재는 이용 안 하는 폐역으로 넓은 주차장에 수목만 무성하다. 소련의 스탈린은 1937년 8월 하순 블라디보스톡 군경에 연해주 거주 고려인 약 17만 명을 3개월 이내에 중앙아시아로 강제 이주시키도록 지시했다.

정거장 건물 뒤쪽에 넓은 주차장이 있다. 아마도 이 주차장으로 매일 수천 명의 고려인이 목적지가 어디인지도 모르고 끌려왔을 것이다. 6000~7000km 멀리 떨어진 우즈베키스탄, 카자흐스탄 등 황무지로 이송을 위한 집결 장소이다. 강제로 끌려온 고려인들의 공포와 두려움이 얼마가 컸을까? 아무에게도 도움을 받을 수 없는 망국의 고려인은 통곡했으리라.

스탈린의 강제 이주 이유는 고려인들이 일본 군대의 첩자 역할을 할지도 모른다는 우려 때문이었다. 가을철 농사 수확 철인데 많은 고려인들은 갑작스럽게 이주 통보로 가을걷이 농작물 수확도 못 했다. 반대하는 사람 수천 명을 우선 처형했다. 주택이나 전답 등 재산을 처분하지도 못하고 강제로 끌려갔다. 겨울철에 집도 없이 중앙아시아 평원의 황무지에 버려진 고려인들은 움막을 짓고 무서운 겨울 추위를 이겨냈다고 한다. 이주 초기 어린아이 희생이 컸다고 한다. 강제 이주한 1937년. 1938년 출생한 아이들이 우즈베키스탄, 카자흐스탄의 호적에 별로 없다고 한다. 강제 이주 대상에 1920년 5월 일본군과 '봉오동 전투'를 승리로 이끈 독립군 '홍범도 장군'도 포함되어, 노후에 카자흐스탄에서 경비원을 했다.

리즈돌노예역의 민족 수난사 현장에서 간단한 묵념을 했다. 성악과 출신인 K 교수가 위로 곡을 한 곡 불렀다. 숙연한 마음으로 텅 빈 철도역 주변을 둘러보고 오늘의 목적지 우수리스크로 출발한다. 우수리스크까지 가는 도로는 블라디보스토크 인근이라 매우 양호하다.

석양 무렵 우수리스크 여관에 도착했다. 우수리스크는 고위도 지역이라 해가 서울보다 훨씬 늦게 지고, 날씨도 덥지 아니

고려인 강제 이주의 '리즈돌노예' 역사 앞

우수리스크의
여관 이름,
마르코폴로

하다.

첫날 묶는 우수리스크의 여관 이름이 뜬금없이 '마르코폴로'이다. 이번 여정에 '마르코폴로'가 700여 년 전 통과한 파미르 고원 '콜마 고개'를 갈 예정인데 좋은 징조라는 생각이 든다.

베네치아의 모험가 마르코폴로가 쓴 '동방견문록'은 아메리카 대륙을 발견한 콜럼버스에게 큰 영감을 준 것으로 알려져 있다. 이 책은 마르코폴로가 피렌체 감옥에 포로로 갇혔을 때 동료 죄수인 문인이 집필한 것으로 유명하다. 동방견문록은 16세기 유럽에서 성서 다음으로 많이 읽힌 베스트셀러 책이라고 한다. 어쨌든 기대하지 않은 장소에서 '마르크 폴로' 여관에 숙박하게 된 것을 여행의 좋은 징조로 생각했다.

저녁 식사는 우수리스크 여관 근처 중국 식당에 갔는데, 술은 안 판다고 한다. 대신 편의점에서 술을 사다 먹는 것은 괜찮다고 주인이 말한다. 러시아 국민은 세계 최고의 술 소비량으로 악명이 높다. 정부는 국민의 과도한 음주를 줄이기 위해서 저녁 9시 이후 소매점에서 술판매를 금지하고, 식당의 주류 판매를 엄격하게 규제한다.

위도가 높아서 해가 늦게 떨어진다. 저녁 식사를 마치고 숙소에 돌아오니 밤 11시다. 시베리아 여행 첫날 작은 여관에서 향후 무사고 여행을 기원하며 깊은 잠에 빠졌다.

아무르강의
'하바롭스크'

아침 9시 우수리스크의 마르코폴로 여관을 씩씩하게 출발했다. 7월9일 아침 날씨는 15도, 낮 기온은 25도 이내로 매우 쾌적하다. 시베리아 숙소는 여름에도 저녁에 이불을 덮고 잔다.

오늘 목적지 하바롭스크까지 680km를 가야 한다. 부산에서 평양까지 거리와 비슷하다. 실제로 오늘이 시베리아 대평원 횡단 여행의 첫날이다. 단단히 마음을 먹고 출발한다.

세 대의 차에 2명, 3명, 3명이 나누어 타고, 운전 중 서로 통신은 서울에서 준비해 간 '워키토키' 무전기로 한다. 먼저 선두 1호차 H 대장이 무전기 사용 방법을 알려 준다. 말할 때는 스위치를 누르고 말하고, 본인 말이 끝나면 스위치에서 손을 떼야 하는데, 아내는 실수를 연발해서 웃음이 터진다.

우리 자동차 옆을 지나가는 러시아 차량 운전사와 승객들이 우리 차에 부착된 여행경로 지도를 유심히 쳐다보며, 손가락으로 엄지척 신호를 보낸다. 휴게소 주차중 근처 사람들이 자동차 옆에 붙어있는 여행 지도를 호기심으로 바라보며, 어디로 여행 가는지 질문을 많이 한다. 우수리스크를 벗어나자 멀리 우수리

차 안에서 바라본 우수리강

강이 보인다.

우수리강에 헤이그밀사 정사인 '이상설 선생' 유허비가 있다. 이 선생은 1917년 우수리스크에서 사망하였는데, "조국 광복을 이루지 못하고 세상을 떠나니 어찌 고혼인들 조국에 돌아갈 수 있으랴. 내 몸과 유품, 유고는 모두 불태워 강물에 흘려보내고 제사도 지내지 말라."고 유언을 했다. 유언대로 유해를 화장 후 우수리강에 뿌렸다. 최근 광복회가 우수리강에 이 선생 유허비를 세웠다.

이 선생은 신식 서양 교육을 받은 적이 없지만, 독학으로 수학, 화학, 법학을 공부하였고, 영어, 불어 등 7개 국어에 능통했다고 한다. 탁월한 언어 실력으로 헤이그에서 열리는 1907년 '만국평화회의' 대표가 된 것으로 생각된다.

이 선생은 블라디보스톡에서 수학책을 직접 지어서 조선인 학생에게 '수리 과목'을 가르쳤다. 그가 근대 '한국 수학의 아버지'라고 불렸고, 20대 나이에 성균관 대사성을 거친 천재 학자임을 알게 되었다. 자동차를 타고 지나가면서 이상설 선생께 마음속으로 인사를 드린다.

"유유히 흐르는 우수리강에서 맴도는 고혼孤魂이시여 이제는 평안하소서. 멀리 고국에서 온 후생後生 인사드립니다."

원주민 언어로 시베리아는 '잠자는 땅'이란 뜻이다. '시베리아' 하면 연상되는 단어들이 있다. '원시림, 광활함, 혹독한 추위, 자작나무 숲, 백설의 설원' 등 광활한 대자연 단어가 연상된다.

숙소 출발 전 아내는 보온병에 뜨거운 물에 탄 믹스 커피를 준비한다. 운전 중 졸음을 예방하기 위해 서울에서 커피, 녹차 등 준비해 왔다.

장거리 여행을 위해 김치, 고추장, 짱아치, 컵라면, 햇반 등 한국식품을 가방 한 개에 가득 준비해 왔다. 아내는 "한국인은 일주일에 한 번은 김치와 고추장을 먹어야 한다. 이것은 한국인 영혼의 음식 '소울 푸드'soul food 이다."라고 말한다.

여행은 언제 가느냐가 중요하다. 겨울철과 여름철 대자연의 얼굴은 전혀 다르다. 현재의 시베리아는 초여름 연녹색의 향연이다. 고위도 지역이라 봄이 늦게 시작해서 그런지 나뭇잎 색깔이 연한 녹색을 띠고 있다. 차창 밖 줄지어 서 있는 연녹색 산림을 바라보는 것만으로 마음이 평안하다. 도로 옆으로 자작나무 숲이 끝없이 펼쳐져 있다. 산림 사이 사이에 작은 농가 몇 가구, 널따란 대초원 초지, 커다란 필지의 농지가 나타난다.

우수리스크를 벗어나서 두 시간 지나니 인가도 거의 없다. 도로 옆에 모스크바로 향하는 시베리아 철도를 만났다 헤어졌다 하며 계속 달려간다. 아마도 바이칼호까지 약 3,700km를 철도와 나란히 서쪽으로 달려갈 것이다. 모스크바로 향하는 시베리아 횡단 국도는 편도 1차선(왕복 2차선) 협소한 길이다. 러시아의 수도 모스크바와 동쪽 태평양을 연결하는 중요한 간선도로임에도 SOC 투자가 미흡함을 느낀다. 산업용 도로이기 때문에 승용차는 적고, 대부분 차는 짐 운반 화물차이다.

편도 1차선 시베리아 도로

겨울철 눈으로 파손된 도로가 제때 보수가 안 되어 곳곳에 포트홀(그릇 형태 패임)이 매우 많고, 자동차가 튀어 오르는 바운딩이 자주 있어서 운전 여건이 최악의 위험한 길이다. 조금만 전방 주의를 잘못하면 바퀴가 포트홀에 빠지고, 바운딩으로 차가 위아래로 요동을 친다.

앞쪽의 화물차들은 천천히 달리므로 화물차를 만날 때마다 추월해야 한다. 반대 차선에서 마주 오는 차를 피하면서 중앙선을 넘어서 추월해야 하므로 시속 150km, 160km 급가속 운전을 해야 하니 매우 위험하다. 우크라이나 전쟁으로 러시아 재정이 어려워서 도로보수가 지체되는 것으로 추정된다.

자료를 검색해 보니 러시아 국방비가 전쟁 전 GDP 4.3%인데, 지난해는 GDP의 6.7%(한국은 GDP의 2.9%)로 증가했다. 전비 조달을 위해 금년에 세금을 대폭 인상한다고 한다. 소득세율은 전쟁 전 13% 단일세율에서 금년부터 최고 22% 누진세율로 인상하고, 법인세율도 전쟁 전 20%에서 금년부터 25%로 인상한다고 발표했다.

우리 부부의 '카메이트'인 L실장은 여수에서 오신 분이다. 자동차 드라이브 자체를 좋아해서 장기간 휴가 내고 참가했다. 내년 휴가를 앞당겨 사용하는 등 어렵게 참석하신 분이다. 향후 두 달 동안 자동차에서 함께 보내야 할 여행 동반자이다.

첫 번째 휴게소에서 L실장이 자동차 영문 서류를 여관에 놓고 왔다고 말해서 비상이 걸렸다. 휴게소에서 여관까지 뒤돌아갔다 오면 4시간이 추가로 걸린다. 다행히 트렁크 깊숙이 숨어 있는 서류를 찾아서 모두 안도의 한숨을 쉰다. 우리 일행은 한 배를 탄 운명공동체임을 깨닫는 순간이었다.

하바롭스크
러시아정교회

　점심은 휴게소의 야외 식당에서 샤슬릭 고기구이로 먹기로 했다. 샤슬릭 꼬치를 굽는 러시아 직원이 과거 마산에서 일했다고 하면서 반갑게 인사한다.

　우리는 계속 광활한 산림과 대평원을 지나간다. 언어로 광활한 대평원의 느낌을 전달할 수 없다. 현대인들은 속도의 경쟁에서 중압감을 받으며 살아간다. 영원성永遠性과 유한성有限性이라는 단어가 연상된다. 영원성의 시베리아 대평원에 잠시 다니러 온 유한성의 한국 나그네가 지나가고 있다. 무심히 창밖의 초원, 산림, 하늘만 쳐다보며 달리고 있다. 문명 세계의 속도, 빠름, 효율성, 시간관념을 이곳에서는 잠시라도 잊고 싶다.

　하바롭스크까지 680km의 먼 거리를 달리면서 수시로 변하는 다양한 얼굴의 시베리아를 마주한다. 어느 구역은 소나기가 계속 내리고, 어느 구역은 햇볕 쨍쨍한 파란 하늘이다. 어떤 곳은 안개가 짙게 끼어있다. 녹색의 대초원과 자작나무 숲속을 지나, 석양 무렵에 목적지 하바롭스크에 있는 화려한 러시아정교회 첨탑을 마주한다.

첫날 680km를 무사히 달려왔다. 구글을 검색해 보니 시내에 고려인 식당이 있어서 저녁 식사하러 갔다. 고객은 러시아인들이고, 외국인은 우리들 일행뿐이다. 하바롭스크에도 고려인 후손이 8,000명 산다고 한다. 1991년 소련연방 해체 후 우즈베키스탄 등 중앙아시아에서 고향으로 다시 돌아온 사람들이다. 음식을 서빙하는 젊은 여직원은 고려인 5세처럼 보인다.

이곳은 하바롭스크주의 주도이며, 러시아 극동에서 가장 큰 도시(인구 60만)이다. 아무르강을 끼고 있는 아름다운 숙소에서 하룻밤을 묶는다. 아무르 강변의 호텔은 전망도 좋고, 침대와 샤워 시설이 매우 깨끗해서 아내가 좋아한다. 샤워실의 뜨거운 물에 몸을 담그니 힘든 여행의 여독이 풀린다.

시베리아 대평원 처녀림을 달리다

하바롭스크는 위도가 북위 48도(서울 37도)이다. 7월 10일 현재 아침 5시 일출, 밤 9시 일몰로 낮시간은 16시간이다. 이곳은 '아한대 기후'로 온대와 한대기후가 만나는 지역이다.

시내 중심부로 아무르강이 흐른다. 만주어로 아무르강은 '큰강'이라는 뜻이다. 중국에서는 '검은 강' 흑룡강黑龍江으로 부른다. 아침에 아내와 아무르강 강변을 산책한다. 평일인데도 낚시 인파가 많다.

강폭이 매우 넓고, 유장하게 시베리아 대평원을 가로질러 흘러간다. 얼음이 얼지 않은 여름철 동안에만 아무르강을 통해서 태평양으로 화물선이 다닌다고 한다. '아무르강의 물결'이라는 러시아민요가 생각나서 유튜브에서 듣는다.

"유유히 아무르는 그 물결을 실어 나르네. 시베리아의 바람이 모두에게 노래를 불러 주네. 아무르의 타이거 앞에 조용히 찰랑이며. 취한 듯 물결이 자유롭게 도도하게 흐르네....."

가사와 곡조가 러시아 특유의 쓸쓸함과 민중의 애환이 느껴진다.

아무르강에서 잡은 무지개송어 낚시꾼과 함께

시베리아 대평원을 흘러가는 아무르강은 마치 '어머니 강'처럼 포근해 보인다. 하바롭스크 아침 날씨는 흐리고 구름이 낮게 깔려있다.

아스라이 멀리 보이는 강 건너 땅은 중국영토이다. 아무르강은 러시아와 중국의 국경선이다. 아무르강을 경계로 러시아와 청나라 사이 국경분쟁이 근대, 현대까지 이어지고 있다.

현재 세계의 2대 강대국은 미국과 중국이다. 17세기 유라시아 대륙의 2대 강대국은 청나라와 러시아였다. 두 나라는 아무르강 유역에서 많은 전쟁을 치렀다. 17세기 '조선, 청 연합군'과 러시아 군대가 전쟁한 지역이 바로 하바롭스크 남쪽에 있다.

조선 효종 때 하바롭스크 남쪽 아무르강에서 조선군은 두 차례(1차 1654년, 2차 1658년) 러시아와 전쟁에 참전했다. 조선 효종은 청의 요청으로 군대를 두만강 회령을 넘어 출병시켰다. 조, 청 연합군이 승리를 거두었고, 조선실록은 이를 '나선정벌征伐'

로 기록하고 있다. '나선'은 한자어로 러시아를 뜻한다. 조선실록의 과장된 정벌征伐이라는 용어 대신 '참전' 또는 '파병'이 적절하다는 생각이 든다.

효종은 1636년 병자호란 패전 후 청나라에 볼모로 잡혀갔던 왕이다. 향후 귀국하여 왕이 된 효종은 청나라 복수를 위해 북벌北伐을 위한 군대양성에 주력했다. 아이러니하게 청나라 북벌을 위해 양성한 조선군이 러시아군과 싸우기 위해 파병된 것이다. 효종은 세계 최대 강대국 청나라에 복수한다는 현실과 동떨어진 북벌北伐 정책을 펼쳤다. 효종이 죽은 후 후대 왕들도 세계 최대 강대국 청나라와 학술, 문화 분야의 교류조차 끊고 지낸다. 18세기 학술, 문화의 교류를 주장하는 '북학파, 실학파'의 의견은 무시된다. 근시안적인 외교정책은 조선이 청나라를

하바롭스크의 아무르강

통해 서구 문물과 과학기술을 배울 기회가 차단되는 결과를 초래하였다. 아무르 강변을 산책하면서 조선시대의 외교와 국방 정책에 대해 생각해 본다.

하바롭스크부터 본격적인 시베리아 횡단의 시작이다. 우리는 의욕이 넘치는 힘찬 출발을 했다. 오늘의 목적지는 작은 도시 '벨로고르스크'(인구 5만명)이다. 북서쪽으로 670km를 달려야 한다. 사고가 없는 안전한 운전을 기대한다. 어제에 이어서 강행군 이동이다. 두 시간 운전 후 20분 휴식이고, 약 300km 달리고 휴게소에서 점심을 먹는다.

우리는 광대한 시베리아 대평원을 달리고 있다. 현재의 러시아 면적은 1,710만km²다. 남한 면적(10만km²)과 비교할 때 170배 넓은 영토다. 대부분 영토는 광대한 시베리아의 대평원이다. 러시아는 250년 동안 몽골족의 지배를 받았다. 16세기 중반 몽골 지배에서 벗어난 후 시베리아로 동진東進정책을 펼쳤다. 처음은 우랄산맥 동쪽 산림지대로 모피를 구하기 위해 동진東進하였고 결과적으로 세계 최대 영토 국가가 되었다. 17세기 서유럽의 귀족들 취향은 모피 옷이다. 러시아의 모피 판매 수입이 한때는 국가 수입의 30%를 차지한 적도 있다고 한다.

시베리아 초행길 운전에 구글맵map, 위성항법장치 GPSglobal position system의 도움이 매우 크다. 밤중에 작은 도시 뒷골목에 있는 여관을 찾는데 구글맵이 없다면 여행은 불가능할 것이다. 가장 훌륭한 여행 동반자 구글에 감사를 느끼며 이동하고 있다. GPS 앱 덕분에 현재 위치를 알려주는 위도, 경도, 해발고도를 확인하면서 가기 때문에 초행길 불안감이 적다. 시베리아 대평원의 산속 길은 인터넷이 수시로 끊기고, 구글맵, 국제전화,

하바롭스크 인근 시베리아 대평원 사진

GPS가 멈춘다. 인터넷이 멈추면 우리는 문명인文明人에서 자연인自然人이 된다. 인터넷 연결이 끊기는 것이 처음에 불안감을 주었지만, 익숙해지면서 우리를 단순하고 자유롭게 만든다.

우리 부부는 L실장이 운전하는 차에 타고 있다. 모하비라는 SUV 차종인데, 차대가 높아서 주변 경치를 보는데 편리하다. L 실장이 피곤해서 교대를 요청하면 보조 기사인 나와 아내가 핸들을 잡는다.

하바롭스크를 200여km 지나 싱안령산맥을 만난다. 높이는 200~400m 사이로 높지 않지만, 산맥을 통과하는데 한 시간 이상 걸렸다. 싱안령산맥을 경계로 동쪽은 여진족의 '만주 평야', 서쪽은 '몽골초원'의 시작이다. 시베리아 대평원은 동쪽부터 '몽골초원, 카자흐 초원, 남러시아 초원'으로 연결된다. 대초원은 인류 역사를 뒤흔들었던 '흉노족, 돌궐족, 몽골족' 등 유목민의 활동무대이다.

싱안령산맥 지나는 도로변에서 현지 주민이 파는 시베리아 야생 꿀 한 병을 샀다. 500㎖ 물병에 담은 야생 꿀 한 병이 우리 돈 6,000원이다. 봄철 3개월 피는 야생화에서 1년에 한 번만 채취하는 귀한 꿀이다. 와일드 베리 wild berry, 야생화꽃으로 만든 꿀이다. 운전 중 뜨거운 물에 타 먹기 위해 한 병을 샀는데, 나중에 감기에 고생할 때 꿀물은 큰 도움을 주었다. 휴게소에서 점심을 먹는데, 주인이 검은 호밀빵 위에 야생 꿀을 한 스푼씩 얹어 준다. 온화한 맛과 향이 부드럽다. 꿀 한 스푼을 만드는데 벌이 4,200번 왕복해야 한다고 한다.

오후 점심 식사 후 '벨로고르스크' 가는 도중에 러시아 표준시간이 한 시간 변경된다. 러시아 영토는 동서 길이가 길어 9개의 표준시간이 있는데, 서쪽으로 이동 중 수시로 시계를 풀어서 한 시간씩 늦춰야 한다. 작은 영토에 사는 국민은 상상할 수 없는 경험이다. 한 시간을 뒤로 시간을 조정했기 때문에 한 시간만큼 이동 시간을 번 셈이다.

오늘 목적지 '벨로고르스크' 200km 못 미쳐서 우리 차의 '터보' 연결부분이 빠졌다. 터보는 디젤을 엔진에서 잘 연소시키고, 배기가스를 배출하는 역할을 한다고 한다. 갑자기 엔진에서 소리가 들리고, 계기판에 경고등이 켜지고, 시커먼 배기가스가 나온

벨로고르스크로 달리는
보조 기사, 아내

다. 운전하던 L실장이 도로 옆에 차를 세우고, 본 네트를 열어본다. 여행 출발 전 가장 큰 걱정은 자동차가 고장 나서 고립무원의 상태가 되는 것이다. 겨우 여행을 시작한 지 3일째인데 차가 문제가 생긴 것이다.

L실장은 자동차학과 출신으로 몇 가지 수리 부품을 가져왔다. 도로 옆에서 한 시간 동안 응급조치 후, 내일 정비소에 들리기로 하고 출발한다. 일행 중에 자동차 전문가가 있음이 다행이다. 시베리아 오지에서 견인용 렉카차를 무한정 기다린다면 이는 지옥이다. 아내는 길가에서 한 시간 가슴 졸이며 기다리다가, 자동차가 다시 출발하는 것에 안도한다.

고장 원인은 화물차 등을 추월할 때 급가속으로 엔진에 부담이 생겼고, 주유소에서 파는 화물차용 디젤은 한국산 디젤보다 품질이 떨어지는 질 나쁜 디젤 때문이라고 말한다.

자동차 터보 고장, 도로 갓길에서 L실장의 수리 모습

여행 초기부터 겸손하고 조심해야 함을 새삼 느낀다. L실장 말에 의하면 "전기차나 하이브리드차 등 디지털 차는 고장이 나면 노상에서 수리가 어렵다. 장거리 대륙여행은 '아날로그 차'가 더 낫다."고 말한다.

밤늦게 인구 5만명이 사는 '벨로고르스크'에 도착했다. 여관 방이 부족해서 2인용 방 하나, 3인용 방 두 개를 구해서 한 방에 3명씩 숙박한다. 화물차 기사를 위한 숙소라서 허름한 시설이다. 여행의 초기인데 아내는 정신적, 육체적으로 너무 힘들다고 불만을 토로한다.

저녁 식사에 러시아의 40도짜리 보드카 술을 반주로 시켰다. 아내도 처음 먹는 독한 보드카를 몇 잔 연거푸 마시고, 곧바로 깊은 잠에 빠졌다. 오늘 거의 700km 험한 도로를 하루 종일 달려왔다.

벨로고르스크,
독립군 '자유시 참변'

　아침 9시 시베리아 시골 도시 '벨로고르스크' 자동차 정비소에서 어제 문제가 생긴 L실장 차의 터보를 수리해야 한다. 오늘은 자동차 수리 때문에 늦게 출발할 수밖에 없다.

　손님이 적은 시골 여관이라 아침 식사를 제공 안 한다. 아침 식사를 파는 식당도 없다. 어쩔 수 없이 컵라면으로 아침을 먹고 아내와 함께 시내 공원에 산책을 갔다.

　레닌 사망(1924년) 후 후계자 스탈린은 레닌 우상화를 위해 소련연방 각지에 수만 개 동상을 건립했다고 한다. 1991년 소련연방 해체 후 레닌 동상은 대부분 철거되었는데, 이곳은 시골 도시라 한 개가 남아있다고 한다. 요즈음 러시아 전역에 걸쳐 레닌 동상이 거의 사라져 이곳이 사진 찍는 장소로 되어있다.

　길가에서 동네 주민들이 시베리아 야생 베리wild berry를 팔고 있다. 시식해 보라고 권해서 먹어보니 모양새는 맛있어 보이는데 약간 쌉쓸한 맛이다. 이곳은 일조량이 적어서 한국보다 과일 당도가 낮다, 어제 산 야생 꿀도 확실히 당분이 적은 것을 느낀다. 언제 시베리아에 다시 오겠는가 생각이 들어서 두 종류의

벨로고르스크
중앙공원
레닌 동상 앞

야생 베리를 노점상에서 샀다. 한 컵 가격이 250루불(약 4,000
원)이다. 짧은 여름 한번 먹을 수 있는 무공해 자연식품이라서
아내에게 권하니 '배탈 난다'고 안 먹는다. 시베리아 야생 베리
는 결국 혼자 먹었다. 옆에서 장사하는 할머니가 사진 찍어 달
라고 해서 한 장 찍어주니 좋아한다.

숙소에 돌아와 보니 아침 식사를 컵라면으로 제공한 것에 대
해 작은 소동이 벌어졌다. 서로 언성을 높이고, 감정 섞인 말이
오간다. 아침 식사로 컵라면을 싫어하는 일행이 불만을 토로한
것이다. 아내가 중간에서 화해를 주선해서 겨우 수습됐다. 음식
습관이 다른 일행들 간에 갈등이 생긴 것이다.

아침에 정비소가 9시 문을 열자마자 고장 난 '터보' 수리를
위해 들렀다. 정비소 기술자는 한국 차에 대해 아는 게 없다고

시베리아 야생 베리
노점상

더 큰 도시 정비소에 가라고 한다. 운전석 앞 계기판에는 빨간 불빛이 계속 반짝거려서 불안감 속에서 이동한다.

인접 지역에 일제강점기 독립군의 비극이 있는 '스보보드니'(자유시)가 있다. '스보보드니'는 벨로고르스크에서 60km 떨어져 있다. 러시아어 '스보보드니'는 한국말로 '자유'라는 의미이다. 이 도시는 독립군부대가 러시아 적군과 고려공산당 군대에 참변을 당한 '자유시 참변'이 발생한 지역으로 우리에게 잘 알려져 있다.

봉오동 전투가 1920년 5월, 청산리 전투가 1920년 10월에 있었다. 일본군 추격에 쫓기던 김좌진 장군의 독립군 군대는 추운 겨울 길림성 백두산 자락에서 출발하여 북만주 벌판, 흑룡강 등을 건너 수천 km가 넘는 먼 길을 걸어서 러시아 '스보보드니'

(자유시)에 1921년 봄 도착했다. 혹독한 만주의 겨울 추위에 빈약한 복장과 부족한 식사를 하면서 얼마나 고생했겠는가?

천신만고 끝에 도착 후 환대는커녕 1921년 6월에 러시아 적군과 고려공산당 군대에 의해 독립군이 학살당한 것이다. 독립군 측 기록에 의하면 600여명 사망, 900여명이 체포됐다. '자유시참변' 학살로 대한독립군 부대는 거의 소멸되어 1921년 이후 일본군과 독립군의 이렇다 할 큰 전투는 없게 된다. 청산리전투 사령관 '김좌진' 장군은 학살의 낌새를 눈치채고 사전에 빠져나와 참변을 면했다고 한다. 러시아의 변방에서 억울하게 희생된 분들은 대부분 무명용사일 것이다.

'스보보드니'는 스탈린 치하 정치범 수용소로 유명하다. 최대 19만 명이 수용되었다고 한다. 스탈린 자신도 러시아혁명 이전 반反체제범으로 체포되어 시베리아 수용소에 2년 동안 수감 경력이 있다. 억압받았던 자가 억압하는 위치에 있게 되면 더욱 잔인해지는 일이 인간사와 역사에는 흔하다.

자동차 정비소에서 시간을 많이 허비하고 아침 늦게 북쪽의 '스코보노디노'로 출발한다. 스코보노디노는 북위 54도 고위도에 위치한 인구 1만 명의 작은 도시이다. 오늘 이동할 거리는 550km이다. 3일간 2,000여 km를 시베리아 초원길을 지나오면서 원시적인 자연에 익숙해지고 있다.

시베리아 산림은 어디나 비슷하다. 자작나무 숲이 주종이고, 때로는 소나무 숲 군락지도 나타난다. 열대 지방, 온대지방 등에 비해서 나무 수종이 매우 단순하다. 텅 빈 대초원도 번갈아 나타난다. 연초록색 물결이 출렁이는 초원이 끝없이 이어진다.

농사를 지어도 근처에 소비할 시장이나 판로가 없으므로 경

시베리아 초원의 연초록 물결

작도 쉽지 않다. 도로변의 많은 초지가 텅 빈 채로 있다. 여름철 낮 시간이 16시간으로 매우 길고, 강한 햇볕 때문에 짧은 여름 3개월 동안에 감자, 밀, 채소 등의 경작이 가능하다.

공기는 매우 맑고, 하늘은 눈이 시리도록 푸르고, 무공해 자연은 아름답다. 거의 경치의 변화가 없는 시베리아 대평원 길을 몇 일째 달리고 있다. 가끔 마을이 나타나는데, 사람이 안 사는 폐가가 많이 보인다. 젊은 자식은 모스크바 등 대도시로 떠나고, 시베리아에 살던 부모가 죽으면 우리 농촌처럼 자연스럽게 폐가가 될 것이다.

숲은 자작나무, 소나무가 서로 경쟁을 하면서 군집을 이루고 있다. 어떤 곳은 자작나무가 주종이고, 어떤 곳은 소나무가 주종이다. 대체로 숲속의 나무는 매우 빽빽하게 밀집해서 자라고 있다. 아마도 겨울 강풍과 추위를 견뎌내는 적자생존의 몸부림일 것이다.

변화가 없는 삶은 어떨지 생각해 본다. 이러한 환경이 사람을 대륙성 기질, 만만디 기질을 만드는 것이 아닐까 하는 생각이 들었다. 지금은 여름이지만 겨울철 순백의 백설이 쌓인 경치를 생각해 본다. 겨울은 통행량도 매우 적은 적막강산이리라.

아스팔트 길은 '포트홀'이 매우 많고, 바운딩도 심해서 매우 조심해서 운전하고 있다. 아내는 벌써부터 허리가 아프다고 서울에서 가져온 허리 보호 복대를 꽁꽁 동여매고 있다. 길이 나빠서 자동차가 매우 흔들리기 때문이다.

평화로운 초원에서 나는 멋모르고 사진 찍으러 잠시 들어갔다가 초원에 사는 야생 벌레들에 집중 공격을 받았다. 처음은 모기한테 물린 줄 알았는데, 나중에야 다른 곤충에 물린 것을 알게 되었다. 곤충의 독성이 매우 강해서 1주일 이상 붓고 가려워서 고생을 크게 했다.

시베리아 곤충의 독성에 면역력이 없기 때문일 것이다. 한국에서 가져간 모기 물린 데 바르는 약은 전혀 안 듣는다. 밖에서 보면 아름다운 초원인데 무서운 곤충들의 천국이다. 다시는 초원에 들어가지 않기로 했다. 면역력이 생긴 이곳의 농민이나 목동은 아마 괜찮을 것이리라.

제때 식사를 못 먹고, 장시간 차에 앉아 있고, 음식은 기름이 많고, 맛은 매우 짜다. 벌써 소화불량이 나타나고, 설사를 자주 한다. 식사 후에 정로환과 소화제를 챙겨 먹는다. 아플 것 대비해서 소화제, 항생제, 감기약, 배탈약, 벌레 물린 약 그리고 허리 보호 복대 등 을 준비해 왔는데 어려운 상황이 일찍 시작하니 약이 모자랄까 걱정이다. 아내는 평소 퇴행성 허리통증으로 고생하는데, 허리 보호 복대로 잘 견뎌야 한다.

시베리아 초원의 휴식 시간

토탄에 불타는 시베리아

북쪽의 '스코보로디노'에 가까이 갈수록 낙엽송인 자작나무는 적어지고, 소나무 가문비나무 등 침엽수림이 많아진다. 오늘은 북위 54도인 '스코보로디노'에서 숙박하기로 했다.

주변 환경에서 문명의 자취가 사라지고 있다. 북극해에 가까워 지기 때문에 하늘은 회색 구름이 짙게 끼고, 수시로 이슬비가 내린다. 이번 여정에서 가장 고위도 지방으로 올라가고 있다. 끊임없이 이어지는 침엽수림을 통과하며, 하루 종일 똑같은 풍경을 계속 보면서 운전하고 있다. 오늘 이동해야 할 거리는 약 550km인데 도로 상태가 안 좋아서 시간이 많이 소요된다. 시베리아 대평원의 경이로운 야생과 압도적인 원시적 풍경이 우리를 에워싼다.

"자연은 모든 아름다움의 으뜸이며 진실한 모성적 원천이다."

독일의 헤르만 헤세는 원시적 자연을 예찬했다.

건너편 차선에서 마주 오는 러시아 트럭 기사들이 앞쪽에 교통경찰이 단속하고 있다는 표시로 서치라이트를 한두 번 깜박

시베리아 아름다운 초원

여 주며 지나간다. 선두 차 운전자 H 씨가 경찰과 눈을 맞추지 말라고 무전기로 연락한다. 러시아 경찰은 생트집 잡는 데 혈안이 됐기 때문이다.

점심을 먹기 위해 들른 휴게소에서 우리에게 반갑다고 인사하는 러시아 트럭 기사를 만났다. 러시아 트럭 기사는 한국 친구와 과거 1주일 동안 함께 오토바이 여행을 했다며 이름이 김은호라는 사람의 사진을 휴대폰으로 보여준다. 주유소에서 기름을 넣고 있을 때 어떤 러시아인이 일부러 찾아와서 반갑게 인사를 한다.

한국에서 "3년 동안 일했다"고 말하며, "한국 사람 만나서 반갑다"고 말한다. 헤어질 때 한국말로 "잘 가세요"라고 인사까지 한다. 우리나라가 선진국임을 느낀다.

시베리아의 휴게소에서 점심을 먹을 때마다 북새통이다. 일시에 8명이 주문을 하면 러시아 식당 종업원이 돈 계산을 잘못해서 주문이 늦기 일쑤다. 시베리아 휴게소 식당 여주인은 대부분 무뚝뚝하고 인상이 굳어 있다.

러시아어 통역을 하는 윤 군이 우리 일행의 식사 메뉴를 취합해서 주문하고, 식대를 루불화로 계산하는 절차가 매번 복잡하다. 우크라이나전쟁 제재로 신용카드 사용이 안 되기 때문에 현금을 지불해야 한다.

휴게소에서 파는 소고기, 닭고기, 러시아 빵, 각종 음식은 이미 만들어져 진열되어 있다. 음식을 주문하면 종업원이 음식 한 개씩 전기 레인지에 2, 3분 덥혀서 팔기 때문에 시간이 오래 걸리고 맛도 별로 없다. 영어가 전혀 안 통하기 때문에 통역을 맡은 윤 군은 식사 때가 가장 바쁘다. 우리가 지나갈 '러시아, 몽골, 키르기스스탄, 우즈베키스탄, 조지아' 등 과거 소련연방 국가는 러시아어가 통용되기 때문에 러시아어과 대학생(윤군)을 두 달 고용한 것이다.

시베리아 이동 중 가장 곤혹스러운 일은 불결한 화장실이다. 휴게실 화장실은 20루불(300원), 30루블, 40루불(600원)씩 요금을 받는다. 쪼그리고 앉아 사용하는 재래식 변기는 우리의 40년 전 변기라 너무 불편하다. 화장실 물이 잘 안 나와서 매우 지저분하고, 화장실에 휴지도 없어서 화장실 갈 때마다 절차가 복잡하다. 남자들은 도로변 산속에 적당히 해결할 수 있는데, 아내는 휴게소 갈 때마다 매번 울상이다. 화장실에 돈 받는 사람은 대개 나이 든 할머니이다. 화장실이 시베리아 노인 일자리 창출을 하고있는 셈이다.

"좋은 점은 목재펄프가 많은 지역이라 식당이나 휴게소의 종이컵 인심은 후하다"라고 아내가 말해서 모두 웃었다.

점심을 먹고 차를 달리자 '스코보로디노' 200km 못 미쳐 간헐적으로 산불 연기가 대평원을 덮고 있다. 땅속에서 발생한 '토탄土炭 불' 때문에 나무가 말라 죽고, 토탄에서 나오는 유독한 연기와 냄새가 숲을 가득 채우고 있다. 토탄은 석탄 중에서 역사가 가장 짧은 것으로 연료로 사용하지 않는 초기 석탄의 일종이다. 유독성 냄새와 짙은 연기 때문에 야생 짐승이나 새들도 살기 어려울 것 같다. 토탄불은 땅속의 광맥을 옮겨 다니기 때문에 진화가 안 된다고 한다. 겨울철 눈이 내리면 잠시 소강상태로 전환할 뿐이다. 눈이 쌓인 겨울은 땅속에 불씨로 남아 있다가 다음 해 여름철 건조해지면 다시 불꽃이 되살아나서 숲을 태운다고 한다. 대자연의 섭리 앞에 인간은 왜소해질 뿐이다.

짙은 연기가 자욱해지면서 하늘을 가리고 있다. 침묵의 원시

도로를 뒤덮고 있는 토탄 불 연기

토탄 불로 죽어 가는 자작나무

림에 지옥의 불이 난 것 같다. 이러한 화재는 오래된 자연현상인데, 기후 온난화 현상이 산불을 나쁜 쪽으로 악화시키는 것이 아닌지 생각해 본다. 연기 자욱한 불길 옆 도로를 지나가면서 자동차에 불이 옮겨붙으면 어떡하나 걱정이 된다. 이러한 불길이 수백 km 이어지고 있다. 화물차들은 토탄 불 연기에 익숙한 듯 잘 달린다.

아내는 선두 차를 운전하는 H씨 별명을 '시베리아 하이에나'라고 지었다. H씨는 한국의 1세대 카레이서 출신이다. 젊은 시절 시베리아, 몽골고원, 중앙아시아 지역의 자동차 경주대회에 여러 번 참가했다고 한다. H씨 운전 습관은 앞에 차가 있으면 무조건 중앙선을 넘어서 급가속으로 추월해서 운전한다. 바로 뒤따라가는 차들은 난감하다. 가급적 120km 이상 속도를 내지 말라고 부탁했는데, 앞에 차만 있으면 '속도 본성'으로 급가속 운전한다. 두 번째로 따라가는 과묵한 L 실장이 운전이 힘들다며 계속 툴툴댄다.

스코보로디노 가는 중간에 북극해 도시 '야쿠츠크'로 갈라지는 길이 나온다. 야쿠츠크는 이곳에서 800km 떨어진 북극해 툰드라 지역의 도시로 세계에서 가장 추운 도시라고 한다. 유전개발로 만들어진 도시이다. 겨울철 영하 50도 이하가 되어야 학교를 휴업하기 때문에 학생들은 영하 50도 추위를 기다린다고 한다. 툰드라 지대의 타이가 숲 등 원시 생태계를 꼭 보고 싶은데, 일정이 허락하지 않아 아쉽게 생각하며 북쪽으로 달린다.

우리는 선두 차에 목적지가 얼마나 남았는지 워키토키 무전기로 물어본다. 앞에서 무전기로 150km 남았다고 말한다. 세 시간 가야 할 먼 거리임에도 아내는 "얼마 안 남았네"라고 담담하게 말한다. 얼마 후 70km 남았다고 무전기 연락이 온다. 아내는 "이제는 남은 거리가 정말 껌이네"라고 말해서 웃으며 운전한다. 하루에 600km, 700km를 장거리를 이동하다 보니 적응력이 생긴 것이다. 광활한 대지에서 시간과 공간에 대한 인식이 바뀌고, 본인도 모르게 대륙성 기질로 변하고 있다.

이곳은 '한대기후' 지역이라 주변에 농경지도 없다. '경작 한계선'을 넘어선 것 같다. 토탄 연기 자욱한 시베리아 평원을 달리며 낭만적인 겨울 설원을 상상해 본다. 바이칼호 설경을 보기 위해 방문했던 4년 전(2020년 2월) 시베리아 눈 덮인 자작나무 숲길이 생각난다. 이곳은 봄과 가을은 매우 짧고, 긴 겨울과 여름 두 계절만 있는 지역이다.

7월 중순 북위 54도인 이곳 낮시간은 하루 17시간 준백야 지

2020년 2월 방문했던 시베리아 설원의 자작나무 숲

대다.

스코보로디노는 인구 만 명의 작은 도시로 오후 늦게 도착했다. 숙소는 손님이 적으니 한 곳에서 식당, 휴게소, 잡화점, 여관, 주유소를 함께 운영한다.

숙소의 침대 쿠션이 엉망이라 누우면 몸이 쑥 들어간다. 뚱뚱한 러시아 운전사들이 사용하는 아주 오래된 침대인 것 같다. 침대 시트도 언제 세탁했는지 지저분함을 말로 표현하기 어렵다. 따뜻한 목욕물도 잘 안 나오는 낡은 여관이다.

여관방에 비치된 물 끓이는 커피포트도 언제 세척 했는지 알 수 없을 정도로 지저분하다. 다행히 서울에서 아내가 전기 커피포트를 가져왔기 때문에 커피먹는 온수를 끓일 수 있다.

야외 저녁 날씨는 쌀쌀해서 이불이 필요하다. 토탄이 타는 냄새가 이곳 숙소에도 심하다. 오늘 저녁도 피곤을 이기기 위해 반주로 러시아 보드카를 몇 잔 마셨다.

　서울 살 때 안락한 좋은 침대에서도 밤중에 한두 번씩 깨서 뒤척이는 습관이 있었는데, 이제는 나쁜 침대에서도 피곤함 때문에 깊은 잠을 자고 있다.

전투 같은
시베리아 횡단

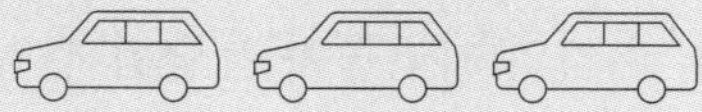

오늘은 출발한 지 10일째(7월 12일)이다. 서울의 아들 손자 등과 안부 전화를 했다. 아내는 손자들과 수다를 떨며 생기가 넘친다. 시베리아는 관광객이 없기때문에 숲 옆 주유소에서 휴게소, 식당, 여관, 편의점 등을 한 곳에서 한다. 주차장에는 화물차들이 밤을 보낸다.

새벽 4시경이면 위도가 북쪽이라 훤하게 밝아지고, 주차장에서 밤을 보낸 화물차들이 이른 출발을 위한 엔진에 시동거는 소리가 소란스럽다. 장거리 화물차 기사는 휴게소에 200루불(3,000원)을 주고 샤워실을 빌려 간단히 목욕한다. 화물차 기사는 휴게소 편의점에서 간단한 음식과 술 몇 병을 사서 운전석에서 식사, 반주를 하면서 잠을 잔다.

매일 아침 출발 전 작은 낙樂은 서울에서 가져온 커피 한잔을 마시는 것이다. 운전 중 설탕이 많이 들어간 믹스커피와 녹차를 보온병에 담아서 한 잔씩 마시는 것도 여행의 활력소이다. 간식으로 가져온 과자와 사탕을 차 안에서 먹으며 지루함을 즐긴다. 평소에 안 먹는 사탕을 자주 먹는다.

아침 숙소를 출발할 때부터 머리의 뒤통수가 퉁퉁 붓고 매우 가렵다. 서울 아들에 급히 연락해 보니 여관의 불결한 베개에서 '베드 버거'(베개에 숨어있는 미세 곤충)에 물린 거란다. 가져온 모기 물린 약을 발랐는데 효과가 없다. 향후 여관 베개에 깨끗한 수건을 깔고 자라고 조언한다. 머리의 가려움과 통증이 진정되는데 2주일 이상 장기간 고생했다. 어젯밤 아내는 눈 주위를 벌레에 물려 눈이 퉁퉁 부어있다. 부은 눈을 가리려고 썬그라스를 끼고 다닌다. 예상하지 못한 오지의 수난이다.

출발하면서 작은 주유소에서 기름 20ℓ 소량을 넣고 출발했다. 도중에 큰 주유소 만나면 좋은 디젤을 가득 넣기로 했는데 이것이 오후 내내 우리 일행을 가슴 졸이게 만드는 실수가 될 줄은 몰랐다.

자동차 앞 유리창은 피범벅으로 그냥 두고 볼 수가 없다. 초원에 사는 나방, 곤충, 벌레들이 날아와서 유리창에 부딪치기

토탄 불에 죽어가는 산림

토탄 연기에 덮인 하늘과 태양

때문이다. 카메이트 L 실장은 매일 새벽마다 세척용 물비누를 사서 출발 전 자동차 앞 유리를 깔끔이 닦는다. 그래도 한두 시간만 달리면 앞 유리가 벌레들의 핏자국으로 빨갛게 염색되어 앞이 잘 안 보인다.

새벽부터 토탄 불로 인한 연기와 매연이 계속하여 자욱하다. 오늘 목적지 '우탄'까지 하늘을 덮고 있는 토탄 연기가 600여 km를 갈 때까지 자욱하다. 하늘은 짙은 회색으로 햇빛을 하루 종일 못 보고 있다. 어떤 곳은 지표면 토탄층 불로 나무가 죽어가고, 오래전 불이 난 지역에서는 새로운 나무들이 자라고 있다. 어제 오후부터 오늘까지 약 800km 거리가 토탄 연기로 덮여있다. 정말로 광대한 땅이다. 활활 타는 불꽃은 없어서 화물차 등은 계속 다닌다.

어디까지 '시베리아'인지 검색해 보니 우랄산맥 동쪽부터 태평양 오흐츠크해까지 9,000km를 지리학상 시베리아라고 부른다고 한다. 원주민 언어로 시베리아 뜻은 '잠자는 땅'이라고 한다. 시베리아 야생 딸기, 야생 꿀을 사고 싶은데 이런 험악한 상황은 장사는커녕 생명체가 살기도 쉽지 않을 것 같다.

휴게소를 조금만 벗어나면 인터넷이 끊긴다. 구글맵과 GPS가 안 되니 현재 있는 곳의 위치정보, 해발고도, 위도, 경도 등 나의 현재 위치를 알 수 없어 답답하다. 서울에서 인터넷이 안 되면 모든 금전거래 중단, 카톡 네이버 등 SNS 차단으로 나라 전체가 혼란스러울 것이다. 인터넷이 단절된 오지는 '시간이 직선으로 아니라 곡선으로 간다.' 문명과 단절은 우리에게 시간의 느림, 멈춤을 느끼게 만든다. 느림은 나그네의 마음을 평안하게 만든다. 세상과 단절이 주는 아름다운 고독이다. 서울에서 머리를 가득 채우던 복잡한 생각도 잠시 멈춤이다.

시베리아 평원을 가로질러 흘러가는 강들이 자주 나타난다. 이곳의 모든 강은 얼음으로 뒤덮인 북극해로 흘러가기 때문에 인간의 경제활동에 도움이 되지 않는다. 만일 이 강물이 남쪽의 몽골 지방으로 흐른다면 몽골은 매우 살기 좋은 비옥한 나라가 될 것이다.

간혹 강가에 낚시꾼이 보인다. 아버지와 아들이 손잡고 낚시하러 가는 평화스러운 모습을 본다. 낚시는 여름철 짧은 기간의 취미생활일 것이다. 나의 귀여운 손자들이 청소년이 되고, 언제 손자와 함께 낚시하러 다니는 한가한 노후의 시간을 상상해 본다.

아침 출발할 때 중간에 점심을 먹으며 주유소에서 기름을 채울 생각으로 출발하였다. 수백km 지나왔는데 중간에 휴게소와

시골 길가에 설치된 원시적 주유기. 토탄 연기로 뿌연 하늘색

주유소가 없다. 점심은 서울에서 가져온 과자 몇 개를 나누어서 먹었다. 계기판에 주행거리 50km 남았다는 경고등이 켜진다. 모든 일행의 마음이 초조해진다. 만일 길에서 기름이 떨어져서 차가 멈춘다면 시베리아 숲속에 고립될 수도 있다는 공포가 엄습해 왔다. 거의 기름이 고갈될 즈음에 간신히 작은 주유소를 찾았다. 시골길을 돌고 돌아서 2차세계대전 때 썼을 법한 초미니 주유소를 발견했다. 주유기 하나가 들판에 덜렁 서 있다. 전화를 하니 주유소 주인이 나타나서 정말 어렵게 기름을 넣었다.

아내는 점심을 못 먹어 배고픈 것보다 기름이 없어서 차가 멈추는 것이 더 무섭다고 말한다. 속된 말로 일행 모두 똥줄이 타는 하루를 보냈다. 매일매일 긴급상황이 한가지씩 생긴다. 그래도 구글이 연결되는 지역의 초미니 주유소를 찾은 것이다. 구글 맵 서비스가 없다면 오지의 여행은 참으로 힘들 것이다.

오늘 숙소 '우탄' 전에 있는 '네르친스크' 도시를 통과한다. 1689년 청나라와 러시아가 "네르친스크 조약"을 체결한 도시이다. 17세기 중반 아시아 대륙의 동쪽과 서쪽의 두 강대국은 청나라와 러시아이다. 당시 아무르강에서 조선, 청나라 연합군과 러시아 군대 간에 두 차례 전쟁(1654년, 1658년 조선 효종 나선 전쟁)을 치렀다. 이후 전쟁을 중단하고 국경을 확정하기 위한 국제조약이 '네르친스크 조약'이다. 중국은 항상 '갑'의 위치에서 이夷민족과 불평등한 협상을 해왔는데 '네르친스크 조약'은 중국이 타국과 대등한 자격으로 맺은 최초의 국제조약으로 유명하다. 당시 조약문서는 '라틴어'로 썼다고 한다. 청나라는 선교차 와 있던 라틴어를 아는 예수회 신부를 데려갔고, 러시아 측에도 라틴어를 아는 사람이 있었다고 한다.

해가 늦게 지기 때문에 밤 9시 반에 도로 옆 위치한 여관 겸 휴게소에 도착했다. 토탄 연기를 뚫고 600km를 달려온 셈이다. 저녁 식사를 마치니 밤 11시다.

샤워 중에 여관의 전기가 나가고 물이 끊겨서 생수를 가지고 이를 닦았다. 시베리아의 야생 문화에 적응하는 방법 외에는 대안이 없다. 불편한 침대지만, 하루 종일 피곤함이 숙면을 불렀다. 오늘도 하루 종일 '낭만적 여행'이 아닌 '전투적 여행'을 했다.

지난 이틀 동안 자욱하던 토탄 연기도 사라지고, 아름다운 수목, 초원, 하늘이 다시 우리 앞에 나타난다. 오늘은 670km 떨어진 '사강달리'에 도착해야 한다. 먼 거리를 이동해야 하므로 아침 8시 30분 평소보다 일찍 출발했다. 공기도 맑고 상쾌한 기분이다.

자작나무, 소나무, 전나무 숲속을 달리는 구간은 짧아지고, 초원 지대가 많이 이어진다. 차창 밖의 멋진 초원의 야생화 경치를 보면서 달리는 드라이브는 최고다. 이곳은 위도가 북위 52도인데 남서쪽으로 향하고 있다. 고위도 지역이라 늦게 핀 아름다운 봄꽃이 만발해 있다. 시베리아 대평원 고위도 지방의 야생화는 대체로 단색이고, 옅은 색상이다. 한국의 봄철에 보는 화려하고 진한 원색의 야생화는 보기 어렵다.

산들바람이 초원을 스쳐 지나가고, 하얀 뭉게구름, 솜털 구름이 멀리 파란 하늘과 조화를 이루며 떠 있다. 며칠 만에 보는 한가한 목가적인 전원 풍경이다.

서쪽으로 달리면서 소나기가 가끔 뿌리며 지나간다. 소나기

도로 옆 시베리아 초원에 피어있는 야생화

다음에 눈이 시리도록 파란 하늘이 나타난다. 우리는 연초록색 물결의 평화로운 초원의 바다를 달리고 있다. 아름다운 경치를 본 소감을 무전기를 통해 나눴다.

K 교수는 "좁은 국토의 한국에서는 못 느끼는 뻥 뚫린 시원함이다."라고 말했다. K 회장은 "순수하고 꾸미지 아니한 아름다움이다." 아내는 "대평원의 텅 빈 공간에서 내면의 은밀한 기쁨을 느낀다." L 실장은 "사무실의 스트레스가 사라진 무공해 청정지역이다."라고 말한다. 각자 대자연의 소감을 대화하며 신나게 달린다. O 대표는 동심을 느낀다며, 무전기로 동요를 불러서 박수갈채를 받는다.

우리는 현재 자동차 '노마드족'이다. 목적에 구애받지 아니하고 자유로운 영혼을 즐긴다. 고요함, 침묵, 자유, 목가적, 광활함, 평화로움, 한가로움. 멈춤, 느림, 여유, 단순함, 원시적. 모성적 대지, 어머니의 품, 사랑, 대자연 등 평안한 단어를 생각하며 달린다. '단어'는 보이지 않는 미지의 세계, 무한한 상상력의 경계선을 넘나들 수 있다.

논어에 '심재心齋'라는 단어가 있다. '마음의 비움'을 심재라고 한다. 마음을 비우는 방법으로 공자는 제자 안회에게 말한다. "첫째, 귀로 듣는 것을 마음으로 듣는 것으로 바꾼다. 그다음 마음으로 듣는 것을 기氣로 듣는다." '기氣'는 한국과 중국 등 동양에서 중요한 용어로 생명력, 에너지, 원기 등 우주의 기본적 요소이다. 시베리아 대평원의 기氣를 마음속에 받으며 달리고 싶다.

기쁨과 평안함의 시간은 오전까지이다. O 사장의 차는 출고된 지 10년, 주행거리 20만km의 오래된 차이다. 한국에서 나쁜 도로를 감안하여 바퀴 교체, 엔진 출력 확장 등 많은 돈을 들여서 수리한 차라고 한다. 휴게소에서 점심을 먹고 군사도시 '치타'(러시아 극동군 사령부 소재)를 약 30km 지나갔을 때 갑자기 O 사장의 차에서 엔진 출력이 떨어지고, 속도가 줄고, 검은 연기가 펑펑 나온다. 일행이 모두 멈추었다. 자동차 전문가인 우리 차 카메이트 L실장이 본 네트를 열고 살펴본다. 중요한 부품 '터보'에 미세한 구멍이 생겼다고 한다. 계속 달리면 차가 도로에 멈추는 상황이 생긴다고 한다. 인터넷 검색을 해보니 '치타' 도시에 한국 기아차 딜러 회사와 정비소가 있다.

치타 정비소에 전화로 예약을 하고, 30여km를 뒤로 후퇴해서 왔던 길을 되돌아서 간다. 뒤돌아가는 일행 모두 불안하다.

치타의 정비소에서 점검 중인 O사장 차

누구에게 화를 낼 수도 없는 상황이다. 정비사 의견은 구멍 난 터보 부품을 새것으로 교체해야 한다고 말한다. 부품을 서울에서 공급받으려면 2주일이 걸린다고 한다. L 실장 아이디어로 터보의 작은 구멍을 끈으로 임시로 동여매고 가기로 한다. 차를 고치지 못하고 두 시간 이상을 치타 정비소에서 소비했다.

치타에서 숙소 '사강달리'까지 370km를 더 가야 한다. O사장 차는 평지나 내리막길은 정상 속도로, 오르막길은 시속 60, 70km의 느림보 운전이다. 긍정과 비관이 교차한다. 이번 여행을 완주할 수 있을지 걱정이 된다. 행여나 해서 가는 중간에 있는 구글로 정비소를 검색해 보고, 전화를 걸어보니 시골 도시 정비소 주인이 응급조치를 할 수 있다고 말한다.

시골의 자동차 정비사를 만난 시간이 밤 9시다. 이 정비사도 방법이 없다고 한다. 최악의 경우 여행이 중단될 수 있다는 걱정이 앞선다. 터보 수리에 도움도 못 받고 정비소 두 곳을 찾아

헤매는 데 많은 시간만 소비했다. 정비소에서 기다리는 시간에 석양의 찬란한 낙조를 바라봤다. 초원에서 방목하는 말들이 해질 무렵에 집으로 돌아가는 모습이 목가적이다.

위도가 높은 지역이라 해가 완전히 지는 시간은 밤 10시쯤이다. 저녁 9시 이후부터 서쪽 하늘에 화려한 낙조落照가 드리운다. 해가 떨어지는 대평원의 서쪽을 향해서 자동차도 서쪽으로 빠른 속도로 달려간다. 우리는 서쪽으로 운전하면서 밤 10시까지 붉은 노을을 뒤따라가는 경험을 한다. 이동하면서 관찰하는 대평원의 낙조는 짧은 시간에 해가 바다로 떨어지는 서해안 낙조와는 다른 체험이다.

자동차 고장으로 두 곳 정비소를 들르느냐 시간을 많이 소모했다. 몸과 마음이 몹시 지쳤는데, 그나마 아름다운 낙조를 한 시간여 감상하면서 마음의 평온을 찾는다. 성악 전공의 K 교수

시골 정비소 골목 밤 9시경 마을 풍경

시베리아 대평원의 석양 풍경

님이 동화적, 몽환적 석양을 보면서 러시아민요 'The Evening Bell'(저녁 종소리) 노래를 무전기로 들려준다. 유튜브에서 어린 시절 들었던 The Evening Bell 곡을 들으며 가니 마음이 안정된다.

저녁 종소리 저녁 종소리.
너희는 전해야 할 이야기를 얼마나 많이 전했니.
젊음과 집, 그리고 행복한 시간.
내가 마지막 너희에게 들려주었던 노래.
그 종소리 사라지고 행복했던 지난 날들...

러시아민요는 전반적으로 애절하며 차분해서 우리의 옛날

정서와 비슷하다.

　밤 11시 늦게 숙소에 도착했는데 최악의 여관이다. 방에 샤워실과 화장실이 별도로 없다. 여관 전체에 샤워실 겸 화장실이 한 개 있는데 모든 숙박객의 공용이다. 아내가 화장실에 들어가면 나는 다른 사람들이 못 들어가도록 복도에서 보초를 서야 한다. 화장실이 없는 사막에서 필요할 때 사용하려고 가림막 대용으로 우산을 준비해 왔는데, 시베리아 화장실 환경도 그에 못지않다. 일행 중 두세 명이 배탈이 나서 화장실 출입이 잦은데 화장실 여건은 최악이다.

　저녁 식사와 샤워를 하고 나니 새벽 1시다. 오늘 오전과 오후는 낙관과 비관, 천당과 지옥 정반대의 시간을 보냈다. 전쟁터 행군과 같은 강행군을 마치고 '사강 달리'라는 낯선 시베리아 도시에서 잠을 청한다.

청정호수
"바이칼호"에서의 휴식

어젯밤 숙박한 "사강 달리"의 오늘(7월14일) 아침 기온은 13도로 상쾌하다. 위도가 높은 지역이라 7월 중순의 날씨는 우리의 5월 날씨처럼 기분 좋은 날씨이다.

간단한 아침 식사 후 시베리아의 다음 목적지 바이칼호를 향해서 출발한다. 바이칼호에 도착하면 3,700km 시베리아 대평원을 달려온 셈이다. 도로 상태도 매우 나쁜 편도 1차선(왕복 2차선) 울퉁불퉁한 나쁜 길을 달려왔다.

고장 난 O 사장 차, L 실장 차를 수리해야 한다. 먼저 바이칼호 근처 140km 떨어진 "울란우데" 정비소를 예약했다. 울란우데는 브랴트 공화국의 주도州都(인구 43만)로서 이곳에서 가장 큰 도시이다. 오늘은 일요일인데 출발 전 전화해 보니 울란우데 1급 정비소가 일요일에도 정상 영업을 한다고 한다. 어렵던 시절 우리나라도 주중 주말 구분 없이 일했던 경험이 생각난다. 울란우데 정비소에 구멍 난 터보 상태를 설명하고, 전화로 정비를 예약했다. 터보가 고장 난 O사장 차는 제 속도를 못 내고, 간신히 시속 80킬로 저속으로 운행 중이다.

울란우데로 가는 초원의 풍경

    이 지역은 몽골족 일파인 '브랴트족'이 목축업을 했던 북부 몽골초원이다. 몽골족 인원이 30~40% 점유하고, 나머지는 러시아인들이다. 브랴트 몽골족은 러시아에 동화되어 몽골어를 잊어 버렸다. 1727년 청나라와 러시아가 바이칼 호수 주변 시베리아 지역의 몽골족 거주지를 러시아에 넘겨주는 국경 조약 (카흐타 조약) 체결 이후 300년 동안 러시아 지배를 받아왔기 때문이다. 몽골족의 독립 시도, 인종 갈등 등 소수민족 문제가 없는 지역이다.

    시베리아 산림을 벗어나고 있다. 아름다운 목초밭, 초지가 멀리까지 끝없이 펼쳐졌다. 연두색 초원, 몇 조각 하얀 구름, 새파란 하늘이 환상적인 조화를 이루고 있다.

초원의 빛이여,

꽃의 영광이여.

그 시절을 다시 돌이킬 수 없다 해도,

우리 슬퍼하기보다, 차라리.

뒤에 남은 것에서 힘을 찾으리 ...

영국 계관시인 윌리엄 워즈워드 '초원의 빛' 시가 생각난다.
차창 밖 사진을 찍다가 사진으로 전체 풍경과 분위기를 담을
수가 없다는 점을 깨닫고 사진 찍기를 포기한다. 사진 찍는 대
신 벅찬 감정을 그대로 느끼기로 한다. 환상적이고 아름다운 초
원에는 '모기, 등에, 파리, 벌, 독성이 있는 곤충' 등 우글거려서
들어가면 큰 사고를 당한다. 몇 일전 사진 찍으러 갔다가 물린

서부영화 같은 '브라트 공화국' 농촌 마을 풍경

곳이 아직도 가려워서 고생하고 있다.

목축업을 하는 농가가 초원에 자주 나타난다. 목재로 지은 주택이 많은데, 규모가 작고, 무척 낡아 보인다. 겨울철 추위와 난방비 절약을 위해 작은 집에 사는 것이다. 모든 목재주택의 지붕 중앙에 굴뚝이 한 개씩 설치되어 있다. '게르'(몽골 천막) 중앙에 설치된 굴뚝처럼 바닥에는 음식 조리와 난방을 겸하는 화덕이 있을 것이다.

집집마다 마당에 나무울타리로 겨울철 가축을 가둬두는 우리가 설치되어 있다. 가축우리 크기를 보면 가축 수의 많고, 적음을 알 수 있을 것 같다. 봄, 여름철 방목이 끝나면 늦가을부터 겨울까지 건초를 먹이면서 가축을 키우는 장소이다. 초라한 목조가옥은 서부영화에 나오는 퇴색한 시골 풍경과 무척 닮았다.

러시아는 평원과 초원을 이동하며 생활하는 유목민을 정착시키기 위해 제정 러시아부터 소련연방까지 오랫동안 공권력을 투입했다. 유목민들은 정착 생활에 익숙하지 아니하기 때문에 처음은 크게 저항했다. 러시아 정부의 정착유도 의도는 정착민들은 통제하기 쉽고, 세금 징수에 편하고, 반란이 발생했을 때 진압이 쉽기 때문이다.

특히 카자흐스탄의 넓은 초원에 흩어져 살던 카자흐 유목민은 정부의 강제적인 정착유도에 큰 저항을 했다. '카자흐'라는 뜻은 '자유인, 방랑자'의 의미이다. 카자흐인들의 저항을 제압하고 반강제로 정착 생활로 추진하는데 많은 유혈 사태가 있었다고 한다. 지금도 카자흐스탄 사람들은 여름은 초원에 가서 유르트(게르)에서 보내는 사람이 많다.

나와 아내는 낭만적이고 평화로운 전원 풍경에 빠져들면서 가톨릭 신도의 '피정避靜' 온 느낌이라고 말한다. 피정避靜은 가톨릭 신자들이 평소 살던 집을 떠나서 조용한 수도원이나 기도원에 들어가서 묵상하고 기도하고 명상하는 일이다.

불가의 스님도 평소 살던 절에서 떠나 선정禪靜을 하기 위해 조용한 암자에서 동안거冬安居, 하안거夏安居 등 정기적으로 칩거하며 수양한다. 우리도 도시의 바쁜 일상에서 벗어나 시베리아의 대평원을 달리며 피정避靜하는 기분이다.

여행도 리듬을 타야 하는 데 자동차에 또 다른 문제가 생겨서 여행의 흐름이 끊어진다. 나는 SUV 디젤차는 주기적으로 '요소수'를 넣어야 한다는 것을 이번에 처음 알았다. 요소수가 떨어지면 디젤차가 멈춘다는 것도 이번에 알았다. 우리가 탄 차의 요소수가 비어간다고 빨간 경고신호가 계기판에 들어왔는데, 오전 내내 요소수 가게를 못 찾고 있다.

길가에서 자동차에 '요소수'를 붓고 있는 모습

급기야 중간에 요소수를 못 구한 채 요소수가 바닥나고, 우리가 탄 차가 도로에 멈춰 섰다. 선두 차 H씨와 윤 군이 요소수 가게를 찾아서 앞으로 무작정 달려간다. 이곳은 인터넷 연결이 안 되는 지역이다. 요소수를 사러 간 동료와 연락이 안 되니 답답하다. 두 시간 동안 시베리아 평원의 길가에 앉아서 요소수를 못 구하면 어떡하나 걱정하며 불안한 시간을 보냈다. 다행히 80km(왕복 160km) 달려가서 요소수 가게를 찾았다. 두 시간을 길에서 허비한 후 자동차에 요소수를 보충하고 출발한다.

울란우데로 운전해 가는 도로 위에서 러시아 표준시간이 한 시간 늦춰져서 시계를 풀어서 다시 시침을 조정한다. 우리는 서쪽으로 이동하기 때문에 오늘도 한 시간 번 셈이다. 러시아 영토는 광대한 나라로 표준시가 9개이다. 우리는 러시아 이동 중에 표준시간을 세 번째 맞추고 있다. 오후 3시경 울란우데 정비소에 도착했다.

1급 정비소라서 기대가 크다. 직원이 몽골계 직원이다. 외모가 비슷한 우리에게 매우 친절하다. 차를 맡겨 놓고 가라고 한다. 밤사이 수리할 테니 내일 아침 9시에 찾으러 오라고 말한다. 우리는 O사장 차를 정비소에 맡겨 두고, 나머지 두 대 차에 나누어 타고 시베리아 중간 정착지, 바이칼호에 석양 무렵 도착했다.

바이칼호로 가는 도중에 슈퍼마켓에 들려 저녁 식사용 삼겹살, 러시아 보드카, 양파, 당근 등 음식 재료를 샀다. 숙소는 바이칼 호수 백사장 옆에 있는 3층짜리 민박 건물이다. 석양 무렵 바이칼호에 도착하자 모두 백사장으로 뛰어가면서 만세를 부른다. 모두가 동심의 세계로 돌아간다. 아내는 잽싸게 양말을

바이칼호에서 석양을 아내와 함께

벗고 호숫물에 발을 담그며 행복하게 환호한다. 바이칼호는 경상남북도 크기의 호수로 세계에서 제일 큰 민물 호수이다.

나와 아내는 4년 전 추운 겨울 2월에 눈 덮인 자작나무 숲과 얼어붙은 바이칼호를 보러 왔던 추억이 생각난다. 당시 영하 30도 혹독한 추위를 경험했는데, 반대로 오늘은 날씨가 일 년 중 가장 좋은 7월 한 여름철에 바이칼호에 다시 오니 감회가 새롭다.

민박집 주인이 지하층의 부엌을 저녁 식사 요리에 사용하도록 빌려주었다. 유일한 여성인 아내, 나, L실장, H씨 등 일행이 공동으로 삼겹살 고추장구이를 준비했다. 반찬은 통조림에 든 김치 한 가지이다. 보드카와 삼겹살 구이가 잘 어울린다. 러시아에 산 경험이 있는 윤군의 추천을 받아서 맛있는 보드카 3병을 샀다. 지난 1주일 동안의 시베리아 대평원의 피로가 싹 가신다. 보드카 술잔을 들고, "가자! 이스탄불", "고생 끝, 행복 시작" 여행의 완주와 안전을 염원하는 건배사를 합창한다.

옆자리에 식사하던 러시아 부부가 자기 부인이 오늘 60회 생일이라고 한다. 자연스럽게 합석하여 술도 함께 먹고, 생일 축하곡도 부르면서 즐거움을 나눈다. 러시아 사람이 집에서 가져온 과실주를 우리에게 권한다. 러시아 부부와 함께 사진도 찍고 화목한 시간을 보냈다. 러시아 남성에 건배사를 부탁하니 "여행할 때 도로에 못과 철 조각이 없기를" 하고 건배사를 외친다. 러시아인 건배사는 건강, 화목, 행운 등 덕담을 기원하는 우리와 다르다. 러시아 열악한 도로 사정을 알 수 있는 건배사라고 생각이 든다. 삼겹살 파티 후 저녁 식사는 서울서 가져온 라면

바이칼호 민박집 주방에서 러시아 여행객과 건배

으로 대신했다.

　관광객을 상대하는 민박집이라 아늑한 분위기, 깨끗한 침대 시트, 화장실 수건 등 시베리아 숙소보다 매우 깔끔하다. 아내는 그동안 시베리아의 쿠션이 엉망인 침대에서 고생했는데 편하다고 활짝 웃는다.

　밤 중에 북반구 시베리아의 총총한 별을 보러 가기로 약속했는데, 보드카 술기운에 그냥 잠에 빠졌다. 바이칼 호수의 공기는 가볍고 매우 맛있다. 원시의 생명력이 넘치는 바이칼호 호반의 숙소에서 행복한 꿈을 꾸었다.

춘원 이광수 소설 "유정"과 샤머니즘 시원

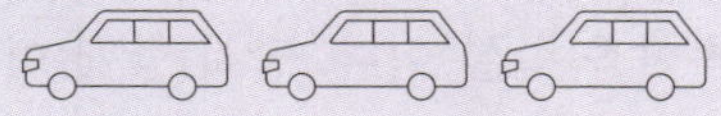

먼 옛날 한민족은 서쪽에서 출발, 시베리아, 몽골고원과 만주 평야를 지나, 압록강과 두만강을 건너서 한반도로 이동했을 것이다. 오랜 세월에 걸쳐서 서서히 진행된 민족이동은 일찍 정착한 원주민과 투쟁, 지배, 화합 과정을 거쳐서 한민족을 만들고 신화를 만들었다. 민족의 형성 과정에서 많은 전설과 설화는 구전으로 전해졌다. 한민족이 시원始原은 무엇인가? 한민족의 공통된 정신세계는 무엇인가?

한민족의 원시적 종교는 유목민에게서 전수된 하느님 천신天神 사상과 샤머니즘 무속신앙이다. 과거 하늘의 '하느님'은 우주의 질서를 지배하는 절대적 '초월 신', 윤리와 도덕을 상징하는 '인격신' 등 복합적 의미로 우리의 정신세계 기저를 이루고 있다. '샤머니즘'은 모든 생명체, 무생명체(바위, 고목), 죽은 조상 등 모든 곳에 영혼靈魂이 있다는 믿음이다. 샤먼(무당)은 하느님, 죽은 혼령 등 많은 영적 존재와 소통한다. 무당은 영적 존재와 소통 능력을 지닌 중간자로서 민중의 복을 빌고, 질병의 치유, 미래의 예측 등 삶의 역할을 하였다. 바이칼호는 한민족 무속신앙의 시원始原이라고 말한다.

시베리아 중심부에 있는 바이칼호는 한국 사람들에게 두 가지 이유로 익숙한 곳이다.

하나는 먼 옛날 한민족이 바이칼호 주변 시베리아 평원에서 동쪽으로 이동하였다는 '민족이동 학설'이다. 당시 함께 이동한 무속인 샤먼(무당)의 영적인 성지가 알혼섬 외곽의 절벽 돌산 밑에 있는 작은 동굴이라고 한다. 세계 무속인 행사가 주기적으로 열리고, 우리나라 무속신앙 연구자 등 많은 사람이 이 지역을 찾는다. 필자도 4년 전 추운 겨울철 이곳에 왔었다. 무속인 성지는 바이칼호 '알혼섬'에 위치한 작은 돌산인데 브랴트 몽골인들이 매우 신성한 지역으로 생각한다고 한다. 알혼섬은 샤먼(무당)들이 영적인 기氣를 받는 기가 매우 센 지역인지도 모르겠다. 샤먼(무당)은 우주와 자연의 기氣가 응축된 기가 센 지역을 찾는다고 한다.

다른 하나는 춘원春園 이광수의 소설 '유정' 배경이라는 점이다. 소설 유정은 1933년 조선일보에 연재되어 당시 최고의 인기를 얻었다고 한다. 내가 4년 전 추운 겨울 바이칼호에 가게 된 배경도 50여 년 전 학창 시절 감명 깊게 읽었던 춘원의 소설 '유정'의 배경을 보기 위함이다. 유정의 소설은 삼각관계 러브 스토리이다.

남자 주인공 최석(여고 교장), 최석의 친구로 독립운동가인 죽은 친구의 딸 남정임(고아 처지로 최석이 맡아 키움, 최석의 제자), 최석의 부인 사이에 발생하는 사랑과 질투와 오해로 인해 발생하는 연애소설이다. 1933년 당시 조선일보 독자들에게 매우 생소한 시베리아 바이칼호로 주인공 최석이 도피하고, 바이칼호에서

알혼섬에 있는 샤먼이 신성시하는 바위섬, 4년 전 겨울

사망하는 소설이다. 50대 이상 연령층은 소설 또는 영화로 '유정'을 기억하고 있다. 춘원 선생이 왜 바이칼호를 소설의 엔딩 배경으로 삼았는지 궁금하다.

춘원 선생은 1892년 출생으로 일제강점기 최고의 인기 소설가였다. 춘원 선생이 1914년 미국 LA의 '신한일보' 주필로 내정되어 시베리아 철도편으로 미국으로 가는 중간에 바이칼호에 들른 것으로 추정된다. 춘원 선생은 미국 LA로 가기 위해서 서울에서 출발, 러시아 블라디보스톡에서 시베리아 횡단 열차 탑승, 러시아 모스크바에 도착하고, 다시 배편으로 대서양을 건너 뉴욕에 도착 후, 뉴욕에서 미대륙을 기차로 횡단하여 LA로 가는 여행 계획을 세웠다. 지금은 상상도 안 되는 코스이지만, 1914년에는 이렇게 미국으로 갔던 것으로 추측된다.

미국으로 가는 도중, 1914년 1차 세계대전의 발생으로 춘원은 시베리아의 '치타'(자동차 고장 정비를 위해 들렸던 도시)에서 몇 달간 머물렀다고 한다. '치타'에 머물고 있을 때 아마도 바이칼호를 관광했을 것이고, 바이칼호에 대한 강한 인상으로 19년 후 1933년 유정 소설의 엔딩 장소로 바이칼호를 설정한 것으로 추정된다. 1914년 춘원 선생은 시베리아 치타에 머물다가 여비 부족으로 귀국했다.

나이 든 사람은 기억하는 고인이 된 여배우 '남정임' 씨는 1966년 개봉된 영화 '유정'이 데뷔작이다. 남정임 씨는 영화 '유정'으로 은막의 스타가 되었고, 예명을 '남정임'으로 정한 것도 소설 유정의 여주인공 남정임 이름을 따온 것이다.

4년 전 겨울철인 2월, 얼음으로 덮인 바이칼호와 알혼섬 주변에 얼어붙은 얼음 위에서 자동차를 타고 돌아다녔던 기억이 떠오른다. 얼음두께가 1m 이상 얼면 차량 통행을 허용한다고 했

4년 전 겨울 바이칼호 빙판 위에서

다. 당시 아침 기온 영하 30~40도, 해가 뜨는 낮 기온은 영하 20도 추위인데, 겨울옷을 많이 껴입고 여행했던 기억이 새롭다.

'알혼섬' 민박집에서 며칠 숙박하면서 북반구 겨울 하늘의 총총한 별을 보았던 감동이 진하게 남아있다. 어젯밤 바이칼호에서 여름밤 별구경을 하자고 아내와 약속했는데 저녁 반주로 먹은 보드카 숙취로 여름밤 별을 못 본 게 아쉽다.

아침 6시 일어나 보니 벌써 해가 중천에 떠 있다. 바이칼호 백사장을 여유롭게 산책한다. 바이칼호의 공기는 달고 가볍다. 산소가 많은 태고적 청정지역이기 때문이다. 호숫가에는 모래 백사장도 펼쳐져 있고, 맑은 물속에 검은 몽돌이 많이 있다. 백사장에 텐트를 치고 야영하는 러시아인도 있는데 여름철 수영하러 놀러 온 것 같다.

몽골계 민박집 여주인이 아침 식사에 본인이 키우는 젖소에서 금방 짜왔다는 따듯한 생우유를 가져와서 맛있게 먹었다. 러시아인 남편과 함께 민박집을 운영하는데 팔려고 내놨다고 한다. 60세 나이인데 젊어 보인다고 말하니 매우 좋아한다. 아침 식사는 서울에서 가져온 햇반과 김치, 고추장으로 해결하였다.

오늘은 절기상 7월 15일 서울의 초복初伏 날이다. 서울은 무더위로 고생하는데 이곳은 가을 날씨처럼 선선해서 이불을 덮고 자야 한다. 낮 기온은 피서하기에 매우 쾌적하다.

처음 만나서 서먹서먹하던 일행들도 친하게 되어 서로의 영역을 존중하며 친밀한 관계를 유지하고 있다. 불규칙적 식사, 지방질 많은 음식, 차 안에 장시간 앉아 있음 등으로 소화불량, 설사로 여러 명이 고생하고 있다.

K 교수는 교회의 퇴직 목사인데, 이슬람국가와 사회주의 국

출발 전 바이칼호 민박집 몽골계 주인과 함께

가를 여행하는 점을 고려하여 K 교수로 호칭하기로 했다. 가장 연장자로 일행의 화합에 기여하고 있다.

K 회장은 중견기업 회장인데 운동 마니아이다. 한반도(서해, 남해, 동해)의 해안선 1,800km를 40여 일에 걸쳐 걸었고, 백두대간도 종주한 에너지 넘치는 분이다.

O 대표는 자수성가한 이천의 중소기업인으로 해외 마라톤 출전 10여 회 등 마라톤 출전이 수십 회인 강한 체력을 자랑한다. 사진 찍는 게 취미인데 음식 적응에 어려움을 겪고 있다.

대기업 간부 직원인 L 실장이 산악자전거 등 운동 마니아이다. L실장은 8월 말까지 회사에 출근해야 한다. 모든 휴가를 풀로 사용해서 참가했는데 무단결근하면 징계 대상이라고 한다. L 실장의 귀국 일정에 맞추어 8월 말로 예약한 이스탄불발發 비행기 스케줄이 일정을 바쁘게 한다.

아내는 허리가 안 좋아서 허리 보호 복대를 착용하고 있지만 여행에 잘 적응하고 있다. 남성들 사이에서 갈등 해소, 분위기 조성, 배탈 난 응급환자 간호에 크게 기여하고 있다. 나와 아내의 체력이 일행 중에서 가장 약한 편이다.

한가지 깨달은 것은 구글 맵, 구글 GPS의 위대함이다. 구글 서비스가 없다면 초행길 시베리아 횡단은 꿈도 꾸기 어려웠을 것이다. 미국 일론 머스크가 창업한 '스타링크'가 왜 세계적으로 비즈니스가 잘 되는지 알게 되었다. 인구밀도가 희박한 산림, 사막, 고원 등 오지를 통신망으로 모두 연결하려면 경제성이 떨어져서 투자가 어렵다. 이 빈자리를 '스타링크'가 채워준다. 스타링크 가입비용을 검색해 보니 현재 월 99달러, 단말기 별도 설치비용 등이다. 오지의 통신을 위해 수백 대 인공위성을 지구 궤도에 띄우는 일론 머스크의 기업가 정신에 위대함을 느낀다.

디지털 문명의 해악인 '휴대폰 중독' 현상은 시베리아 오지에서도 매일 목격하고 있다. 식당의 종업원, 자녀들이 휴대폰에 몰입하고 있는 게 우리와 똑같다. 디지털 세계화가 추세임을 시베리아 오지에서 다시금 체험한다.

우리는 내일부터 몽골고원과 고비사막을 통해 중국의 내몽골 국경으로 가야 한다. 앞으로 순탄한 여행의 흐름을 타면서, 남은 구간을 안전하게 완주하고 싶다. 바이칼호의 신이여 도와주소서!

— PART 3 —

내몽골로 향하는 여정

러시아
스타노보이고원
바이칼호
울란우데
캬흐타
다르항
울란바토르
몽골
고비사막
오르도스사막
몽골고원
자민우드
엘렌하오터
대동
평요
황토고원
장예
란주
천수
서안
대동
중국
치타
네르친스크
스코보로
서하

바이칼호에서 몽골로

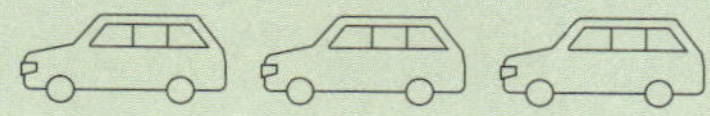

바이칼호에서 달콤한 짧은 휴식을 보내고, 우리는 몽골고원으로 내려간다. 7월 초 한여름 시베리아 스코보로디노(북위 54도), 바이칼호(북위 52도) 등 고高위도 '한대 기후 지역'을 통과하였다. 이제는 중국의 서안西安(북위 33도)까지 직선으로 약 3,000km를 내려갈 계획이다. 학창 시절 '지리' 시간에 배웠던 한대 기후, 스텝기후, 반사막기후, 사막기후, 온대기후 등 다양한 기후변화를 경험할 것이다.

오전 '울란우데'에 들러 어제 수리를 맡긴 자동차를 찾아서 몽골 국경도시 '다르항'(몽골 제2 도시)로 가야 한다. 화창한 햇볕을 맞으며 아침 8시 바이칼호 숙소를 힘차게 출발한다. 정비소에 맡겨 놓은 자동차를 찾기 위해 '울란우데'(숙소에서 140km 떨어짐)로 향한다. 서울에서 140km 떨어진 정비소라면 무척 먼 거리라고 생각하지만, 광활한 대륙 여행에 적응한 우리는 먼 거리로 생각이 들지 않는다.

울란우데 정비사는 임시로 운행할 수 있도록 구멍 난 '터보' 주위를 고쳤다고 한다. 어제 O 사장은 경기도 이천에 사는 동생에게 전화해서 새 '터보 부품'을 구입, 4일 후 인편으로 중국 내몽골 국경도시 '엘렌하오터'로 가져오도록 연락했다. 내몽골 국경에서 한국에서 가져온 부품을 교체할 계획이다. 중국 국경까지 O 사장 차가 몽골고원과 고비사막을 제대로 통과하는 것이 당면 목표이다.

출발 전 울란우데 시청 광장에 있는 '레닌' 동상을 구경하기 위해 시내로 향한다. 레닌이 1924년 사망 후 후계자 '스탈린'은 레닌 우상화를 위해 소련 연방공화국 내에 수만 개의 레닌 동상을 설치했다고 한다. 1991년 소련연방 해체 이후 고르바초프 대통령의 개혁개방 분위기에서 대부분 레닌 동상은 철거되었다. 울란우데 시청 앞에 설치된 레닌의 머리동상은 1991년 철거를 계획했다가 당시 철거비가 너무 많이 들어서 철거를 포

울란우데 광장의
레닌 머리동상

기하였는데, 지금은 울란우데의 대표적인 관광지가 되었다. 재미있는 역사의 반전이다.

현재 레닌 시신은 모스크바 붉은광장 레닌묘에 '미이라'로 만들어 안치되어 있다. 러시아 레닌, 중국 모택동, 베트남 호치민, 북한 김일성, 김정일 등 독재자들은 죽어서도 공산주의 체제홍보를 위해 평안한 안식을 못 취하고 '미이라'로 전시 중이다. 불쌍한 영혼들이다.

점심 식사는 시내 버거킹 가게에서 햄버거를 사서 근처 공원에서 간단하게 하였다. 미국과 러시아가 적대적으로 대립하고 있지만 미국 햄버거와 코카콜라는 러시아인의 애호 식품이다.

'울란우데'부터 동쪽의 태평양, 사할린섬까지의 영토를 '극동 러시아'로 부른다. 극동 러시아 면적은 약 700만km²(남한 10만km²)이나, 인구수는 겨우 800만명이다. 그나마 매년 인구수

울란우데 중앙공원에서 햄버거 점심 식사

가 줄어들어서 영토 관리에 위기를 느끼는 지역이다. 블라디보스톡을 포함한 연해주 지역은 1860년 청나라로부터 강탈한 영토이고, 사할린 남쪽의 섬들은 일본으로부터 2차세계대전 후에 빼앗은 영토이다. 모스크바로부터 거리가 멀고, 인구수가 줄어들면 미래 이 지역은 지정학적 분쟁지역으로 발전할 수 있다.

울란우데에서 남쪽으로 넓은 초지는 '스텝' 지대이다. 이곳에서 몽골인들이 신성시하는 '셀렝게강'이 바이칼호로 흘러 들어간다. '스텝 지역'은 나무가 띄엄띄엄 자라고 초지가 많은 것이 특징이다. 남쪽 몽골 방향으로 내려가면서 양, 말, 소들이 평화롭게 풀을 뜯고 있는 목가적 경치를 보면서 자동차 여행의 지루함을 잊고 있다.

'브랴트족' 몽골인들도 티벳 불교를 믿는다. 마을에 조그마한 티벳 불교 사원과 오보(돌 무덩이에 형형색색 천을 감아 놓은 장소)가 자주 눈에 띈다.

러시아의 남쪽 국경도시 '캬흐타'까지 260km를 달려야 한다. 캬흐타는 1727년 중국과 러시아 간 국경을 확정한 "캬흐타 조약"을 체결한 지역인데 오늘 통과한다. 오늘 러시아 남쪽 세관에 출국 신고를 하고, 몽골공화국의 세관에 입국 신고를 해야 한다. 러시아 세관에서 어떤 일이 생길지 내심으로 걱정하면서 남쪽으로 내려가고 있다.

시베리아 대평원은 추운 한대 기후이지만 북극해로부터 실려 온 수증기로 인해 여름은 비가 자주 오고, 겨울은 눈이 많이 온다. 강수량이 충분해서 산림지대와 초원 지대가 형성되어 사람이 거주하는 것이 가능하다. 그러나 북극해로부터 멀리 남쪽으로 내려갈수록 몽골고원의 남쪽 지역은 비가 적게 오는 반사

나무가 적은 스텝 초원

막, 사막기후로 변하고 있다. 바다는 수증기를 증발시켜서 육지에 비를 내려줘 인간 생활에 가장 큰 도움을 준다. 우리처럼 3면이 바다로 둘러싸인 영토는 신의 축복을 받은 지역이라는 감사한 생각이 든다.

7월, 8월은 사막에도 비가 오는 우기雨期라서 몽골고원 초원은 환상적인 아름다움 자체이다. 고려청자의 비취색 색깔을 닮은 하늘, 연초록색 초원, 지평선 멀리 야트막한 구릉, 하얀 뭉게구름 등 대자연의 아름다운 조화가 여행의 피로를 날려 보냈다. 수백 명이 떼 지어 달려가는 몽골 병사의 말발굽 소리와 함성이 아련히 광야에서 들리는 것 같다.

러시아 남쪽 국경 통과를 앞두고, 여행경비를 각자 1만 불 이내로 분산하여 소지한다. 2주일 전 블라디보스톡 항구의 해관

海官으로 입국했는데 오늘은 러시아 남쪽에 설치된 육상국경을 통과해야 한다. 군대 초소, 경찰 초소와 출입국기관, 세관 등의 많은 정부 기관 검사를 받아야 한다. 이번 자동차 여행에 육상 국경을 8번 통과해야 하는데 오늘이 첫 번째이다.

가장 먼저 국경으로부터 30여km 후방의 군부대 검문소에서 여권을 검사한다. 군대 초소 앞에 앉아서 무한정 기다린다. 총검을 소지하고 군복을 입은 군인들에게 빨리 처리해달라고 부탁했다가 괘씸죄에 걸릴까 봐 물어보지도 못한다. 40여 분을 기다리니 통과하라고 여권을 돌려준다. 군대 초소를 통과하여 수십km 달려가니 경찰 초소를 만난다. 이후 러시아 세관에 도착한다. 화물차가 통과하는 라인과 승용차가 통과하는 라인이 각각 다르다. 러시아에서 몽골로 들어가는 화물차들이 길게 줄지어 있는데, 다행히 승용차 라인은 차가 적다.

승용차 라인에 대기하다가 호명하면 3대씩 자동차 입장이 허용된다. 주로 몽골에서 러시아로 쇼핑하러 갔다 다시 몽골로 돌아오는 보따리상들의 승용차이다. 몽골인이 가방을 풀어서 도로에 내려놓고 짐 검사하는 것을 보니, 주로 햄, 소시지, 통조림, 각종 그릇과 의류 등 공산품과 잡화들이다.

우리는 자동차가 무사히 빨리 통관하기만 하면 된다. 세관 직원들이 자동차가 러시아 입국 당시 서류와 출국 차량이 동일한지 조사한다. 이러한 자동차 확인 과정에 무척 많은 시간이 소요된다. 자동차 여행이 만만치 않음을 국경에서 다시 한번 체험한다.

관세법상 자동차는 '휴대품'으로 분류된다. 처음 출국할 때 가져온 차를 중간에 팔거나 다른 차로 바꾸면 아니 된다. 사고가 나서 폐차하게 되면 해당 국가의 '폐차 확인서'를 발급받아서 서울에 가져가야 한다.

우리도 세관 도로 옆 땅바닥에 개인의 가방 짐을 펼쳐 놓고 짐 검사를 했다. 세관 직원이 차량의 본 네트, 트렁크, 좌석 밑바닥, 앞좌석 서류함 등 구석구석을 검사한다. 일반적으로 출국심사는 간단히 하고, 자국으로 들어오는 입국심사는 엄격히 하는데, 러시아 공무원은 출국하는 여행객 짐을 무척 깐깐하게 조사한다. 관료주의의 전형이다.

러시아 국경에서 자동차 검사를 받기 위해 3시간을 길에서 보냈다. 공항처럼 대기하는 대합실도 없다. 세관 검사가 끝나면 걸어서 짐을 끌고 이동하는데, 마지막으로 러시아 경찰 초소에서 여권검사를 다시 한다.

양옆에 철책으로 쳐놓은 국경의 완충지대를 100여m 걸어서

러시아 국경에서 휴대품과 자동차 검사, 도로 옆에서 3시간 기다림

가면 '몽골공화국' 입국 신고 장소이다. 역순으로 몽골공화국 입국 신고를 위해 긴 줄을 서야 한다.

몽골 공무원은 한국에 우호적이고, 한국어를 약간 아는 여직원도 있다. 한국인이 차를 갖고 몽골로 오는 게 처음이라서 호기심으로 여러 가지를 질문한다. 세관 여직원이 연장자인 K 교수의 여권에 기재된 나이를 보고, 나이가 정확한지 질문한다. 몽골에서 70세가 넘으면 노인인데, 77세 고령자가 쌩쌩하게 자동차 여행을 하는 게 놀랍다는 표정이다.

몽골국경에서 자동차 입국 신고, 차량 검사에 한 시간이 걸렸다. 두 나라 국경 통과에 4시간 걸렸다. 해가 뉘엿뉘엿 지기 시작하는 밤 9시다. 점심은 햄버거로 간단하게 했는데, 러시아와 몽골의 국경 통과 때문에 저녁 식사를 아직 못 먹고 있다. 국경 근처에 식당이나 편의점도 없다.

국경에서 숙소가 있는 몽골 도시 '다르항'까지 160km를 달려야 한다. 캄캄한 밤중에 갈 길은 먼데, 몽골의 도로 형편은 시베리아 못지않게 구멍이 파인 포트홀이 많고, 편도 1차선 좁은 도로이다. 화물차가 많이 다니는 도로라서 속도 내기도 어렵다.

저녁도 거르고 밤 11시 다르항 호텔에 도착했다. 다르항은 몽골 제2의 도시로 인구수가 10만 명인데, 시내의 모든 식당은 이미 닫았다. 호텔 근처 편의점에서 컵라면을 사 와서 저녁을 먹으니 새벽 1시다. 국경 통과를 처음 해보니 자동차 여행이 얼마나 고된 일인지 알 것 같다.

문제는 O 사장 차가 수리했음에도 언덕길은 잘 못 가고, 평지나 내리막길에 80km로 달려가는 수준이다. O 사장 차는 임시 방편 운행을 하고 있다. 향후 1,000km 이상 몽골고원을 어떻게 통과할지 걱정이다.

몽골시간 새벽 1시(한국시간 새벽 2시) 서울의 지인, 삼정 KPMG 김교태 회장에 도움을 요청하는 문자를 보냈다. "자동차 수리가 긴급히 필요하다. 몽골 울란바토르의 KPMG 지사장이 현지 사정을 잘 아는 기사를 통해 정비소를 소개해달라. 식사를 지원해달라. 못 먹어서 영양 보충이 필요하다."

몽골 다르항의 숙소에서 김교태 회장에 SOS를 치고 새벽 2시 넘어 늦게 잠이 들었다.

'칭기즈칸' 고향
몽골고원

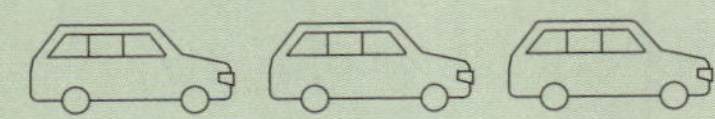

　7월 16일 새벽 5시 다르항 호텔에서 곤히 자고 있는데 휴대폰 벨 소리에 잠이 깬다. 장현수 삼정 KPMG 몽골지사장이 김교태 회장 지시로 전화를 걸어왔다. 어젯밤 서울시간 새벽 2시에 김 회장에 SOS를 쳤는데 제대로 전달된 것이다. 장 지사장에게 자동차 '터보' 고장에 설명을 해주고, 울란바토르에서 중고 부품 교체를 부탁했다. 몽골 수도 울란바토르에서 점심을 먹기로 약속했다. 한국식당에서 맛있는 점심 식사를 기대하면서 '다르항'에서 아침 10시 출발했다.

　O 사장 차는 시속 70~80km 속도로 몽골고원을 지나가고 있다. 농지는 없고, 넓은 초원만 펼쳐져 있다. 여름철 우기 때문에 초원은 생기가 넘치고 화려하다. 시골 도로변에 여름철 과일 노점이 많다. 몽골 화폐가 없으니 그림의 떡이다. 내 아내가 차 안에서 일행들에게 농담을 한다. "기분 좋아서 여러분에게 말 한 마리씩 사서 선물하겠다. 조건은 선물 받은 말을 서울에 가져가야 한다. 운송비는 여러분 몫이다." 워키토키 무전기로 농담하면서 여유로운 드라이브를 하고 있다.

몽골고원 초원의 목축 풍경

　세계 역사를 흔들었던 기마 유목민의 고향은 몽골고원 서쪽 오논강과 외팅겐 지역이다. '다르항' 근처에 몽골족들이 신성 시하는 '오논강'과 '외팅겐산'이 있다. 오논강 근처는 과거 돌궐족(투르크족) 수도와 칭기즈칸 출생지가 있고, 초기 몽골제국 수도였던 '카라코람'이 있다.

　경제적 개념에서 유목하는 목축업은 농업, 상업보다 생산성이 크게 떨어진다. 자연이 제공하는 풀을 찾아서 이동하는 특성상 자본과 잉여재산 축적, 업종 전문화 등 경제적으로 불리하다.

　몽골에서 방목하는 대표적 가축은 '양, 말, 소, 염소, 낙타' 다섯 종류이다. 현지인에 물어보니 양 한 마리 가격이 원화 5만원 수준이다. 적어도 2, 3년 오랫동안 키워야 어른 양이 되는데 값이 싸다. 과거 유목민 한 가족은 평균적으로 양 100마리를 키우며 살았다고 한다.

'말'은 유목민에게 가장 사랑받는 가축이다. 가죽을 제공하고, 말젖은 '쿠미스 술'을 만드는 재료이며, 말고기는 식량으로, 살아있는 말은 교통수단 전쟁의 수단이다. '소'는 추위에 약해서 인기가 적다. 말과 양은 추위에 강해서 고비사막과 몽골고원의 혹독한 기후에 적합하다. '염소'는 가장 낮게 평가된다. 낙타는 '쌍봉낙타'인데 고비사막의 쌍봉낙타는 추위에 강하다.

유목민은 4계절 이동해야 하는데 이동 경로는 아무 곳이나 가는 게 아니고 부족, 씨족별로 이동하는 길이 정해져 있다. 이웃 씨족과 싸움에서 패하면 자기의 목축을 키우는 초원을 빼앗

울란바토르 향하는 초원길

기고 유목사회에서 쫓겨나야 하는 상황이니 개인은 씨족장, 부족장에게 충성하고, 혈연 집단 간에 단결이 필요하다. 유목민 문화는 가부장적 권위주의 사회로서 '출신 부족, 씨족, 지역'에 충성하고, 국가나 사회에 대한 연대감은 낮다. 그래서 몽골의 정치인들은 국가보다 출신 지역과 씨족을 우선 챙긴다고 한다.

풀이 없는 긴 겨울에 많은 가축을 키울 수가 없다. 건초나 사료가 많지 아니하기 때문에 겨울을 보낼 적정 가축 숫자를 키워야 한다. 주기적으로 혹한이나 가뭄이 들면 많은 가축이 죽는다. 부자의 기준은 가축의 숫자이지만, 큰 부자라고 하더라도 겨울철 가축의 월동 돌봄 때문에 자연히 평등한 분배 사회가 정착됐다.

오후 한 시가 지나서 울란바토르 식당에 도착했다. 장현수 몽골 지사장은 내가 과거 삼정 KPMG 부회장으로 근무할 때 알던 직장 동료이다. 장 지사장이 몽골인 기사에 고장 난 O 사장 차 열쇠를 맡기고, 시내 정비소를 전부 뒤져서 중고 '터보' 부품을 찾아보라고 지시한다. 일말의 희망을 걸어본다.

몽골 주민은 주로 중국의 중고차를 수입해서 사용한다. 한국의 SUV 차는 값이 비싸서 몽골에 많지 않다. O 사장 차는 출고된 지 10년 넘은 차라서 중고 부품이 있을지 의문이다. 몽골인 기사에 차를 맡기고 점심 식사하러 갔다. 시베리아에서 고생하다가 김교태 회장 배려로 오랜만에 깔끔한 한국 식당에서 삼겹살, 한국 맥주 등으로 배부르게 과식하였다.

오후 한가한 시간을 즐기기 위해 '테를지' 국립공원으로 향한다. 거리에 인파가 매우 많다. 동행하는 앙케씨(장지사장 비서)에 이유를 물어보니 몽골의 국가 축제인 '나담축제'가 어제 끝

유네스코 세계 유적으로 지정된 테를지 국립공원

났다고 한다. 축제 기간 6일이 국경일이라고 한다. 나담축제 기간에 몽골인들이 대부분 휴가를 간다. 휴가는 가족 모두가 초원에 놀라 가서 먹고, 마시고, 잠자고 오는 게 일반적인 형태라고 한다.

테를지 국립공원은 독특한 바위 지역으로 유네스코 문화유산으로 지정된 지역이다. 10년 전 여름 테를지 국립공원에 별을 보러 간 적이 있었다. 당시 한적한 국립공원이었는데, 지금은 모든 지역이 리조트, 카페, 게르 등 관광객 유치를 위한 난개발 상태다. 우리 일행이 전망 좋은 카페에서 휴식을 취할 때 나담축제를 보러 온 한국 관광객을 카페에서 많이 만난다.

소득 증가로 자동차가 빠르게 증가하는데 도로 확장은 제때 안되어 울란바토르뿐만 아니라 외곽지역도 교통체증이 심하다. 몽골인들의 운전 습관은 매우 험하다. 아무 데나 말 타고 다니던 습관이 자동차 운전에도 나타나기 때문이다. 동행하는 몽골인에게 자동차 면허시험을 어떻게 보는지 물어봤다. 자동차 시험을 안 보고, 돈 주고 면허증 사는 사람이 많다고 말한다. 광대한 초원에 흩어져 사는 사람이 대도시 자동차학원에 등록하는 것도 쉽지 않다는 현실은 이해가 간다. 후진국이 산업사회로 전환하는 과정에서 나타나는 불합리한 사회 현상의 하나다.

"한 사람을 죽이면 살인자가 되고, 100만 명을 죽이면 황제나 영웅이 된다." 말이 있다. 칭기즈칸의 군대는 역사상 가장 잔인하고 호전적인 군대였다. 국립공원 가는 길에 있는 '칭기즈칸 기념관'에 들렸다.

기마상 높이는 40m로, 미국 자유의 여신상처럼 머리 쪽까지

테를지 국립공원 '거북바위'

몽골의 영웅
칭기스칸 기념관

사람이 올라갈 수 있다. 말머리 방향은 칭기스칸 고향 '오논강'
을 향하고 있다. 머리 쪽에 사진 찍는 전망대가 있어서 사람이
많이 밀린다. 칭기스칸(1162~1227년)은 1206년 몽골의 대칸(황
제)에 올랐다. 이 동상은 몽골 건국 800주년이 되는 2006년에
건립되었다. 전설에 의하면 칭기스칸이 전쟁 중에 이곳에 떨어
진 말채찍을 주우려고 허리를 숙였는데 그사이 적군이 쏜 화살
이 스쳐 지나가 목숨을 구했다는 얘기가 있다.

　지하 1층은 칭기스칸 후손들 초상화, 전쟁 무기 등이 전시되
어 있다. 13세기 몽골제국 전성기에 정복한 유럽과 아시아 대

륙의 영토 지도가 벽에 있다. 13세기, 14세기 약 100년은 '팍스 몽골제국'의 시대이다. 유라시아의 광대한 초원에 평화가 찾아오고, 무역과 교역이 발달했던 시대이다. 한 번이라도 자랑스러운 위대한 역사가 있는 국민은 자부심이 크다. 우리나라도 세계에 자랑스러운 역사가 있었는지 생각해 본다. 기마상 입장 요금은 몽골 돈 2만 투그릭(8,000원)으로 몽골 물가 기준 비싼 편이다. 하루 전이 몽골 전통축제 '나담축제' 폐막일이라 중국에서 관광 온 관광객이 많다.

칭기즈칸이 세계 사람들의 주목을 받게 된 계기는 2,000년 밀레니엄 연도에 미국의 '뉴욕 타임즈'가 특집으로 지난 1,000년 동안 인류 역사에 가장 큰 영향력을 끼친 인물로 칭기즈칸을 선정했다. 당시 세계적으로 '칭기즈칸 신드롬'이 생겼다.

칭기즈칸은 혈족과 부족에 충성하는 유목민 사회에서 능력과 실력으로 사람을 대우했다. 칭기즈칸 초창기 친구인 4명의 맹우盟友에 노예 출신도 있다. 노예 출신 등용은 몽골고원 평민들에게 좋은 평판을 얻게 된다. 전쟁에서 얻은 전리품을 종전에는 장군끼리 나누고, 일부만 상납하는 게 당시 관행이다. 칭기즈칸은 모든 전리품을 전체로 총괄하여 모은 다음, 전공에 따라 전리품을 공정하게 분배하는 방식으로 변경했다. 병사들이 씨족, 부족에 충성하지 아니하고, 칭기즈칸에 충성하게 된 계기다.

초원과 사막은 자원이 부족하므로 수시로 전쟁과 약탈이 발생한다. 전쟁을 대비하기 위해서는 본인의 군사와 동맹군이 많아야 한다. 군사력이 강한 부족장과 '결혼동맹'이 필요한 이유다. 결혼은 칸(왕)에게 딸을 시집보내서 충성을 맹세하는 수단이다. 칭기즈칸도 부인이 10명이다. 칭기즈칸 본처 4명의 아들도 각각 10명이 넘는 부인이 있다. 중앙아시아 일부 지역 주민의 유전자 검사를 해보니, 전체 주민이 약 17%가 칭기즈칸 유전자가 섞인 후손이라는 자료를 본 적이 있다. 고려를 건국한 왕건도 29명의 부인을 두었다. 왕건은 견훤과 전쟁을 위해 29개 유력 부족과 결혼동맹을 체결한 것이다.

몽골이 소련의 위성국가로 있던 1991년 이전까지 공산당은 칭기즈칸을 '인민의 착취자'로 낙인찍어 비판의 대상이었다. 1991년 소련 해체 후 몽골은 국민통합을 위해 영웅이 필요했다. 이러한 시대적 필요가 인민의 착취자에서 국가의 최고 영웅으로 돌변한 것이다.

임진왜란의 영웅 이순신 장군은 죽은 지 수백 년이 지난 후 세계적인 해군 제독인 영국의 넬슨 제독(프랑스, 스페인 연합군 해전 승리 영웅), 일본의 도고 제독(1905년 러일전쟁 해전 영웅)의 재평가와 칭찬으로 유명해졌다. 이순신 장군은 박정희 대통령이 아산 현충사 성역화 등 재조명으로 국민 영웅으로 다시 탄생한 것이다. 위대한 영웅도 후세가 업적을 제대로 평가해 줘야 영웅이 된다.

역사는 현재와 과거의 끊임없는 대화이다.

역사학자 '에드워드 카'의 유명한 말이다.

몽골의 티벳 불교와 근세 몽골 역사

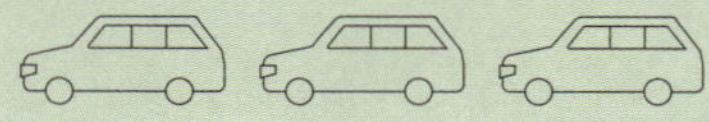

7월 16일 오후 '테를지' 국립공원에서 편안하게 쉬고 있는데 행복한 뉴스가 전해져 일행 모두가 환호성을 질렀다. 장현수 몽골지사장 기사가 울란바토르 자동차 정비소를 뒤져서 중고 부품 '터보'를 구해서 고장 난 '터보'를 교체했다고 한다. 몽골에 많이 보급되지 아니한 차종의 중고 '터보' 부품 발견은 사막에서 바늘 찾기처럼 기적적인 일이다.

오늘 저녁 식사는 테를지 국립공원 근처 식당에서 몽골 전통 요리 '후르헉' 요리를 먹는다. 비싸고 귀한 음식인데 김교태 회장의 배려 덕분이다. '후르헉' 요리는 양 한 마리를 분해해서 커다란 양철통 속에 넣고, 불에 달구어진 700도, 800도 뜨거운 돌을 양철통 속에 넣어 익힌 몽골 전통 요리다. 요리에 오랜 시간이 걸린다. 기쁜 소식에 모두가 비싼 한국 소주를 마시며 "가자! 이스탄불"을 외쳤다.

이제는 몽골고원과 고비사막 통과에 걱정이 없어졌다. 아내는 "걱정거리인 자동차 수리에 우리가 크게 기여했다." 매우 좋아한다.

몽골 전통음식 '후르헉' 파티

식당은 한국인이 운영하는 '칭기즈칸 골프장'(골프장 이름) 클럽하우스다. 점심으로 삼겹살에 이어 저녁에 양고기 후르헉을 연속으로 먹으니 배가 불러서 귀하게 준비한 후르헉 요리를 거의 남겼다. 남은 후르헉 양고기는 자동차 수리에 공헌한 몽골 운전기사에게 포장해서 주었다. 후르헉은 몽골인들에도 귀한 음식이라 기사가 무척 고마워한다. 식당 옆 좌석에 몽골에 운동하러 온 한국 사람들이 여러 명 있었다. 이들도 우리의 여행담을 듣고 감동하며, 꼭 완주하라고 덕담을 준다.

숙소는 울란바토르 시내로 잡았다. 일본인이 운영하는 호텔이라 매우 깨끗하다. 오랜만에 밀린 빨래를 하였다. 건조한 사막성기후라 속옷을 빨아 놓으면 금세 마른다. 정말 홀가분한 기분으로 편안한 호텔에서 어젯밤 못 잔 꿀잠에 빠졌다.

몽골 수도 울란바토르는 몽골고원의 분지로 해발 1,300m 이상이다. 울란바토르는 '붉은 영웅'이란 뜻이다. 1911년 청나라 멸망 후 몽골은 왕국으로 독립했다. 1919년~1920년 중국 군대가 침략하자 몽골의 '수흐바타르' 장군과 러시아 군대가 중국 군대를 격퇴했다. '붉은 영웅' 수흐바타르 장군을 기념하기 위해 도시 이름을 '울란바토르'(붉은 영웅)로 바꿨다고 한다. 이후 몽골은 중국의 침략에 대비한 생존전략으로 친親 러시아 외교를 하게 된다.

겨울은 석탄 난방으로 도시 매연이 심한 지역인데, 여름철 7월은 공기가 매우 맑다. 울란바토르는 몽골 인구(약 350만명)의 약 절반이 산다. 몽골은 기후변화로 강수량이 줄어들어 초원에서 가축 키우기가 더 어려워졌다고 한다. 게다가 청년들은 목축을 싫어하므로 큰 도시로 전입인구가 많아지고 있다.

중국인들은 우매할 '몽蒙' 자를 사용 '몽고蒙古'라고 부른다. 몽고蒙古 단어는 야만인으로 비하하는 의미가 있어 몽골인들은 몽고蒙古라는 국호國號를 싫어한다. 몽골공화국과 우리나라가 1990년 국교 수립할 때 우리나라에 국호를 '몽골'로 표기해 달라고 부탁한 이유다.

다음 날 아침 상쾌한 기분으로 울란바토르 시내 호텔 근처를 산책했다. 울란바토르 시내에 한국의 프랜차이즈 편의점, 커피숍 등이 매우 많다. 몽골 국민 중에서 한국을 다녀간 사람이 매우 많아서 한국 브랜드 가게가 잘 된다고 한다. 몽골인의 꿈은 한국에 가는 것인데, 한국 입국비자 받기가 매우 힘들다고 한다. 아침에 한국 편의점에서 한국산 인스턴트 커피, 햇반, 과자 등 보급품을 샀다.

시내에서 만나는 몽골인들은 우리와 외모가 많이 닮아서 마음이 편안하다. 우리 신생아의 70%가 태어날 때 엉덩이에 '몽골 반점'을 갖고 태어난다. 유전학적으로 분석해 보면 실제로 우리 민족과 가장 닮은 종족은 만주 여진족, 일본인이라는 기사를 읽은 적이 있다.

아침 일찍 울란바토르 시내 중심부를 통과해서 남쪽 고비사막 방향으로 내려간다. 오늘은 몽골 남쪽 고비사막 국경도시 '자민우드'까지 약 680km를 가야 한다.

일정이 빡빡하여 울란바토르의 유명한 티벳 불교 사찰인 '간단 사원' 지붕을 멀리서 보면서 지나쳤다. 몽골고원 초원을 가는 도중에 마을에서 티벳 불교 사원이 자주 눈에 띄었다. 몽골이 16세기 티벳 불교 도입 후 현재 몽골 주민 대다수는 '티벳 불교' 신자이다. 안내를 맡은 앙케 양에게 언제 절에 가는지 물어보니 음력 설날, 경조사 등 특별한 날에만 간다고 한다. 티벳

대통령궁이 있는 수흐바타르 광장

불교는 소승불교, 대승불교와 함께 세계 3대 불교의 하나이다. 현재 티벳 불교를 믿는 종족은 티벳족과 몽골족 주민이다.

티벳 불교는 인도에 망명 중인 '달라이 라마' 때문에 언론에 자주 나온다. 역사적으로 세계의 많은 나라에서 영적인 종교 권력과 세속의 정치권력은 상호 이익을 위해 타협과 거래를 자주 했다. 16세기 후반 쇠퇴한 몽골의 왕(알탄 칸)이 본인의 통치적 정통성 확보와 국민통합의 수단으로 티벳 불교를 도입했다.

1571년 몽골의 왕(알탄 칸)이 당시 활불活佛로 소문났던 티벳 라싸의 승려 '소남 갸초'를 몽골로 초청하고, '달라이 라마' 명칭을 하사했다. '달라이'는 '바다'의 뜻으로, 달라이 라마는 '지혜의 바다', '전 세계의 스승' 뜻이다. 티벳 불교는 '환생과 윤회'를 믿음으로 한다.

티벳 승려 '소남 갸초'는 알탄 칸을 칭기즈칸의 환생한 인물임을 선언하여 보답했다. 정치적 기반이 약했던 알탄 칸은 몽골족 영웅인 "칭기즈칸", 원나라 세조 "쿠빌라이"의 환생한 인물임을 내세워 정치적 정통성을 확보하여 세력을 키웠다.

우리나라 신라의 법흥왕은 토착 세력의 반대로 고구려나 백제보다 불교를 늦게 도입했다. 법흥왕法興王이란 이름에서 알 수 있듯이 그는 호칭도 불교식으로 지어서 불교를 국민통합에 이용했다. 아들 진흥왕은 '호국불교' 기치를 내세워 불교를 왕권 강화에 이용하고, 삼국통일 기틀을 만들었다. 이 같은 종교와 정치권력의 상호 거래는 몽골, 신라뿐 아니라 많은 나라의 사례이다.

현재 인도에 망명한 티벳 불교 수장은 '14대 달라이 라마'이다. 달라이 라마는 죽은 다음에 다시 환생하는 부처이므로 이

름이 계속 승계된다. '소남 갸초'는 실제로 1대 '달라이 라마'
이지만, 본인의 죽은 스승을 1대, 2대 달라이 라마로 추존하고,
본인은 죽은 스승의 환생한 인물로서 3대 달라이 라마로 호칭
했다.

티벳 불교의 몽골 도입은 몽골의 정치적 통합에 기여했지만,
몽골인들의 호전성과 상무 정신을 약화시켰다. 얼마 후 몽골은
만주의 여진족이 세운 청나라에 복속되고, 몽골초원의 호전적
유목민 전사는 17세기 이후 역사에서 소멸하게 된다. 특히 16
세기 중반 이후 산업사회의 총기류는 유목 기마병의 활을 압도
하게 된다. 자본과 기술이 없는 초원과 사막의 유목민은 서구의
총기류를 따라갈 수 없다.

몽골제국의 영토 중 북쪽의 초원 지대인 바이칼호 주변은 17
세기 러시아에 빼앗기고, 남쪽의 내몽골 초원은 청나라에 빼앗
겼다. 과거 몽골제국 영토가 1/3로 줄어들고, 가장 척박한 '외
몽골' 사막지대만 남은 것이 현재 몽골이다. 근세 몽골은 러시
아의 위성국가로 준 식민지 상태로 있다가 1991년 소련연방 해
체 후 독립국이 되었다. 아시아 대륙을 제패했던 세계의 강대국
몽골이 힘없는 변방의 약소국가로 변천한 과정이다. 지정학적
으로 강대국(중국, 러시아) 사이에 낀 약소국 몽골의 근세 역사를
보면서, 19세기 말 4대 강대국(청나라, 일본, 러시아, 미국) 사이 끼
어있던 약소국 조선왕조 모습이 아른거린다.

차는 몽골고원의 단조로운 초원을 지나 남쪽으로 내려간다.
땅에 바짝 붙어 자라는 키가 작은 풀만 있고, 나무나 숲은 볼 수
가 없다. 초원에 유목민 주거지 게르 천막이 띄엄띄엄 나타난다.
광야에 외톨이로 고립되어 살아가는 유목민의 고독함에 대

몽골고원 유목민 '게르' 천막

해 생각해 본다. 몽골 사람은 술이 세기로 유명하다. 과거 초원에서 외롭게 혼자 살다가 오랜만에 친구나 손님을 만나면 독한 술을 밤새워 마신다고 한다. 지금은 휴대폰이 보편화되어 있고, 초원에도 자동차, 오토바이가 보급되어서, 주변 사람들과 교류가 쉬워졌다. 요즘 몽골의 목동은 말 대신 오토바이를 타고 초원의 가축을 기르고 있다.

오늘 사막의 일기예보를 찾아보니 '가시거리'가 무한대로 나온다. 몽골 사람의 평균 시력이 3.0이고, 최고 좋은 사람의 시력은 5.0이라고 한다. 몽골고원과 고비사막의 광대한 광야를 달려보니 이해가 된다.

넓은 광야는 야성미와 장엄미의 멋진 조합이다. 사람이 적게 사는 초원은 인터넷과 통신이 자주 끊기고 있다. 치열한 경쟁사회에 사는 우리들은 타인과 비교를 통해 행복과 불행을 느낀다.

광활한 몽골초원

소통이 수시로 단절되는 이곳은 타인과 비교할 일이 많지 않으니 더욱 마음이 평화롭다. '내려놓음'이 그 비결인 셈이다.

배움의 추구는 날로 더해가는 것이고, 도道의 추구는 날로 덜어내는 것이다. 덜어내고 또 덜어내면 무위無爲에 이르게 된다.

경계선이 없는 끝없는 광야의 한복판에서 2,500년 전 '노자'의 말이 불현듯 가슴에 와닿는다.

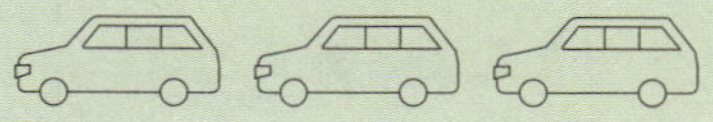

몽골고원과 고비사막을 통과한다

우리 차는 중국으로 입국하기 위해 몽골고원과 고비사막을 통과해야 한다. 몽골영토는 동서 2,500km, 남북 1,400km의 광대한 고원과 사막으로 이루어져 있다. '몽골고원'은 해발고도 1,000m~1,500m의 건조한 고원이다. 몽골공화국은 영토는 넓은데 인구는 350만 명 수준으로 밀도가 세계에서 가장 낮다.

광대한 영토에 사는 주민의 '대륙성 기질'은 생태적 환경에 기인한다는 생각이 든다. 넓은 영토에 사는 사람에게 공간, 시간의 개념은 좁은 영토의 우리와는 크게 다르다. 광대한 사막에서 삶의 지혜는 느림, 기다림, 여유로움이다. '서두르면 라싸에 못 간다.' 티벳 속담이 있는데, 광활한 대지에 살아가는 사람의 지혜를 대변한다.

과거 초원과 사막의 유목민은 4계절 이동하며 살기 때문에 정주민 국가처럼 도시가 없다. 당연히 성곽이나 건물 등 역사적 유적도 없다. 초원을 이동하는 삶이라 무덤도 없다. 칭기즈칸의 무덤에 대해 여러 의견이 있지만 초원에 그냥 매장했다는 설이 유력하다.

　　과거 초원에 사는 유목민은 문자가 없었기 때문에 자신의 역사를 기록한 책자가 없다. 흉노족, 돌궐족, 선비족 등 고대 몽골고원 유목민 역사는 중국 사가史家들이 기술한 것이 대부분이다. 중국 역사가들은 흉노족 등 유목민을 비하하여 기록했기 때문에 실제보다 흉악하고 야만적 인물로 기록하고 있다.

　　연간 강수량이 20~50㎜이지만, 주로 여름철에 비가 오기 때문에 사막에 아름다운 초지草地가 곳곳에 형성되어 있다. 가끔 소나 말들이 도로를 무단 횡단하기 때문에 속도를 늦추고 소가 지나가길 기다린다. 여름철 몽골고원의 목가적 풍경이 참으로 아름답다.

　　몽골은 지하자원 매장량이 매우 많다고 한다. 몽골의 지하자원을 탐사한 일본 기술자는 "몽골인들은 보석과 황금이 묻힌 땅 위에 오두막집을 짓고 산다." 비유했다. 미래 잠재성이 매우

몽골고원의 목가적 풍경

크다는 의미이다.

고비사막으로 내려가는 도로는 시베리아 도로보다 잘 정비되어 있다. 몽골은 중국 경제에 의존하기 때문에 중국으로 가는 도로를 잘 유지 보수하는 것은 생존에 필수적이다. 사막의 정중앙에 길게 뻗어있는 길은 자동차 드라이브에 환상적이다. 통행하는 차량도 많지 않다. 텅 빈 광야에 우리들 차만 신나게 달린다. 사방 어디에도 산은 없다. 거대한 평원, 나무 한 그루 없는 광야의 경치를 보는 것은 이색적 체험이다.

우리는 몽골고원의 남쪽에 있는 '고비사막'으로 들어섰다. 몽골고원 남쪽 지방과 중국 내몽골에 위치한 '고비사막'은 동서 1,400km, 남북 800km의 큰 사막이다. 몽골 말로 '고비'는 '사막'이란 뜻이다. 우리가 어려움을 만나면 '인생의 고비를 잘 넘겨야 한다.' 말이 생각난다. 여기 '고비' 단어가 고비사막에서 왔는지 궁금하다. 울란바토르에서 '터보' 부품을 교체한 덕분에 고비사막을 잘 지나고 있다.

7월 중순 한여름임에도 건조한 날씨 덕분에 공기가 가벼움을 느낀다. 차량 밖은 열사의 작렬하는 햇볕이다. 7월 중순 사막의 한낮 기온은 40도를 훨씬 넘어서고 있다. 겨울은 영하 20~30도 이하로 떨어진다고 한다. 사막성기후의 특징은 여름은 혹서, 겨울은 혹한이다. 대륙의 사막에서 살아가는 유목민 삶의 척박한 환경을 말해준다.

'고비사막'은 메마르고 딱딱한 대지의 사막이다. 가끔 회오리바람이 불어오면 모래가 자동차 앞 유리로 쏟아진다. 몇 년씩 비가 안 오고, 혹한이 오고, 갑자기 질병이 돌아서 생존이 어려워지면, 생존을 위해 주변국 침략은 불가피하다는 생각이 든다.

고비사막의 지평선

　우리가 탄 차는 중국에 만리장성을 만들게 한 척박한 환경을 보면서 남쪽으로 내려가고 있다.

　과거 유목민 전사의 호전성, 잔혹성, 공격성은 척박한 환경과 생태계가 만든 것이다. 어린 나이인 2, 3살부터 말을 타고, 어린 시절부터 사냥과 전투를 치르면 자연히 용감한 전사가 될 수밖에 없다.

　유목민 사회는 농경 국가처럼 장자상속제도가 없고, 능력이 있으면 누구나 칸(왕)이 될 수 있는 실력주의 문화이다. 그래서 왕의 승계마다 자녀들, 친척들 간에 내분이 많이 발생한다. 유목민은 큰 아들이 결혼하면 분봉分蜂하여 멀리 떠나보낸다. 막내 아들은 아버지와 가장 늦게까지 산다. 부친의 후계자는 부모와 가장 늦게까지 생활하는 막내 아들이 상속받는다. "옷치킨

제도"라고 부르는데 '화로'를 끝까지 함께한 막내가 갖는다. 막내는 부친이 죽으면 남아있는 부친 개인 재산, 남은 병력을 상속받는다. 상속 과정에서 나이 많은 형들, 삼촌들과 막내 아들 간에 내분이 생긴다. 계모를 위시한 여성도 중요한 상속재산이다. 친어머니만 제외하고 아들들은 죽은 아버지의 살아있는 부인, 죽은 형제들의 배우자도 상속받는다.

2000년 전 한나라 시대 흉노족 왕에게 시집간 중국의 4대 미녀의 한 사람인 '왕소군'도 남편인 흉노족 왕이 죽은 다음, 전처가 낳은 아들과 다시 결혼한 비극의 여인이다. 한나라 왕실에서 편히 살았던 왕소군이 '춘래春來 불사춘'(봄은 봄이지만 봄이 아니다) 라고 말했던 심정이 이해된다.

복잡한 결혼동맹, 형제들 사이 권력다툼, 막내 상속제도는 왕의 사망 후 형제들, 씨족들 간에 권력다툼으로 몽골초원은 전쟁과 싸움이 끊이지 않는 호전적 사회구조다.

영국의 세계적 역사가 '아놀드 토인비'는 인류 역사를 두 가지 특징으로 표현했다. "유목민과 정주민의 전쟁", "자기가 믿는 신이 최고라는 종교와 종교의 전쟁"이다.

역사의 발전에서 국가 간의 관계는 "중심국, 주변국, 반半 주변국"으로 분류할 수 있다. 아시아 대륙의 '중심국'은 중국이고, 우리는 항상 '주변국'이다. 가끔 몽골고원을 통일한 '유목제국'이 중심국이 되기도 한다. 현재는 '미국'이 중심국이다. 미국은 중국이 중심국으로 다시 부상하는 것을 막으려고 현재 무역전쟁, 기술 전쟁을 하고 있다.

고대 중국은 북쪽과 서쪽의 사막에 사는 유목민 부족을 항상 두려워했다. 이들을 '북적北狄, 서융西戎'으로 비하하면서, 공포심으로 고비사막 경계선에 만리장성을 쌓아 지켰다. 중국은 우리를 동쪽의 오랑캐 '동이족東夷族'이라고 부르면서, '동방예의지국'으로 치켜세웠다. 우리 조상은 침략도 안 하고, 중국 말을 고분고분 잘 들으니 살짝 예의 바르다고 칭찬했는지도 모른다.

우리나라는 역사적으로 강대국의 '주변국'으로 약소국의 비애를 겪으며 살아왔다. 우리 역사상 가장 잔혹한 침략 전쟁은 몽골 침략 전쟁(1231~1270년)이다. 당시 고려는 무신정권 시대이다. 무신정권 실권자 최씨 정권은 강화도로 수도를 천도하고, 본토는 39년 동안 몽골 군대와 장기간 전쟁으로 전 국토가 유린되었다. 우리 역사상 가장 힘든 시기였을 것이다. 신라시대와 고려시대 중기 이전 대부분 목조 유적이 몽골의 약탈 또는 화재로 사라졌다. 몽골 침략 이후 고려 후기와 조선 전기에 다시 만든 건축물은 16세기 말 일본의 '임진왜란'으로 또다시 대부분 소실되었다. 현재 남아있는 목조 건물은 대체로 임진왜란 후 숙종, 영조 때 건축된 것이다. 몽골고원과 고비사막에 살던 호전적인 유목민들은 우리 역사와 깊은 관련이 많다.

한반도는 산악이 많은 지형이라서 유목민들이 좋아하는 땅이 아니다. 몽골족, 거란족 등 초원을 좋아하는 유목민들이 한반도에 옮겨 와서 살지 아니한 것이 천만다행이라고 생각하며 고원을 지나고 있다.

메마른 사막을 680km 달려서 몽골의 최남단 국경도시 '자민우드'에 오후 늦게 도착했다.

모든 공항은 출국과 입국업무를 24시간 하는데, 중국은 국경의 출입 업무를 오후 8시 이후 다음 날 아침 9시까지 야간, 또 토요일, 일요일은 업무를 않는다. 부득이 몽골의 최남단 변방

'자민우드'에서 하룻밤을 보내고, 다음날 일찍 중국으로 입국할 수밖에 없다. 그래서 고비사막 자민우드는 중국에 들어가는 화물차 기사들의 하루 숙박지이다.

사막 도시 '자민우드'에서 인상적인 것은 제비들이 무척 많다는 점이다. 우리는 농약 살포로 제비를 거의 볼 수 없는데, 오지인 고비사막에 많은 제비들이 주택 처마에 집을 짓고 있는 것이 인상적이다.

우리는 '자민우드' 숙소를 울란바토르에서 예약하고 출발했는데, 구글맵을 켜고 주택가를 한참 돌아다녀도 찾을 수 없다. 부득이 다른 초라한 여관을 찾아서 숙소를 잡았다. 밤 9시경 당초 예약한 여관에서 왜 안 오느냐 연락이 왔다. 이유를 확인해 보니 구글맵에 여관 주소가 잘못 입력되어 우리가 못 찾은 것이다. 우리는 여관 주인에게 구글맵 주소를 정확하게 수정하라고 말해줬다. 고비사막의 '자민우드'에도 한국식당이 있다. 저녁을 감자탕으로 시켰는데 정말 맛이 없다.

몽골 변방에도 한국 상호 커피숍, 24시간 편의점이 많다. 아침 식사는 한국 상호 '카페베네' 커피숍에서 샌드위치와 커피로 해결하고, 오전 9시 개방하는 국경에 줄을 서기 위해 아침 8시 일찍 출발했다.

벌써 화물차가 길게 줄지어 있다. 몽골의 출국수속을 마치고, 100m 걸어가면 중국 국경이 나온다. 역시 자동차가 통과하는 데 오랜 시간이 걸린다. 중국입국 절차는 러시아처럼 역시 까다롭다. 군인, 경찰, 세관, 출입국 부서 등 여러 기관에서 검사를 한다.

오전 내내 중국입국 수속을 마치니 12시가 넘었다. 실크로드

내몽골 중국 국경의 세관 건물

출발지 중국에 들어오니 내심 안도감이 든다. 시베리아, 몽골 구간 자동차 여행을 무사히 마쳤다.

중국 땅 내몽골 고비사막에 '엘렌하우터'라는 작은 도시가 있다. 이 도시는 몽골로 출국과 입국을 위해 하룻밤 묶어가는 화물차와 여행객 때문에 인위적으로 만들어진 도시이다.

중국의 국경 통제가 두 나라 사이에 신설 도시를 만든 것을 목격하면서 무역하는 기업인의 애로를 생각한다. 중국의 엘렌하우터는 고층아파트, 넓은 가로수, 시내 공원 등 사막 속의 녹색 오아시스 도시이다.

수백 km 멀리서 물을 끌어오는 중국 정부 덕분이다. 반면 인접한 몽골 자민우드는 나무가 거의 없는 메마른 도시이다. 가난한 나라 몽골과 잘사는 중국의 풍요로움이 철책선을 경계로 확연하게 구별된다. 우리는 중국 실크로드 구간을 운전하기 위해

자동차 등록, 중국 운전면허증 발급, 자동차 번호판 발급 등을
위해 '엘렌하우터'에서 3일을 묶어야 한다.

중국 내몽골 국경 도시 '엘렌하오터'

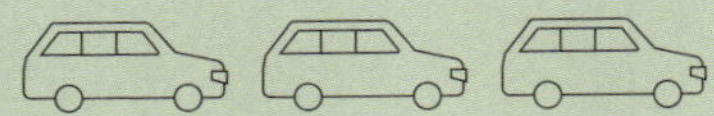

중국 북쪽의 고비사막 '엘렌하우터'에서 실크로드 자동차 여행을 위한 복잡한 행정절차를 마쳐야 한다. 중국은 외국인 소유의 자동차 입국을 금지하고 있다. 예외적으로 중국 정부의 허가를 받는 경우 제한적으로 허가한다. 우리는 서울에서 출발 전에 중국 컨설팅회사와 접촉, 우리 차의 중국 입국허가 절차를 미리 마쳤다.

중국 컨설팅회사 사장이 내몽골 국경에서 우리를 기다리고 있다. 이미 5개 중앙부처(총참모부, 공안, 해관총서, 외교부, 문화관광부)의 허가를 받아 놨다. 힘 있는 권력기관은 일반인의 접촉이 쉽지 않아 중국 컨설팅회사를 이용해야 한다. 컨설팅회사를 통해 중국 입국허가, 운전면허증 발급, 자동차 번호판 발급, 자동차 등록, 자동차 보험 가입 등 여러 절차를 마쳐야 한다. 일반 개인은 불가능한 일이다.

입국 통제 때문에 한국 사람이 차를 직접 운전해서 중국을 여행하는 것은 어렵다. 중국은 '국제운전면허증' 통용이 안 되는 나라임을 이번에 알았다. 반면, 러시아, 몽골, 키르기스스탄, 우

엘렌하오터 중국 세관에서 자동차 통관

즈베키스탄, 카자흐스탄, 조지아, 튀르키예 등은 국제운전면허증이 통용되는 나라이다. 국가 간 자동차의 자유로운 여행을 허용하는 '제네바 국제조약'이 있는데 우리는 가입국, 중국은 미가입국이다.

중국은 국경을 접하고 있는 나라가 10개도 넘는 큰 국가이고, 영토도 세계 4위 국가이다. 외국인 자동차 여행객들이 소수민족 인권 문제를 제기하거나, 환경 문제 제기 등이 안 되도록 외국인의 자유로운 출입을 통제하려는 의도로 가입하지 않는 것이다.

입국허가 당시 우리 차가 지나갈 코스를 중국 정부에 신고했다. 우리 차량이 신고 지역을 벗어나는지 감독하는 감독관 한 명이 내몽골 국경부터 탑승하여 함께 여행해야 한다. 이 사람은 '류선생'이라고 부르는데 다행히 조선족이라 의사소통이 자유롭다. 중국 영토를 벗어날 때까지 류선생은 선두 차에 탑승, 숙식을 함께 할 예정이다. 류선생의 급여, 숙식비 등 비용도 우리가 부담해야 한다. 중국에 차를 갖고 입국하려면 중국 측 요구를 모두 수용해야 한다.

입국허가, 운전면허증 발급 등 컨설팅회사에 주는 비용이 상상 이상으로 많이 든다. 옛날 실크로드 상인이 오아시스 왕국을 통과할 때 통행세를 냈던 것처럼 중국에 통행세를 낸다고 생각하면 된다. 그나마 일행 중 한 명이 중국 측과 '꽌시'가 있어서 어렵게 여행 허가를 받은 것이다.

엘렌하오터에서 한국에서 항공편으로 자동차부품 '터보'를 가져온 조선족 박씨를 만났다. 심부름꾼 박씨는 우리 차로 함께 서안에 와서 서울로 귀국했다. 이미 울란바토르에서 중고 부품을 교체했기 때문에 '터보'는 예비용으로 가져가기로 했다. 중국입국 다음 날 세관에서 자동차를 찾아왔다. 러시아 블라디보

중국 운전면허증 발급

스톡에서 5일 걸렸는데 비싼 컨설팅 비용 덕분에 다음날 차가 나왔다. 중국 '자동차 번호판'을 차량 유리에 부착했다. '중국 운전면허증'도 나왔다.

이틀 동안 쉬면서 빨래도 하고, 시내에서 발 맛사지도 받으며 휴식을 취했다. 컨설팅회사 S 사장(총경리)이 북경에서 이곳에 와서 통관 업무를 대행해 줬다. S 사장이 우리 일행을 저녁 식사에 초대했다. 오랜만에 매우 푸짐한 중국 요리와 중국 바이주를 먹는다. 러시아 음식과 보드카 조합이 어울렸는데, 중국 요리와 중국술 바이주 조합 역시 잘 맞는다.

내가 컨설팅회사 S 사장에게 "한국은 여러 명 남자 중에 여자가 한 명 있으면 이 여자를 '홍일점'이라고 부른다. 중국은 이런 상황의 여자를 어떻게 부르나?" 물었더니 중국은 '봉황'이라 부른다고 답한다. 아내는 앞으로 자기를 '봉황님'으로 부르라고 말해서 다 함께 웃었다. S 사장은 오랫동안 외국인 자동차 통과 업무를 해 왔는데, 여자 입국자는 내 아내가 처음이라며, 험난한 장거리 자동차 여행 참가에 존경한다고 말했다.

고비사막은 공룡화석의 보고이다. 지금은 척박한 사막이지만 아마도 2. 3억 년 전에는 초원이 우거지고 많은 공룡이 살았던 지형으로 추정된다. 엘렌하오터 외곽의 '공룡 지질학박물관'은 1920년대 러시아 지질학자들이 발굴했던 장소에 중국이 대규모 야외 공룡 박물관을 만들었다. 수십 마리 공룡 뼈가 뒤얽혀 있는 어마어마한 공룡화석 매장지와 공룡알 화석이 인상적이다. 과거 이곳은 소금호수로 소금을 채취하여 몽골고원의 유목민에게 팔았던 염전 지역인데, 공룡화석이 잘 보존되어 있다.

지표면 흩어진 공룡 뼈 화석

공룡알 화석

일반인이 찾아오기 어려운 오지이고, 근처에 사는 인구수가 적기 때문에 평일 관람객은 나와 아내뿐이다. 서울에 있는 어린 손자들 생각이 난다. 손자들이 공룡에 관심이 많아서 집에 올 때마다 다양한 공룡 인형을 갖고 놀기 때문이다.

원래 이곳은 몽골고원의 유목민에게 소금을 채굴해서 팔았던 염전이다. 화려한 색깔의 소금 암석 박물관, 사막에서 소금을 채취하는 과정을 설명하는 소금박물관도 함께 있다. 유목민은 방목하는 가축에게 주기적으로 소금을 먹여야 한다. 주인이 소금을 정기적으로 주기 때문에 방목하는 가축은 야외로 도망가지 않는다.

타조알처럼 생긴 커다란 공룡알 화석은 처음이다. 외국의 자연사 박물관을 여러 곳 가봤는데 공룡알 화석은 처음이라 흥미롭다.

몽골이 독립하기 100년 전 '자민우드'와 '엘렐하우터'는 같은 몽골족 마을이었다. 현재 두 지역은 국경 철책선을 사이에 두고 완전히 다른 도시가 되었다. 중국 땅은 나무를 많이 심어서 녹음이 울창하고, 시내 도로가 6차선 뻥뻥 뚫린데다, 고층 아파트들이 즐비하다. 도시의 가로수, 공원의 나무는 고무호스로 하루에 몇 번씩 물을 철철 넘치게 흠뻑 준다. 건조한 날씨의 증발 지수가 매우 높아서 물을 흠뻑 많이 줘야 한다. 아마도 400km 이상 멀리서 물을 끌어와서 고비사막에 현대식 오아시스 도시를 건설해 놓은 것이다. 잘 사는 나라의 국민으로 태어나는 것이 커다란 행운 중 하나이다.

중국 시골 도시의 특징이 눈에 보인다. 대낮에도 '폭죽'을 터

엘렌하오터 시내 가로수와 물 공급 고무호스

트리는 소리가 자주 난다. 처음은 폭탄 터지는 소리인 줄 알았다. 결혼식, 생일날, 개업일에 번성의 의미로 밤낮 폭죽을 많이 터트린다. 호텔 방에 옷 꿰매는 실과 바늘이 준비되어 아주 먼 과거로 온 기분이다.

중국은 차茶 문화권이라서 커피는 거의 없거나 인스턴트 믹스커피만 제공한다. 큼지막한 해바라기 씨앗을 잘 까먹는다. 곳곳에 해바라기 씨앗 껍질이 많다. 우리도 편의점에서 해바라기 씨앗을 사서 차 안에서 먹어본다.

몇 사람만 있어도 목청이 크고 소란스럽다. 언어가 '사성 구조'라서 목소리가 크다고 한다. 서기 751년 탈라스 전투에서 아랍 군대가 많은 당나라 군인을 포로로 잡아갔다. 아랍인들은 중국인 포로의 시끄러운 목소리를 처음 듣고 신기하게 생각했다고 한다.

중국인의 담배 피우는 흡연 문화가 우리의 50년 전과 비슷하다. 현지인들은 아침부터 식당에서 식사하면서 담배를 피운다. 호텔 로비에 담배 연기가 자욱하다.

중국 정부는 구글, 카카오톡, 네이버 등 외국의 SNS 사용을 금지하고 있다. 우리도 호텔에서 무료로 제공하는 와이파이를 이용할 경우 구글, 카카오톡 접속이 안 된다. 중국이 어떤 나라인지 몸으로 체험하고 있다. 원칙적으로 중국산 SNS을 사용해야 한다. 우리가 준비해 간 무전기 워키토키는 반경 5km까지 통신이 된다. 그래서 워키토키로 서로 간 연락을 하기로 했다.

간첩죄가 엄하게 적용된다는 소문에 중국 체류동안 SNS는 사용을 자제할 생각이다. 서울에 있는 지인이 한국에서 준비한 로밍서비스로 구글, 카톡 접속이 가능하다고 알려주어서, 감독관 모르게 카톡으로 서울의 자녀들, 형제들과 최소한 연락을 할 생각이다.

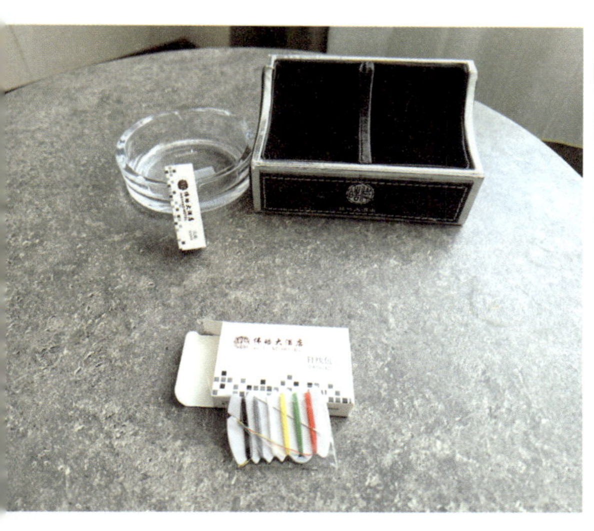 

호텔 방에 비치된 실, 바늘, 성냥, 재떨이(왼쪽)와 서울에서 준비해 간 무전기 워키토키

류 감독관은 길림성 출신 51세 조선족 남자이다. 류씨는 중국어 통역을 도와준다. 류 감독관은 우리들의 여행보고서를 정부 당국에 제출한다고 한다. 감독관 류씨 앞에서 중국 정치 얘기, 시진핑 주석 얘기 등은 입도 벙긋하면 안 된다. 여행하면서 남의 감시를 받는다는 것은 정신적으로 피곤하고, 심리적 제약이다. 우리는 구글맵, 카카오톡 사용도 류씨에게 비밀이다.

류씨와 20여 일 동행하는 동안 큰 문제는 없었다. 성실하게 우리를 도와주었다. 류씨의 부인은 한족으로 딸 하나를 키우는데, 딸은 반장이며, 공부도 1, 2등 한다고 자랑한다. 코로나19 동안 생계가 어려웠다고 개인사를 털어놓는다.

중국의 조선족 청소년은 초중등학교 시절 국가적인 사상학습을 받기 때문에 중국화 되어 있다. 사회주의 국가에서 체제나 정치에 대한 언행을 더욱 조심해야 함을 느낀다. 반면, 여행 후반기에 만난 우즈베키스탄 등 중앙아시아 국가의 고려인 4세, 5세는 국가의 사상교육이 적기 때문에 성격이 순수한 느낌이었다.

산서성 대동의
'태항산과 현공사'

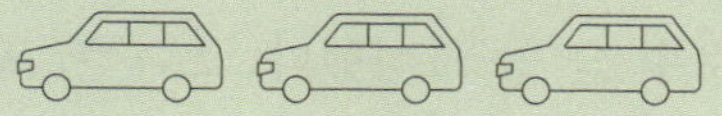

현재 토요일 아침(7월 20일) 내몽골 '엘렌하오터'를 출발, 남쪽 460km 떨어진 산서성 '대동'으로 향한다. 블라디보스토크 출발 후 이동 거리는 시베리아와 몽골고원 통과하여 약 5,500km를 지나왔다. 예상 여정 2.2만km의 약 1/4을 지나온 것이다.

오늘부터 중국 영토에 있는 실크로드를 통과해야 한다. 우리는 남으로 계속 내려가서 서안西安을 경유, 감숙성 란주, 황토고원, 돈황, 타클라마칸사막, 파미르고원을 통과할 것이다.

오늘 통과하는 중국 내몽골 자치주의 몽골족 인구는 약 400만 명으로 몽골 공화국에 사는 몽골인 인구(350만명)보다 많다. 내몽골 전체 인구 중에서 한족이 80% 넘게 점유하여 몽골족은 소수이다. 청나라 시대부터 내몽골은 중국화되어 신장 위구르족처럼 몽골족 독립 얘기는 없다.

우리는 중국 내몽골 고비사막을 지나서 남쪽으로 내려가고 있다. 7월의 고비사막 한낮 기온은 매우 높다. 광대한 사막의 하늘은 높고 푸르다. 사막 한 가운데 수십 km 길이 직선으로 뻗어있다. 우리나라 봄철 황사黃砂 발원지를 지나고 있다. 가끔 고비사막의 강풍이 자동차 유리 위에 모래를 뿌리며 스치고 간다.

놀라운 것은 460km 고비사막의 고속도로 양옆으로 무성한 '가로수 숲'이 조성되어 있다. 한 그루씩 심은 가로수가 아니라 넓은 폭(20m, 30m)으로 '가로수 숲'을 조성했다. 소나무, 포플러나무, 백양나무 등 다양한 수종이 도로 양옆에 숲처럼 조성되어 있다. 멀리서 물을 끌고 와서 물을 주어야 나무가 자라는데, 엄청난 노동력 투입이다.

중국의 고속도로는 톨게이트가 도로 한가운데에 설치되어 있다. 고속도로 통행료가 매우 비싸서 화물차는 주로 국도로 다니기 때문에 도로는 한가하다. 톨게이트 통과할 때 우리처럼 외국 국적 차는 절차가 복잡해서 최소한 5분, 10분 이상 대기한다. 감독관 조선족 류씨의 중요한 역할은 고속도로 통행료를 내고, 자동차 서류를 톨게이트 직원에게 설명하는 것이다. 한국 국적 차량을 처음 보는 중국 직원은 상급자에 물어보고, 휴대폰으로 차량 앞면의 번호판 사진을 찍고, 우리들 여권을 확인한 다음 통과시키니 시간이 많이 지체된다. 톨게이트마다 시간이 지체되니, 여행의 리듬이 끊기고, 짜증이 난다.

사방이 지평선으로 펼쳐져 있는 넓은 고비사막의 텅 빈 하늘에 새 한 마리 안 보인다. 아내는 생명체가 안 사는 것 같다고 말한다. 하지만 기온이 떨어지는 밤이 되면 많은 야생 동물이 활동할 것이다. "세상은 눈에 보이는 게 전부가 아니야. 눈에 안 보이는 것을 볼 줄 아는 지혜가 필요해" 잘난체했다가 아내에게 핀잔을 들었다.

우리는 몽골고원, 고비사막의 원시적 자연의 기氣를 흠뻑 받으며 달렸다. 황량한 사막의 단순함과 광대함은 세속의 마음을 비우게 만들고, 우리도 자연의 일부로 순화시키는 것 같다. 몇 시간씩 텅 빈 광야廣野를 무심無心하게 바라 보고 있어도 지루하지 않다.

내몽골 고비사막을 400km 이상 지나서 산서성 '대동' 가까이 왔다. 남으로 내려올수록 넓은 평야에 옥수수밭, 밀밭, 농촌 촌락들이 자주 나타난다. 중국의 비옥한 화북평야의 초입이다.

고속도로 운전 여건이 좋아서 오후 4시 '대동大同'에 도착했다. 이곳부터 산서山西성이다. 태산을 기준으로 서西쪽은 산서성, 동東쪽은 산동성이다. 숙소로 가기 전에 '대동'시 외곽에 있는 태항산맥 항산의 '현공사'로 향했다. 오늘은 토요일 오후이다. 중국인 관람객이 인산인해이다. 드디어 14억 명 중국인 모습을 보기 시작한다.

'뉴욕 타임즈'가 2010년 '세계에서 가장 기이하고 위험한 건물' 10선을 선정했다. 태항산 '현공사'는 '피사의 사탑, 그리스 메테오라 수도원' 등과 함께 선정되어 유명해졌다. 1,400년 전 유목민 선비족이 북위 시절에 세운 오래된 사찰이다. 토요일이라 중국인 관광객이 너무 많아서 현공사 절까지 못 올라가고, 계곡 건너편에서 바라만 보았다.

과거 '대동'은 흉노족 이후 몽골고원 강자인 유목민 선비족이 세운 '북위'의 수도였다. 중국이 오랑캐라고 부르던 선비족이 세운 '북위'는 불교 보급에 크게 기여하였다. 돈황석굴, 맥적산석굴 등 북위 시대 조성된 것이다. 불교 보급 초창기 한족은 자기네 토착 사상인 유교, 도교를 숭상하여 외래사상을 배척하였다. 반면 중국을 점령한 이민족 왕족은 통치 이데올로기와 국

항산 절벽에 건축한 현공사, 하단 '장관(壯觀)' 글자는 당나라 이태백 글씨

민통합을 위해 서역에서 온 불교 보급을 적극 지원했다.

부처는 "모든 것은 고통이고, 모든 것은 무상하다"며 고통으로부터 해탈을 위한 '깨달음'을 강조한다. 속세와 격리된 절에서 해탈을 구하는 승려들에게 유목민 왕들은 현세의 구복과 번영을 기도시키기 위해 위험한 절벽에 절을 지은 것이다.

문자를 모르는 서민들에게 아미타불 경전은 매우 매력적이다. 아미타 경전은 누구나 "나무아미타불"(아미타 보살에 귀의하자

뜻)을 하루에 10회 이상 암송하면 죽어서 극락정토에 간다는 경전이다. 초창기 서민들은 구원을 주는 불교에 심취했다. 신라의 원효대사도 길거리에서 나무아미타불을 낭송하며, 속세에 힘든 중생들에게 구원의 희망을 전했을 것이다.

'현공사'는 유불선儒佛仙 "공자, 부처, 노자", 성인 세분을 모시고 있다. 위대한 세 성인을 한곳에 모시고 기원하면 복을 세 배 받을 것이라는 유목민들의 단순한 생각이 엿보인다. 절벽에 지탱하고 있는 현공사 기둥은 30m~40m의 가느다란 나무를 오랫동안 기름에 절여서 만들었다. 기둥이 낡으면, 수시로 기둥을 교체해서 오늘에 이르고 있다.

바위 절벽 하단의 빨간색 '장관壯觀' 글자는 당나라 시인 이태백李太白(701~762년)이 놀러 와서 쓴 글씨라고 한다. 이태백은 시선詩仙으로 불리며, 두보와 함께 당나라의 대표적 시인이다. 이태백의 '산중문답'山中問答을 음미해 보며, 잠시 여행의 피로를 잊는다.

> 묻노니. 그대는 왜 푸른 산에 사는가.
> 웃을 뿐, 답은 않고 마음이 한가롭네.
> 복사꽃 띄워 물은 아득히 흘러가나니,
> 별천지 따로 있어 인간 세상 아니네.

태항산은 고사성어 '우공이산愚公移山'의 전설이 있는 산이라고 한다. 아주 먼 옛날 태항산과 왕옥산 산속에 사는 90세 노인이 높은 산을 넘어 다니는 것이 불편해서 산을 평평하게 깎아서 길을 내기로 결심했다. 모든 사람이 노인의 계획을 우습게 여기었다. 노인은 우공愚公 즉 어리석은 사람으로 불리게 되었다. 노인은 동네 사람의 비웃음에 굴하지 아니하고, 내가 못 하면 아들, 손자, 손자의 손자 등 계속하면 언젠가 길을 낼 수 있다고 말하며 산을 깍기 시작했다. 태항산 산신령이 우공의 우직함에 감동해서 산을 옮겨 주었다는 전설이 이곳이라고 한다. '나이는 숫자에 불과하다.' 말을 '90세 우공'이 실천한 것이 아닐까?

'대동'의 한나라 시대 이름은 '평성平城'이다. 한나라 건국자 '유방'의 평성의 치욕을 뜻하는 '평성지치'平成之恥 때문에 역사적으로 유명하다. 한나라 황제 유방은 항우를 패배시키고 기원전 206년 한나라를 건국한 영웅이다. 약 2,200년 전 한 황제 유방은 30만 대군을 이끌고 흉노족을 정벌하러 '평성'(현재의 대동)에 왔다. 당시 흉노족 선우(왕)는 '묵특' 선우로 아버지 '두만' 선우를 죽이고 왕위에 오른 흉노족 전성기 왕이다. 흉노 왕 '묵특'은 4만 군사로 맞선다. '묵특'의 유인계에 빠진 유방은 포로가 될 위기에 빠졌다. 유방은 묵특선우의 부인에 뇌물을 바치고, 간신히 탈출에 성공해서 목숨을 부지했다. 당시 흉노족은 동쪽 몽골고원에서 서역 오아시스까지 광대한 지역을 지배하였다. 패배한 유방은 흉노족과 형제지간(한나라가 형, 흉노가 아우) 화친을 맺게 된다.

화친 조건은 한나라에게는 굴욕적이었다. 한나라는 공주를 흉노 왕에게 시집('화번공주'라고 부름)보내고, 매년 엄청난 양의 비단, 은화, 곡식 등 공물을 바치기로 했다. 흉노족에 시집간 '화번공주' 중에 중국 4대 미녀로 꼽히는 '왕소군'이 있다. "왕소군은 눈부시게 아름다워 하늘을 날던 기러기가 왕소군의 아름다움에 취해서 날갯짓을 멈추고 땅에 떨어졌다."는 과장법이

우공이산의 전설이 있는 태항산 계곡

있을 정도다. 화공이 뇌물을 안 준 왕소군 초상을 추하게 그려서 흉노 왕에게 시집가는 '화번공주'로 선정된 것이다. 떠나는 날 임금이 절세미인임을 알고, 초상화를 잘못 그린 화공을 처벌한 일화로 유명하다.

기원전 로마의 명장 '케사르(율리우스 시저)'의 비단 사랑은 대단했다고 한다. 많은 사람이 이집트에서 수입한 면제품 옷을 입고 있을 때, '케사르'는 당시 최고급 사치품인 비단으로 만든 옷을 입고 권세를 과시했다. 특히 로마의 귀족 여인들 사이에서 비단옷이 유행했다.

속이 비치는 비단옷을 많이 입어서 보수적인 원로원 의원은 풍기 문란을 걱정하며 여성의 비단옷 착용을 금지했으나 실효성이 없었다고 한다. 당시 역사가는 로마 화폐의 1/3이 비단 수입에 사용하였다고 기록하고 있다. 로마인들은 비단이 어디서 오는지, 누에가 뽕잎을 먹고 만드는지를 몰랐다. 비단은 나무에서 따는 하얀 열매로 만드는 것으로 알고 있었다고 한다. 어떻게 한나라의 비단이 실크로드가 생기기 전에 로마제국 수도로 팔려 갈 수 있었을까?

한 황제 유방과의 평성 전쟁에서 승리한 '흉노 왕'은 한나라로부터 매년 수십만 필 비단, 은화 등을 조공으로 받았다. 칸은 부족장과 부하들에게 선물을 많이 하사해야 한다. 선물 배분에 인색하면 부하들은 충성을 안 하고, 배반하거나 독립해서 떠나가기 때문이다.

실크로드가 생기기 전 한나라 왕실에서 흉노족에게 공물로 보낸 비단의 양은 매우 많았다. 흉노 왕이 공물로 받은 비단을 부족장과 부하들에게 나눠준 것의 일부가 초원의 길을 오가는 상인들을 통해 로마제국까지 간 것이다. 한나라 무제시대 '장건'의 서역 탐험으로 실크로드가 생기기 전의 일이다.

치욕적 상태를 오랫동안 있다가 국력이 커진 한나라는 '한무제'시대 수세에서 공세로 나선다. 한무제는 흉노족에 원한이 있는 '월지족'을 찾아서 군사동맹을 체결하러 '장건'을 서역에 사신으로 보냈다. 2,100년 전 장건이 다녀온 길이 역사상 유명한 '실크로드' 개척의 시작이다. 실크로드는 몽골고원의 '흉노족'과 전쟁 준비 때문에 시작된 것이다.

중국은 비단 만드는 기술을 다른 나라로 나가는 것을 엄격하게 통제하였다. 오늘날 반도체처럼 국가 최고의 기술을 지키기 위함이다. 그런데 서역 오아시스 국가 '호탄 왕'에게 시집간 중국의 화번공주가 누에와 뽕나무 씨앗을 몰래 가지고 가서 서역에 전파하였다는 전설이 있다. 7세기경 동로마제국 수도사가 서역의 호탄에서 비단 만드는 방법을 몰래 훔쳐서 동로마제국에 전했다고 한다. 물물교환의 시대에 '비단'(실크)은 현재의 미국 달러처럼 국제 화폐였다.

우리는 실크로드의 유래가 한 황제 유방이 이곳 대동大同에서 흉노족과의 전쟁 패배와 관련이 있음을 생각하며 이동하고 있다. 흉노족은 만주에 있던 고구려의 전신 '부여'를 멸망시키기도 했다.

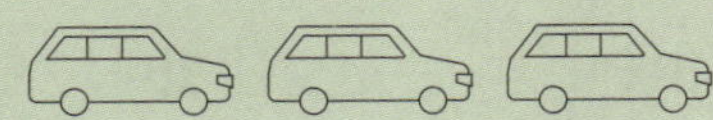

현공사를 다녀와서 '대동' 시내 숙소에 늦게 도착했다. 대동의 한국식당을 검색해 보니 '수얼가'(우리말 서울식당)라는 식당이 나온다.

여행의 피곤함이 한국 음식을 찾게 만든다. 식당의 간판과 실내 장식이 깔끔하고 깨끗하다. 중국의 변방에 한국 식당이 있음에 감사하며 '수얼가' 식당에서 김치찌개를 시켰다. 설탕 범벅으로 김치찌개가 아니다. 배고파서 웬만하면 먹을 텐데, 저녁 식사는 포기했다. 하바롭스크, 돈황, 우즈베키스탄 등 고려인 후손이 운영하는 한국식당에서 한식을 많이 먹었지만, 이곳이 여행 중 만난 가장 형편없는 식당이다.

식당의 젊은 여자 주인에게 "한국 음식 조리법을 어디서 배웠느냐? 한국 음식을 과거 먹어본 적이 있는지?" 물어봤다. "한국 음식 조리법은 인터넷에서 배웠다. 한국 음식을 먹어보거나 한국에 가본 적이 없다."라고 대답한다. 10년 전 2014년 한류가 유행할 때 무턱대고 한국식당 개업했는데 현재까지 10년 동안 장사가 잘된다고 한다. 'K 푸드'로 먹고 사는 사람이 중국 변방에 있다니 새삼 한류의 힘을 느낀다. 아내는 서울에서 김밥, 떡볶기를 배워서 장사하면 잘될 것 같다고 말한다.

길거리 노점상에서 양고기 꼬치구이로 저녁을 대신했다. 유목지대와 가까워서 많은 노점상이 양고기 샤슬릭 구이를 팔고 있다. 샤슬릭 요리에 들어가는 향신료 양념이 타는 매캐한 냄새와 연기가 거리에 자욱하다. 7월 하순 주말 저녁이라 노점에서 식사하는 인파가 매우 많다.

7월 20일 일요일 아침 약 400km 남쪽의 '평요'로 향한다. 화북지방의 넓은 들판에 옥수수밭이 끝이 없다. 이곳 '화북평야'에 재미있는 이야기가 전해진다. 과거 몽골 황제 '오고타이 칸'(제2대 몽골 황제)이 중국 북부의 금나라(만주 여진족이 중국 북부에 세운 나라, 1234년 멸망)를 정복하였다. '오고타이 황제'는 농사짓는

한국식당 '수얼가' 간판. 2014년 개업

농부를 쫓아내고 대신 초지草地를 조성하여 양, 말, 소 등을 키우도록 부하에게 지시하였다. 당시 재상이던 '야율초재'가 농토를 보전하여 세금을 징수하는 것이 초지草地에 양을 키우는 것보다 나라 재정에 도움이 된다고 황제를 설득하여 초지 조성을 철회했다는 일화가 있다. 초창기 몽골 황제의 유연한 리더쉽, 뛰어난 인재를 선발하는 안목이 유라시아 대제국을 만든 배경 중 하나이다.

대동 숙소에서 40여km 떨어진 곳에 1,500년 전 북위 시대 조성된 중국의 4대 석굴중 하나인 '윈강석굴'(용문석굴, 돈황석굴, 맥적산석굴 등)이 있으나, 일정이 빡빡해서 건너뛰고 이동하고 있다. 윈강석굴은 서기 460년에 처음 조성이 시작되었고, 300년 후 통일신라의 '석굴암' 건축(751년 김대성)에도 영향을 준 것으로 학자들은 말한다.

'평요'로 가는 고속도로 양옆은 넓은 폭의 '가로수 숲'이 계속 조성되어 있다. 가로수 나무숲 때문에 화북평야의 시골 풍경을 볼 수가 없어 답답했다. 중국은 '녹화사업'이 가장 중요한 국책사업임은 중국 여행 내내 피부로 느꼈다.

남쪽으로 이동하면서 '만리장성' 흔적을 찾으려고 했으나 찾을 수가 없다. 현재 남아있는 만리장성은 20% 미만이고, 50% 이상은 완전히 사라졌다고 한다. 만리장성은 중국의 기원전 춘추전국시대 북방 흉노족과 국경을 맞대고 있던 '조나라, 연나라, 진나라'가 축성했다. 진시황이 중국을 통일하고 확장 연결한 것이 최초의 만리장성이다. 현재 관광객이 많이 가는 북경 근처 '팔달령', 하서회랑의 '가욕관'은 명나라가 세운 것이다.

명나라는 초원으로 쫓겨 간 몽골족의 재침략을 막기 위해 14세기 만리장성을 재건한 것이다. 화북 지역의 만리장성은 청나라 지배 이후 유목민 침략을 걱정할 필요가 없고, 농민들이 농사와 통행에 불편하니 훼손되거나 사라진 것으로 생각이 든다.

만리장성의 길이는 3,700km, 5,000km, 2.1만km 등 자료에 따라 다양하다. 지선支線을 어디까지 포함하느냐에 따라 달라진다. 최근 중국은 동북공정의 일환으로 요동 지역의 고구려가 만든 성곽도 만리장성에 포함하여 2.1만 km라고 발표했다.

중국의 고속도로 휴게소는 시설에 따라 등급을 붙여서 4등급, 5등급 휴게소라는 표시를 도로변에 붙여 놨다. 우리는 시설이 좋은 5등급 휴게소 간판을 보고 들어간다. 우선 5등급 휴게실은 시설이 크고, 식사 메뉴도 다양하다. 특히 화장실이 청결하고 사용료를 안 받는다. 유라시아 여행 중 중국은 화장실 요금을 안 받는 유일한 국가였다.

우리는 험준한 태항산맥을 종단 남쪽으로 달리고 있다. 도로 왼쪽에 중국 4대 대승불교 성지의 하나인 '우타이산(오대산)'이 나타난다. 우타이산(오대산)은 '문수보살'이 현신하는 산이다.

문수보살은 '지혜'를 상징하는 보살로 '반야경'을 편찬한 보살로 알려져 있다. 조선시대 세조 임금이 피부병을 고치러 전국을 순회하던 중 강원도 오대산 '상원암' 가는 계곡에서 동자로 현신한 문수보살을 만나서 피부병을 고쳤다는 설화도 있다. 대승불교의 특징은 중생을 구제하는 '보살 사상'이다. 대웅전에서 자주 보는 '관세음보살, 문수보살, 아미타보살, 미륵보살'은 멀리 인도에서 중국을 거쳐 우리나라에 온 것이다.

중국 오대산은 신라 승려 혜초와 관련이 있어서 유심히 산을 바라봤다. 천축을 다녀온 신라의 구법승 혜초스님(704~787년)은 오대산 '건원보리사'에서 입적했다. 혜초스님의 천축(인도) 여행기인 '왕오천축국전'이 돈황석굴에서 발견되었다. '왕오천축국전'은 앞뒤 표지가 없고, 제목도 없는 두루마리 문서이다. 프랑스 탐험가 '폰 펠리오'가 1908년 돈황석굴을 방문하여 사간 문서 중 하나가 '왕오천축국전'이다. 폰 펠리오는 언어의 천재로 중국어를 포함 13개 언어에 능통하였다고 한다. 펠리오는 왕오천축국전의 저자가 혜초임을 발견하였으나, 혜초가 중국인으로 알았다. 1915년 일본 학자에 의해 신라 승으로 확인되었다.

　책 제목 '왕오往五천축국'은 '동·서·남·북·중앙' 5개 천축 지역을 다녀왔다는 뜻이다. 혜초는 16세에 신라 계림에서 당나라에 유학 와서 인도승 '금강지'를 만나고, 스승의 권유로 20세 나이인 723년에 중국 광저우에서 해로海路를 통해 인도로 갔다. 8세기에는 벌써 바다를 통한 '해상' 실크로드가 활기를 띠던 시기였다. 혜초는 당나라로 귀향할 때는 '육로'로 돌아왔는데 페르시아 북동부(현재 이란)에도 간 적이 있다. 16살이라고 해봤자 지금의 고등학생 나이인데, 대단히 모험심과 탐구심이 많은 신라 청년이었나 보다.

　혜초는 4년(723~727년)의 천축 여행을 마치고 파미르고원을 넘어서 서역북로, 돈황, 장안(당나라 수도)을 거쳐 오대산 '건원보리암'으로 다시 돌아왔다. 나는 혜초스님이 1,300년 전에 중국으로 귀환했던 길을 역순으로 여행할 계획이다. 학창 시절부터 꿈꾸었던 혜초 스님의 구법 여행길과 실크로드를 가는 중이다. 혜초스님은 돈도 없고, 언어도 안 통하고, 아무런 지리적 정보도 없이 20살 청년 나이에 목숨을 건 구법求法 여행을 한 한민족 최초의 세계인이다. 1,300년 전 한국인 최초로 인도와 중앙아시아를 다녀온 구법승이자 탐험가인 신라의 젊은 승려 혜초 스님의 패기와 용기에 뜨거운 박수를 보내고 싶다.

'평요平遙 고성'은 1,370년 명나라 때 축성한 성으로 현재 중국에서 가장 잘 보존된 성이라고 한다. 변방에 위치한 관계로 중국 문화혁명(1966~1976) 때 홍위병에게 파손이 안 되어 명, 청 시대의 모습을 가장 잘 간직한 유적이다. 오랜 세월의 풍상을 견디어 낸 고건물, 상가, 관청, 민가 건물 등이 고풍스럽다. 성안은 차량 출입이 아니 되어, 성 밖의 주차장에 차를 주차해야 한다. 전동카트에 짐을 싣고 숙소인 '평요 회관'으로 이동한다.

우리가 숙박하는 '평요 회관'은 건물 동棟수도 많고, 객실 수

청나라 시대 객잔 숙소, 평요 회관

평요 회관 객잔 방 내부

도 수백 개가 넘는다. 현대식 호텔에 익숙한 우리에게 청나라 전통가옥의 구조와 방은 이색적이다. 고풍스러운 분위기를 아내가 매우 좋아한다. 여관방 내부는 청나라 '객잔客醆' 형태라고 한다.

여관 바로 옆에 있는 공자를 모시는 문묘와 대성전 건물이 있다. 과거 유학자의 성지인 '대성전' 건물에서 저녁 식사와 문화 공연을 하고 있다. 아침 식사는 과거 유생들이 공부하던 '명륜당'을 사용하고 있다. 이곳 문묘는 1,100년경 금나라 때 건설되어 매우 오래된 유교 시설이다. 오래된 고古 문화재를 돈벌이 수단으로 사용하는 상업주의 정책은 중국 곳곳에 있다.

'공자'는 중국의 문화혁명(1966~1976년) 당시 홍위병에게 부르조아 사상가로 비판의 대상이 된 인물이다. 공자를 모시는 유적이 대부분 파괴되어, 문화혁명 광기가 사라지고 등소평의 개

혁 시기에 전문가를 우리나라에 파견하여 문묘 제사 의식, '팔일무' 춤 등을 배워갔다.

평요고성 안에 3,700채의 상가와 민가가 있는데, 모두 명나라, 청나라 시대에 만들어진 고古건물이다. 명, 청시대 지은 500년 이상 된 목조 건물이 많다. 긴 세월 동안 전란과 화재를 피하고 잘 보존한 점에 경외감이 든다. 유네스코 세계 문화유산으로 등재되어 있다.

시내 중심에 현縣 청사가 있고, 청사에서 현감과 형방, 포졸 등이 죄인을 취조하는 공연을 한다. 무슨 말인지 못 알아듣는데, 관광객들이 폭소를 터트리는 것으로 봐서 코믹한 내용임을 짐작할 수 있다. 현청사 안은 현감 근무실, 병졸 연병장, 감옥,

평요고성 중심지 명,청 시대 전통 상가 건축물

식당 등 과거 시설을 잘 보존하고 있다. 현청사 입장료는 40위안(약 8천원)으로 비싸다.

'평요고성' 성곽의 길이는 6km이고, 성 위는 마차 두 대가 다닐 정도의 넓이다. 구운 벽돌을 쌓아서 만든 성이다. 성곽에 올라가는 요금은 100위안(19,000원)으로 매우 비싸다. 성곽 입장료가 비싸니 성곽 위에 올라가는 관광객은 많지 않다.

야간의 고성古城 거리는 거리마다 홍등紅燈을 환하게 켜서 화려하기가 그지없다. 야간에 관광객이 인산인해人山人海라서 명동길 인파는 저리 가라다. 중국은 관광을 내수진작으로 적극 유도하고 있고, 소득수준이 높아짐에 따라 어디를 가나 중국인 관광객이 매우 많다.

중국은 관광지 입장료도 매우 비싸다. 서구 학자들이 중국 당국에 서민들이 이용하는 관광지 입장료가 너무 비싸다고 말했다고 한다. 이에 대해 중국 당국자 답변은 자본주의 경제 이론에 의하면 "수요가 많으면 요금을 올리라 하지 않았느냐?"라고 대답했다는 것을 들은 적이 있다. 과거에 외국인은 비싸게, 내국인은 낮게 이중요금을 받았는데, 내국인 요금을 외국인 기준으로 높여서 요금을 통일했다고 한다. 경제면으로는 자본주의 뺨치는 중국의 단면이다.

중국은 관광업무를 담당하는 중앙부처 이름을 종전 '여가국'에서 '관광 여가국'으로 변경했다. 중국 정부가 관광을 통한 내수진작과 관광 일자리 창출에 대한 의지를 엿볼 수 있다.

차마고도 트래킹을 위해 운남성 '리장 고성'을 방문한 적이 있다. '리장 고성'과 비교하여 평요 고성은 규모가 훨씬 크고 보존 상태도 좋아 보인다. '평요고성, 리장고성, 서안성' 등이

평요 고성 성벽 위에서

명나라 시대 성城의 모습을 잘 간직한 고성古城이라고 한다. 아내는 우아한 전통 청나라 객잔 방에서 하룻밤만 자고 떠나는 게 아쉬운 눈치다.

중국의 실크로드 구간

러시아
카자흐스탄
몽골
고비사막
바이칼호
울란우데
캬흐타
다르항
울란바토르
몽골고
자민우드
엘렌하오터
알타이산맥
키르기스스탄
천산산맥
투루판
하미
오르도스사막
대동
안디잔
오시
쿠차
아커수
카슈가르
파미르고원
타클라마칸사막
둔황
주천
장예
황토고원
평요
란주
쿤룬산맥
티베트고원
천수
서안
파키스탄
히말라야산맥
중국
네팔
부탄
방글라데시
미얀마
라오스
인도
태국
베트남
캄보디아
벵골만
남중국해

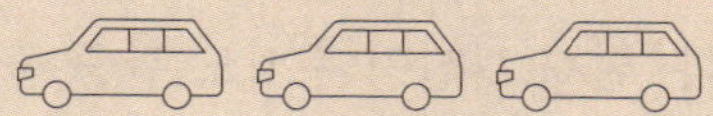

유서 깊은 명나라의 고성, '평요고성'에서 하룻밤을 보내고 서안西安으로 향한다. 중국 내몽골로 입국 후 편안한 자동차 여행을 즐기고 있다. 서안西安은 '관중평야' 중앙에 자리 잡은 '섬서성' 성도成都이다. 오늘은 500여km를 남쪽으로 이동해야 한다.

평요 근처 고속도를 달리면서 중국에서 가장 아름다운 민가의 하나인 '왕가대원王家大院'이 있다. 두부 장사로 큰돈을 번 청나라 4대 부자의 하나인 '왕씨 형제'의 자손이 모여 사는 600년 역사의 집성촌이다. 집성촌 울타리는 10m 높이 거대한 성城을 쌓아서 만들었다. 성안에 청나라 양식 가옥 1,100여 채, 정원 120여 개, 왕씨 자손 5,000여 명이 모여 살고 있다고 한다. 유명한 청나라 대부호의 동족同族 마을을 시간상 가지 못함이 아쉽다.

서안으로 남하하면서 왕복 8차선 고속도로에 차들이 많이 다니고, 서안 근처는 왕복 16차선 고속도로이다. 광활한 '관중關

中 평야' 지역이다. 중국 역사는 황하강 중류 '관중關中 지방'과 황하강 하류 '중원中原 지방'의 정치적 대결의 역사이다. 중원中原 지방은 물산이 풍부하고 경제적으로 풍유롭다. 하지만 정치권력 창출은 관중이 중원을 압도했다. 진나라, 한나라, 당나라는 관중에 기반을 두고 있다. 현재 시진핑 주석도 관중 출신이다.

관중 평야에 옥수수밭이 끝없이 이어진다. 옥수수는 식용유, 사료, 바이오연료, 가공식품 등 다양한 수요가 있는 작물이다. 중국 사람은 '책상다리' 빼고는 모든 것을 튀겨 먹는다는 유머가 있다. 엄청난 식용유를 만들고, 돼지와 오리를 키우는 데 필요한 사료가 옥수수이다.

서안 200km 못 미쳐서 중국의 어머니 강 '황하강' 다리를 통과한다. 서안西安은 황하가 흐르지 아니하고, '위수渭水' 등 여러 지류가 지나간다. 500여km를 달려 오후 늦게 중국의 천년 고도古都 서안에 도착했다.

내가 타고 있는 차의 계기판에 '엔진 점검' 경고등 불이 들어왔다. 원인을 확인하기 위해 서안 외곽 정비소에 들렀다. 정비소 여직원이 차량 점검하는 동안 아이스크림을 가져다주는 등 친절하다. '엔진 경고등'이 왜 켜지는지 원인을 모르겠다고 한다. 시내 더 큰 정비소에 가라고 해서 서안에 도착 다음 날 정비소 갔는데 역시 이유를 모른다. 서울에 가야 고칠 수 있을 것 같다. 타클라마칸 사막, 파미르고원 등 남은 험난한 코스를 무사히 통과하기를 기도할 뿐이다.

얼마 전까지도 "장안長安의 명물, 장안長安의 화제"라는 용어를 사용했다. 한자 '안安'자는 '평화'라는 의미로 당나라 수도 '장안長安'은 '장구한 평화'를 기원하는 의미이다.

북위 54도 시베리아에서 북위 34도의 서안으로 10여 일 만에 3,000여km를 내려온 셈이다. 내륙도시 서안의 7월 하순 날씨는 습도가 매우 높고 무덥다. 기름기 많은 중국 음식, 늦은 시간 저녁 식사, 장시간 자동차 운전 등 소화불량이 심하다. 정로환, 소화제를 매일 먹고 있다.

'서안西安' 명칭은 1370년 명나라가 몽골족 원元나라를 쫓아내고 성城을 재건할 때 '서경西京'(서쪽 수도)과 '장안長安'의 앞뒤 글자를 따서 지은 이름이다. '서안'은 중국 13개 왕조(진, 한, 수, 당나라 등)가 수도로 삼은 역사가 겹겹이 쌓인 도시이다.

서안성의 자동차 출입 성문

서안성 성문을 통과하여 시내로 진입하였다. 우리 호텔은 시내 '회족回族' 거리 근처에 있다. 1,400년 전 당나라 장안성의 길이는 35km로 성내에 100만 명이 살았다고 한다. 장안성은 내성內城과 외성外城으로 구분하여 지었는데, 내성內城이 현재의 서안성이라고 한다. 명나라가 만든 현재의 서안성 내부 면적은 당나라 시대 장안 면적의 1/10 규모이다. 국제도시 장안의 서쪽에는 외국 물품을 파는 '서시西市'가 있고, 동쪽은 중국 물품을 파는 '동시東市'로 구분했다. '서시西市' 시장은 서쪽에서 온 실크로드 상인의 종착지였다.

서안에 남아있는 당나라 시대 건축물은 현장법사를 위해 세운 '대안탑, 소안탑'뿐이다. 명나라 시대 건축물은 '서안성과 종루'이다. 현재 성안은 고층빌딩, 고층아파트, 명품가게, 맥도널드 식당 등 초현대식 건물로 가득 채워져 옛날 모습은 찾아보기 어렵다.

1,400년 전 당나라는 아시아의 '중심국'이다. 당나라 수도 장안은 세계 최대의 국제도시였다. 중앙아시아에서 온 소그드인, 이란에서 온 페르시아인, 유대인, 인도인, 신라인, 베트남인, 일본인도 이곳에 왔다. 신라의 의상대사, 혜초스님, 최치원 선생도 장안을 다녀갔다. 당나라는 외국인을 위한 과거시험인 '빈공과'를 만들어 외국인에게도 공직 문호를 개방했다.

신라의 '최치원' 선생은 859년 12살의 어린 나이에 사비私費로 당나라에 유학을 왔다. 최치원은 당대의 천재였다. 아버지는 떠나는 아들에게 "10년 내 과거시험 빈공과에 합격하지 아니하면 내 아들이 아니다."라고 말했다고 전해진다. 최치원은 아버지 기대대로 7년 후 19살 나이에 '빈공과'에 수석 합격했다.

신라인 중에서 약 40 여명의 '빈공과' 합격자가 기록에 있다. 최치원 아버지는 6두품 출신으로 12살 어린 아들을 멀리 당나라로 유학 보낸 대단히 성공지향 사람이다. 아마 당나라 장안에 신라인이 모여 살고 있는 '신라타운'이 있지 않았을까 생각해 본다. 미리 온 신라타운의 선배가 어린 소년 최치원에게 숙식을 제공하고, 공부를 가리키는 선생님도 소개해 줬을 것이다. 신라가 훌륭한 문화를 창조한 데는 최치원 아버지 같은 분의 교육열 때문일 것이다.

1,400년 전 당나라에 유학 온 신라인 중에는 승려가 매우 많다. 고대에 승려는 최고의 지성인이자 국제적 안목을 가진 선각자들이다.

신라의 원효스님(617년생), 의상스님(624년생)은 불문佛門의 사형제 관계이다. 두 사람은 서기 661년 함께 당나라로 구법求法 유학을 출발했다. 원효대사와 의상대사는 현장 스님이 인도에서 들여온 '유식종有識宗'을 공부하기 위해 당나라 장안으로 출발했다. '의상'은 장안에 도착 후 마음이 변해서 유식종 대신 '화엄경'을 공부한다. 670년 귀국 후 화엄종의 시조가 되었다. 경북 영주의 '부석사'는 670년 신라로 귀국하는 의상 스님을 사모하는 '선묘낭자'의 설화로 유명하다. '원효'는 당진항으로 가는 도중에 "일체유심조一切唯心造"를 깨닫고, 유학을 포기했다.

서안성 성곽 위로 올라갔다. 입장권(54위안. 약 1만원)을 살 때마다 여권을 제시해야 하니 불편하다. 서안성의 폭은 자동차 4대가 동시 다닐 정도로 넓다. 1,370년대 서안성을 축성한 명나

서안성 성곽 위에서

라는 몽골족의 재침략을 얼마나 무서워했는지 성곽의 규모를 보면 알 수 있다. 엄청난 재정과 노동력을 투입했을 것이다.

나와 아내는 서안성 위를 산책하며 성 주변을 구경했다. 성 위의 노점상에서 아이스크림도 사 먹으며 여유를 만끽했다. 성 위에 자전거 빌려주는 가게가 많고, 기념품 노점상, 간식 가게도 많다. 성벽 위 길이는 12km로 자전거 타기에 좋다.

서안은 전기차가 많이 보급되어서 대기질이 매우 좋아졌다. 하지만 1,300만 명 주민이 살기 때문에 교통체증이 심하다. 시민들은 곳곳에 CCTV로 교통 법규 위반 사진을 찍기 때문에 교통질서를 잘 지킨다.

서안에서 우리는 하루를 쉬면서 고대 유적을 둘러보기로 했다. 서안 동쪽에 있는 진시황 병마총을 보기 위해 다음 날 아침 8시 출발한다. 숙소에서 한 시간 반이 걸렸다. 웬걸 인산인해이다. 여름방학이라 전국 각지에서 초등학생과 학부모, 조부모 등 가족 동반 여행객이 일찍 도착해서 줄을 서 있다. 1974년 농부가 발견 후 벌써 50년이 지났다. 파손된 병마총은 과거보다 상당히 복구한 것 같다. 만만디 국민성답게 앞으로도 수십 년은 더 걸려야 부서진 병마총의 복구 공사가 완성될 것이다.

나는 이번이 세 번째 방문이다. 세계 유수 관광지 모두가 'Over Tourism'으로 고통을 받는데, 이곳이 최악의 인구과잉이다. 1인당 입장료가 180위안(3.5만원)으로 과거보다 많이 올랐다. 중국인 4인 가족의 경우 약 14만원을 지불해야 하지만 관광 인파가 매우 많다. 표를 산 다음 '전동 카트'를 타고 5분 이동한다. 카트에서 내려서 한참 걸어가야 한다. 입장하는데 두 시간 이상 걸린다. 병마총 내부에 들어가면 사람이 너무 많아서 밀려다닌다.

우리는 일행이 서로 떨어져서 일시적으로 이산가족이 되었다. 병마총 근처에 진시황제 무덤이 있다. 진시황제의 무덤은 높이 88m의 거대한 토산이다. 역사가 사마천의 사기史記에 의하면 지하에 수은이 흐르는 강이 있고, 침입자에 대한 살상용 장치가 있다. 수많은 처첩, 시녀가 순장되었다. "미래 과학기술이 발전할 때까지 개봉하지 말라"는 '주은래' 수상의 지시로 진시황제 무덤은 발굴 공사를 하지 않고 있다.

진나라는 진시황제 사후 10년도 못 되어 기원전 205년에 망한다. 천하통일의 정점頂點에서 곧바로 멸망은 시작됐다. 역사가 사마천은 진나라 단명短命에 "성공에 취하면 망하고, 사람을 얻으면 흥한다." 사기史記에 기술했다. 중국을 뜻하는 영어 China 단어는 진나라 'Chin'(진)에서 유래되었으니, 진나라 이

진시황제 무덤, 병마총

름은 영원히 지속되고 있다.

사마천은 통찰력 넘치는 역사가이다. "공을 얻기는 어려우나, 패하기는 쉽다. 때를 얻기는 어려우나, 놓치기는 쉽다. 성공의 그늘에 오래 머물러서는 안 된다. 단호하게 행동하면 귀신도 피한다." 오늘날에도 자주 인용되는 사기史記의 명언들이다.

인산인해의 병마총을 관광하면서 더운 여름 날씨에 땀으로 옷이 흠뻑 젖었다. 시내 중심가 명나라 유적인 '종루' 옆 만두전문점 '동아반점'에서 만두 코스로 점심을 먹었다. 12종류의 만두가 코스로 나오는데 우리는 양이 작아서 조금밖에 못 먹었다.

당나라의 현장법사 유적이 있는 '대안탑과 자은사'에 들렀다. 현장은 당 태종 때 승려로 16년 동안(629~645년) 인도를 다녀와서 '대당서역기'를 쓰고, 귀국 후 많은 불경을 번역한 위대한 승려다. 천축 출발 당시 임금은 당 태종이었는데, 서역의 돌궐족과 당나라가 전쟁 중이라 외국으로 출국을 금지하고 있었다. 현장은 26살의 나이인 629년 장안을 몰래 출발하여 인도로 향한다.

현장은 대단한 기억력과 메모광이다. 머물거나 도착한 곳에 대한 정보를 간략히 메모하고 기억했다가 대당서역기에 상세하게 적어놨다. 본인이 직접 보고 들은 것뿐만 아니라 여행 중 남에게 들은 것도 꼼꼼히 기록하였다. 현장은 645년 천축에서 불상, 불경, 사리 등 520상자를 가지고 귀국했다.

출발할 때와 달리 귀국 당시 당나라는 돌궐을 멸망시키고, '정관의 치'를 만든 당 태종이 재직 중이었다. 당 태종은 현장에게 벼슬을 내리겠다고 하지만 현장은 거절한다.

당 태종은 대단한 안목의 인물이다. 현장에 16년 동안 여행기를 기억이 있을 때 완성토록 명하였다. 현장이 구술하고, 제자 '변기'가 받아 써서 3년 만에 완성된 책이 '대당서역기'다. 1,400년 전 135개 오아시스 국가의 기록을 남겨서 오늘날 과거 중앙아시아, 타클라마칸사막, 파미르고원 주민의 생활상을 이해하는 데 중요한 기록을 남겼다. 문명사적 대기록은 당 태종의 안목 덕분이기도 하다.

현장이 죽을 때까지 불경 번역에 전력을 다하여 중국과 동아시아 불교 발전에 커다란 기여를 했다. 현장 스님은 위대한 승려이자 대 모험가, 저술가이다. 현장의 유물을 보관하기 위해

현장법사 동상과 대안탑

당 태종의 아들인 고종이 649년 '대안탑'을 건립하고, 죽은 어머니를 기리기 위해 '자은사'를 건설하였다. 1,400년 역사의 풍랑을 이겨내고 당나라의 중요한 유물로 현재까지 남아있다. 초등학생 시절 감동을 주었던 소설 '서유기'(명나라 오승은 소설)에서 현장법사는 '삼장법사'로 나온다. '삼장'은 세 가지 불법 '경장. 율장. 논장' 3장에 능통하다는 불교계 최고 찬사이다.

당나라는 종교도 개방적이어서 오랑캐 3대 종교라고 부르던 "조로아스터교, 기독교(경교), 마니교" 등을 자유롭게 믿도록 허용하였다. 당나라 말기 845년 당 황제는 종교탄압을 실시하여 불교를 비롯한 서역의 3대 종교도 금지하였다. 다만 몇 년 후 불교는 허용했지만, 서역에서 온 3대 종교는 해제하지 아니해서 중국에서 사라지게 된다.

'비림碑林' 박물관에 781년 만든 기독교(경교) 포교를 기록한

'대진사 비석'이 있다. 17세기 청나라에 포교하러 온 예수회 선교사들이 비림의 기독교 포교 탁본을 보고, 자기보다 천 년 전에 포교하러 온 사실을 알고 매우 놀랐다고 한다. 비림박물관은 휴관일이라 들어가지 못했다.

저녁은 숙소 근처의 회족回族 거리로 갔다. 재래시장 뒷골목인데 사람이 매우 붐빈다. 노후화된 재래식 건물이 많이 남아서 초현대적 서안 시내 모습과 대비된다. 양고기 꼬치구이를 굽는 매캐한 연기와 관광 인파가 생동감이 넘친다. 이곳의 특산물인 생소한 '뼹뼹면'을 시켰다. 한자 '뼹'자는 한자 획수가 가장 많은 희소한 글자라고 한다. 음식 이름도 신기하다. 매콤하지만 비벼 먹는 음식 맛이 괜찮다.

뼹뼹면 값은 30위안(5,800원)으로 매우 저렴하다. 저녁 식사

회족 거리 먹자골목 야경

후 양꼬치 굽는 냄새에 끌려 샤슐릭식당에 들렸다. 작은 양꼬치 10개에 30위안이다. 맥주 안주로 최고인데, 이슬람교를 믿는 회족 식당은 술을 안 판다고 한다. 회족回族은 당나라, 원나라, 명나라 시대에 중국에 온 아랍 상인, 페르시아 상인들의 후손이다. 실크로드를 통해 중국에 장사하러 와서 눌러 않은 상인의 후손이다. 중국 전체에 약 1,000만 명이 살고, 서안에도 약 6만 명이 산다고 한다. 회족은 완전히 중국화되어 신장위구르 지역의 이슬람교를 믿는 위구르족과는 다르다.

하루 종일 서안 시내를 돌아다녔다. 유럽인, 미국인, 일본인 등이 거의 없다는 점이 특이하다. 유럽인들이 중국에서 가장 가보고 싶어 하는 곳이 서안과 돈황이라고 들었다. 중국과 미국의 무역전쟁, 코로나19 발생, 중국의 엄격한 간첩법 시행 등 여러 이유 때문일 것이다.

서안에서
"비단길(실크로드)" 출발

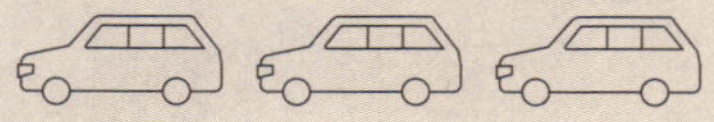

'실크로드', 우리말 '비단길'은 비단처럼 편안한 길이 아니다. 1,877년 독일 지리학자(리히트호펜)가 고대 중국과 로마의 가장 대표적인 교역품이 '비단'인 점을 착안하여 '실크로드 Silk Road'라는 아름다운 명칭을 붙였다. '도로 Road'라기 보다는 오아시스, 사막, 산맥을 통과하는 '오솔길'이라고 하는 게 맞다. 바람이 불고, 비가 오고, 눈이 오면 길은 없어진다. 실크로드 개척자는 기원전 2세기, 2,100년 전 한나라 시대의 '장건'이고, 실크로드 전성기는 '당나라' 시대다. 실크로드는 동양과 서양 사이의 교역, 종교, 철학, 문화의 소통 길이다. 고대 동서 교역의 상인은 '소그드 상인'(우즈베키스탄 사마르칸트, 부하라 상인)들이 서기 10세기까지 활약하였다.

실크로드는 크게 '육상 길'과 '해상 길'로 구분된다. 육상 길은 "천산북로, 천산남로, 서역남로" 세 길이다. 타클라마칸 사막의 위와 아래를 기준으로 '서역북로, 서역남로'로 부른다.

우리는 서안西安에서 출발, 하서주랑 900km 회랑을 지나서 돈황으로 향한다. 돈황에서 타클라마칸 사막의 북쪽 '천산남로

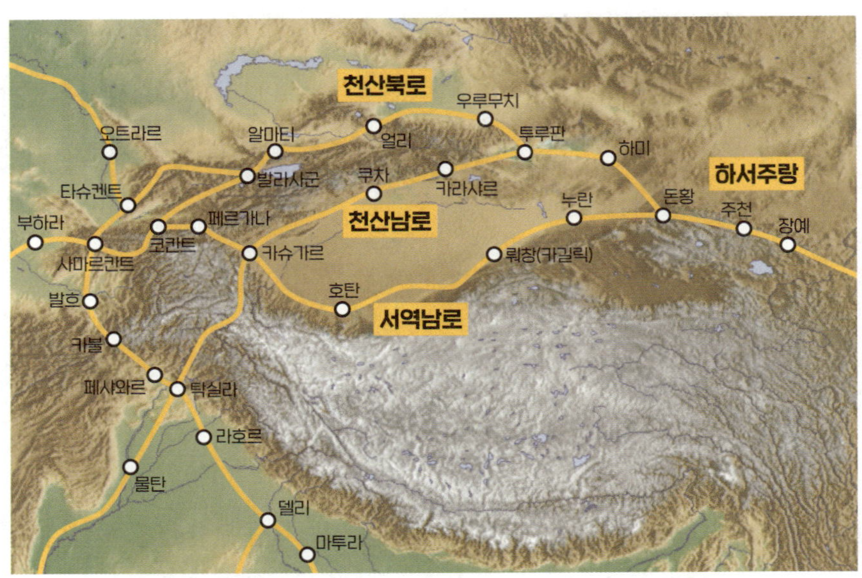

실크로드 "3대 간선도로"

(서역북로)'를 통과할 것이다. 장고한 흥망성쇠의 고도 서안西安 에서 이틀 동안 달콤한 휴식을 보냈다. 아내가 서울에서 가져온 염색약으로 희게 변한 내 머리칼을 염색해서 외관이 깔끔해졌 다. 러시아 블라디보스톡에서 서안까지 7,500km를 달려왔다. 이번 여행 거리의 약 1/3을 이동한 셈이다. 7월 24일 서안의 여 름 햇살은 무척 뜨겁다.

아침 9시 호텔을 출발 서안성 '서문'에 있는 "실크로드 기념 조형물"에서 출정식을 할 예정이다. 실크로드 조형물 앞에서 기념 촬영을 하고, 고비사막, 타클라마칸 사막의 무사고 운전 을 기원했다. 조형물은 쌍봉낙타를 타고 서역으로 떠나는 구도 승, 소그드인 상인, 출정하는 군인 등을 실물 크기의 2배 크기 로 1992년 설치한 것이다.

실크로드 무역은 10세기 당나라가 멸망할 때까지 중앙아시아

서안성 서문밖에 설치한 '실크로드 기념물'

에서 온 '소그드 상인'(이란계 종족)이 중요한 역할을 하였다. 7세기 아시아의 강대국 당나라는 개방적 국가였다. 능력이 있으면 국적, 종족을 구분하지 아니하고 등용했다. 당 현종 때 반란을 일으킨 '안록산'(부하라 출신 소그드인), 고구려 포로의 후손 고선지 장군(안서 절도사), 신라의 최치원도 당나라에서 벼슬을 했다.

오늘 저녁 숙박지는 섬서성 서쪽의 '천수'이다. 서안에서 출발하는 고속도로 톨게이트 이름이 진시황제의 궁전 이름인 '아방궁'이라서 눈길을 끈다.

'관중 평야'를 지나며 크고 작은 도시, 평야의 무성한 옥수수, 밀, 유채밭, 농촌 마을을 지나고 있다. 작은 도시임에도 30층, 40층 고층 아파트들이 많다. 제대로 분양이 되는지 궁금하다. 현재 중국은 미분양 아파트 수가 1억 여채로 중국 경제의 발목을 잡고 있다.

서안을 조금 벗어나면 '강태공'의 낚시터로 유명한 '위수渭水'를 지나서 간다. 위수는 3,000년 전 강태공이 주周나라 건국자 문왕을 만날 때까지 바늘 없는 낚시로 "수십 년 세월을 낚았다"는 일화의 유명하다. 위수 어딘가 낚시터에 강태공이 주周 문왕을 만나는 장면을 기념비로 설치했다고 들었다. 3,000년 전 주나라 '문왕'이 사냥을 갔는데 그날은 짐승을 하나도 못 잡고, 우연히 위수渭水에서 낚시하는 강태공을 만났다. 주 문왕이 "낚시를 좋아하시는 것 같습니다." 말을 걸었다. "물고기를 낚고 있는 것이 아니라 세월을 낚고 있습니다." 강태공이 대답했다. 그때 강태공 나이 72세이다. 주 문왕은 강태공과 시국 대화 끝에 의기투합하여 정승으로 모신다. 강태공은 72세 나이에 정승이 되어 주나라 창업 공신이 되었다.

실크(비단)라는 상품 이름 때문에 '무역의 길'이라고 알려졌지만, 이 길은 서쪽에서 동쪽으로 전파된 불교, 조로아스터교, 기독교, 마니교 등 '종교의 길'이기도 한다. 전쟁하러 병사들이 출발하는 '전쟁의 길'이다. 동양과 서양의 '철학과 문학과 예술의 길'이도 했다. 페스트 등 질병이 오갔던 '재난의 길'이다. 실크로드는 동양과 서양의 문명의 교차로였다.

당나라 장안에서 출발한 물건의 최종 목적지는 이스탄불, 페르시아, 이집트 등 지중해 연안의 국가들이다. 반대로 서쪽에서 온 상품은 당나라, 신라, 일본 등이 목적지이다. 무역은 한 사람의 상인이 전 구간을 담당할 수 없었다. 로마에서 출발한 상인이 장안까지 오지 아니하고, 장안에서 출발한 상인도 로마까지 가지는 않았다. 오아시스 도시의 구간 구간을 이동하는 '중계

무역' 형태이다. 오아시스 도시마다 통행세를 내고, 중간에 강도를 만나고, 전쟁을 만나고, 자연재해의 위험한 길을 통과해야 하므로 지중해 최종 소비자에 도달하게 되면 물건 가격은 천정부지로 올라가게 된다.

실크로드 상인들은 중간에 재난과 위험을 피하고, 장사가 잘되어 돈을 벌게 해달라고 신에게 기도하고, 많은 공물도 바쳤다. 당나라 시대에 실크로드 지역은 불교, 조로아스터교, 기독교(경교), 마니교 등 여러 종교가 성행하였다. 실크로드 곳곳에 많은 석굴과 불교 유적은 1,000년 이상 장기간에 걸쳐서 완성된 것이다. 권력 유지와 자손 대대 부귀영화, 사후 극락 장생 기원을 위해서 막대한 재물을 사찰에 기부했다. 돈황 막고굴 등 많은 천불동 석굴에는 기부자의 얼굴을 조각하기도 하고, 부처님을 기부자의 모습으로 바꿔서 만든 곳이 있다. '천불동'은 천 개의 석굴이 아니고 '많다는 의미'이다.

낙타를 타고 이동하던 육로陸路 실크로드는 당나라 후기부터 쇠락하고, 아랍 상인, 인도 상인에 의한 해로海路 실크로드가 육로를 대신한다. 범선 배 한 척의 화물 운반은 낙타 500마리보다 더 많은 짐을 나를 수가 있다고 한다. 장안까지 운하가 연결되어 광저우 항구로 온 상인들도 장안까지 들어올 수 있다.

서기 400년경 법현 스님(중국의 3대 여행기 중 하나인 '불국기' 집필)은 육로로 천축(인도)에 갔다. 귀국할 때는 스리랑카에서 무역선을 타고 바닷길을 통해 중국으로 귀환하였다. 신라의 혜초스님도 서기 723년 배를 타고 바닷길로 인도로 갔다가 돌아올 때는 육로를 통해 당나라로 돌아왔다. 당시 선원들은 계절별로 바람의 방향이 바뀌는 몬순기후의 특성을 알고 있었다. 이는 많은 무역선이 왕래했음을 알려주는 증거이다.

당나라 시대 육로陸路 실크로드는 간선도로가 세 개이고, 지선支線은 수백 개가 넘는다. 실크로드 지선支線은 유라시아 대륙에 실핏줄처럼 많다. 신라의 계림(경주)에서 출발, 서해 당진항에서 중국 산동 반도를 지나 당나라 장안으로 가는 길도 실크로드 지선支線의 하나이다. 신라시대 청해진(현재 완도)에서 당나라와 신라, 일본까지 국제무역을 했던 해상왕 '장보고'도 실크로드 지선 무역상의 하나이다.

실크로드의 개척자는 2200년 전 한나라의 '장건'이다. 기원전 2세기 한나라 5대 황제 '무제'는 흉노족의 계속되는 침략과 증대되는 공물 물량의 요구 때문에 전쟁을 준비한다. 감숙성 '하서회랑'에 살던 유목민 '월지족'을 흉노족이 침략하여 월지족 왕을 살해하는 사건이 발생했다.

한무제는 서쪽으로 쫓겨간 월지족이 흉노족에 원한이 많다는 정보를 접한다. 기원전 139년 서쪽의 월지족과 군사동맹을 체결, 흉노족을 협공하자는 한무제의 명령을 받고 특사로 '장건'을 서역으로 보냈다. 장건은 서역으로 가는 길에 흉노족에 붙잡혀 10년 동안 포로 생활을 한다. 흉노족의 내분을 틈타 탈출하여 오늘날 중앙아시아 남쪽에 살던 월지족 왕을 만난다. 어렵게 만난 월지족 왕이 흉노족과 전쟁을 원하지 아니함에 따라 장건은 빈손으로 귀국했다. 귀국길에 장건은 또 흉노족에 포로로 잡혔다. 다시 탈출에 성공하여 포로로 있을 때 결혼한 부인과 자식을 데리고 장안으로 13년 만에 귀국했다. 장건은 우직

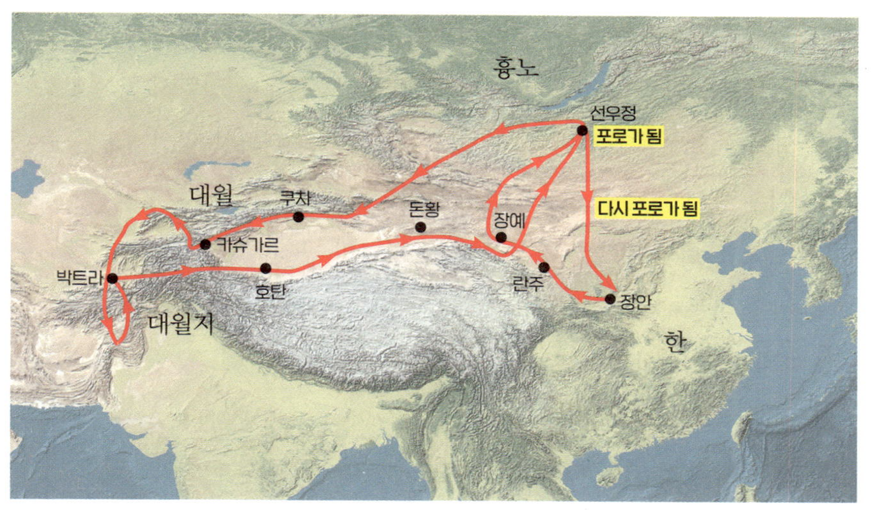

기원전 139년 장건 이동 경로. 흉노에 두 번 포로로 잡힘

한 충성심, 포기할 줄 모르는 불굴의 의지를 가진 사나이이다.

장건은 월지족과 동맹은 못 했지만, 복숭아, 수박, 포도, 무화과 등 서역 과일을 한나라에 가져오고, '한혈마'汗血馬 라고 부르는 천마天馬가 '대완국'(현재 우즈베키스탄의 페르가나)에 있다는 정보를 가져왔다. 한혈마는 오랫동안 달린 말의 피부에서 붉은 피가 땀처럼 흐른다는 뜻이다. 현대 과학자들은 말에 기생하는 기생충 때문에 상처에서 피가 난다고 밝혔다.

한혈마를 구하기 위해 중국의 비단과 유목민의 말을 교역하는 '견마무역'이 시작되게 된다. 한나라, 당나라 시대의 '말'은 오늘날 '탱크'와 같은 역할이다. 좋은 말을 가지면 전쟁에서 승리할 가능성이 크다. 한혈마를 구입한 한나라는 흉노족과 전쟁에서 승리한다.

흉노족은 한나라 공격과 종족의 내분에 의해 멸망했다. 중국의 역대 왕조는 유목민의 힘이 강할 때는 공물과 선물로 회유하거나 권력다툼과 내분 조장, 다른 종족을 통한 이이제이 정책을 펴나갔다. 유목민이 분열되어 힘이 약해지면 공격해서 멸망시키는 정책을 오랫동안 해왔다. 흉노족은 한나라 공격으로 멸망하고, 이후 동서 교역은 소그드 상인이 담당하게 된다.

‘훈족’으로 불리는 일부 흉노 부족은 한나라 공격 이후 서쪽으로 계속 이동하여 로마제국의 변경까지 이동하였다. 흑해와 카스피해 북쪽에 살던 게르만족은 ‘훈족’의 침입을 받고 서쪽으로 연쇄적으로 이동한다. 이후 게르만족이 로마제국을 멸망시킨다. 한나라는 흉노족이 지배하던 서쪽의 돈황, 주천 등에 ‘하서河西 4진’을 설치했다.

서쪽의 흉노족을 굴복시킨 한나라 무제는 동쪽으로 군대를 보내서 고조선의 후예인 평양의 ‘위만조선’을 기원전 108년 멸망시키고, 낙랑군 등 네 개의 ‘한사군漢四郡’을 설치한다. 낙랑군은 한나라가 멸망(서기 220년 멸망) 후에도 계속 존속하다가 서기 313년 고구려에 의해 멸망되었다. 고구려의 낙랑군 함락 관련 어린 시절 동화책에서 읽었던 ‘호동왕자와 낙랑공주’의 로맨스는 지금도 기억이 생생하다. 낙랑군에는 적이 침입하면 ‘스스로 소리가 나는 북’(자명고自鳴鼓)이 있어서 고구려는 평양성 함락이 어렵다. 호동왕자가 낙랑공주에게 자명고 파괴를 부탁하고, 호동왕자와의 사랑을 위해 고국을 배신한 ‘낙랑공주’가 자명고를 찢어서 낙랑군이 함락되었다는 전설이다. 고대 한반도 역사는 실크로드 역사와 직, 간접적으로 연결되어 있다.

오후 ‘천수’에 도착하여 중국 4대 석굴의 하나인 ‘맥적산 석굴’을 관광하기로 했다. 천수에 도착했을 때 비가 심하게 내린다. ‘맥적산석굴’은 산 중턱에 설치된 계단을 타고 걸어서 올라

맥적산 천불동 석굴

가야 하는데 비 때문에 계단이 미끄러워서 관람이 폐쇄됐다고 한다. 맥적산 석굴은 유목민 왕조인 북위가 5세기에 석굴 조성을 시작하여 명나라까지 1,000년 이상 걸려서 건설된 석굴이다. 위 사진은 필자가 6년 전 실크로드 여행시 찍은 맥적산 석굴이다. 바위벽에 촘촘이 있는 석굴은 나무 계단을 통해 올라가야 한다. 문화혁명(1966~1976년) 시대에 석굴로 올라가는 나무 계단이 망가져서 홍위병의 침입이 어려워 보존이 잘 되었다고 한다.

오후 아내와 함께 '천수' 숙소 근처 중국 편의점에 가보니 한국의 진로소주를 팔고 있다. 종업원에게 누가 소주를 사는지 문의하니 맥적산석굴에 관광 오는 한국인 관광객이 산다고 한다. 작은 도시 천수에서 진로소주를 반주로 고향의 맛을 느끼며 맛있는 저녁 식사를 하였다.

황토고원과 하서회랑

   어제 숙박한 '천수'는 아침까지 이슬비가 내린다. 아침 9시 감숙성 성도 '란주'를 향하여 출발한다. 300여km 이동 후 오후 일찍 '란주'에 도착했다.

   '란주'에 가까이 가면서 건조한 스텝지형과 황토색 토양이 나타나기 시작한다. '황토고원'의 시작이다. 해발 1,000m에서 2,000m 높이의 황토고원 면적은 40만km²(남한 10만km²)로 매우 넓다. 황토층의 두께는 평균 50~80m이다. 황토는 멀리 타클라마칸 사막, 북서쪽 고비사막에서 날아온 황토가 오랜 세월 쌓여서 만든 지형이다. 우리나라 봄철 황사의 발원지는 이곳 '황토고원과 몽골의 고비사막'이다. 황사는 봄철에 부는 편서풍을 타고 수천km 날아와서 한반도와 태평양으로 날아간다.

   황하강은 '란주'시 중심부를 흘러간다. 황하강은 황토로 인한 짙은 황토색이다. 황하강은 약 5,400km 길이로 티벳고원에서 발원하여 황토고원과 중국 내륙을 거쳐서 황해 바다로 들어간다. 황하강은 세계 4대 문명의 발상지로서 중국인들은 황하를 '어머니 강'이라고 부른다. 황하강 강변에 중국의 어머니 강

란주 황하강 강변에 설치한 '모자상'

을 상징하는 '모자상'을 설치해 놨다.

강변은 노점상, 유람선 선착장, 찻집 등이 즐비하고, 관광객으로 북적인다. 우리는 모터보트를 타고 황하강에서 동심의 뱃놀이를 즐기고, 찻집에서 여유로운 차를 마시며 오후 시간을 즐겼다. 황하 강변의 백탑사가 있는 '백탑산'에 올라가서 '란주' 시내와 유유히 흘러가는 황토색 황하강을 바라보며 한가한 시간을 보냈다. 숙소가 황하강 강변에 붙어있어 저녁 식사 후 아내와 함께 황하의 야경을 즐기러 산책을 나갔다. 화려한 홍등紅燈이 황하 강변과 황하 다리에 휘황찬란하다. 멀리서 온 나그네의 마음을 들뜨게 한다. 아내는 양말을 벗고 황하강 물속에 들어간다. 여행 중 블라디보스토크의 태평양 바다와 바이칼호에 이미 들어갔었다. 아내는 황하에 발을 담그고 '황하를 정복한 셈'이라고 말하며 웃는다.

란주의 호텔에서 아침 식사로 유명한 특산물 '란주 우육면'

황하강 옆의 백탑산

을 주문했다. 중국은 지역마다 면 종류 특산물이 있다. 란주면은 자극적이고 맵지만 먹을만하다.

다음 목적지는 570km 떨어진 '장예'이다. '감숙성'은 동서 길이가 1,650km, 남북 길이가 550km로 매우 큰 성이다. 감숙성 중앙에 900km에 이르는 '하서회랑回廊, 하서주랑柱廊'이라고 부르는 천연적인 통로가 있다. '회랑回廊'은 복도의 뜻으로 회랑지형의 폭이 큰 곳은 100여km, 폭이 좁은 곳은 10여 km의 복도형 지형이 900km에 달한다.

하서회랑河西回廊의 남쪽은 '치롄산맥'이 병풍처럼 길게 늘어져 있고, 북쪽은 '황토고원'이 벽을 형성하고 있는 천연의 길이다. 긴 회랑 길은 실크로드 상인, 구법승, 군인, 외교사절 등이 장안長安에 들어가거나, 서역으로 나가려면 꼭 지나가야 하는 통로이다. 이 길목을 차지하기 위해 기원전 한나라와 흉노족의 전쟁, 당나라와 토번국(티벳), 돌궐족 등 과의 전쟁이 끊이지 않았다. 고대와 중세 역사상 중국의 관심은 '서쪽' 지방이다. 서쪽은 교역으로 돈이 생기는 지역이자 서구 문명이 들어오는 길이고, 국방에 중요하기 때문이다. 반면. 동쪽 변방에 있는 한반도는 상대적으로 중국의 관심이 적은 지역이라 그나마 다행이었음을 여행하면서 보고 느낀다.

하서회랑을 따라 '돈황'으로 이동하면서 황토고원의 풍경과 다양한 색상이 계속 바뀐다. 장구한 시간과 바람이 만들어낸 형형색색의 황토 지질과 지형이 장엄하다. 광활한 황토고원의 야성적 태고적 풍경을 바라보면서 실크로드 여행에 몰입한다. 간간이 황하의 지류가 흐르는 곳에는 도시와 촌락이 있고, 들에는 옥수수, 밀, 유채밭이 나타났다 사라졌다 반복한다. 고속도로 양옆으로 산림녹화 목적으로 심은 가로수 숲길 조성도 끊임없이 계속된다. 대단한 행정력 투입이다.

란주시를 지나는 황토색 황하강

‘난주’에서 ‘장예’로 가는 중간에 고구려 포로의 후손으로서 당나라에서 가장 출세한 “안서 절도사”를 지낸 ‘고선지’(?~756년) 장군이 태어난 ‘무위’를 지나간다. ‘안서절도사’는 당나라의 북서쪽 변방을 지키는 군사령관이다. 한자 ‘안서安西’는 ‘서쪽의 평화’를 기원한다는 뜻이다.

고구려가 당나라에 668년 멸망 후 약 20만 명이 포로로 잡혀왔다. 당나라는 고구려 포로를 북쪽의 몽골, 서북쪽 하서회랑, 서쪽 토번, 남쪽 베트남 안남지방 등 이민족 침입이 많은 6곳 변방에 분산시켜 거주시켰다. 변방에서 노예와 같은 생활을 했을 것이다. 고구려 포로의 후손들이 노예 생활에서 벗어나는 유일한 길은 당나라 군대에 입대, 공을 세워 군 장교나 장군이 되는 것이었고, 고선지의 아버지는 당나라의 하급 군인이었다.

고선지는 아버지의 군 주둔지인 ‘무위’에서 태어났다. 정확한 출생 연도는 모르지만 내 생각에 720년대 전후로 추정된다. 무인으로서 외모가 걸출했다고 기록하고 있다. 고선지는 20살 나이에 유격대장으로 승진하고, 혁혁한 공로로 20대 중반 나이에 안서절도부 ‘부副절도사’로 승진했다. 고선지는 당나라 현종 시대인 30대 나이에 ‘안서절도사’로 승진한다. 고선지는 ‘안서절도사’ 시절 만 명의 적은 병력으로 749년 빙하로 뒤덮인 5,000m 파미르고원을 넘어서 서역의 토번(티벳) 군대 기지를 급습하여 점령하고, 서역 35개 국가의 조공을 바치도록 만들었다.

고선지라는 인물이 재평가받게 된 것은 유럽의 군사학자들이 기원전 4세기 알프스산을 넘어간 카르타고의 장군 ‘한니발’, 역시 이탈리아 침략을 위해 19세기 초반 알프스산을 넘어간 프랑스의 '나폴레옹'보다 어려운 산악 군사작전을 펼쳤다고 평가하면서부터다.

고선지는 안서절도사 시절 천산산맥을 넘어 중앙아시아 '석국'(현재 우즈벡 타슈켄트) 등을 다섯 차례 공격하여 왕을 생포하는 등 많은 공적을 세웠다. 서기 751년 아랍 군대와 맞선 키르기스스탄 '탈라스' 전투에서 동맹을 체결한 유목민 '카를룩족'의 배반으로 대패했다. 당 현종은 고선지의 패배에도 불구하고 과거의 세운 공 때문에 문책하지 않았다. 서기 755년 '안록산 난'이 발생하자 토벌군 부사령관으로 참전 중에 누명을 쓰고 서기 756년 30대 젊은 나이에 처형된 풍운아이다.

1,400년 전 고구려 포로들의 강제 이주와 1,937년 블라디보스토크 연해주에 거주하던 17만명 고려인이 중앙아시아로 강제 이주한 사건을 생각하며 '무위'를 지나간다. 미얀마, 베트남 북부 산악지대에 우리 민족과 비슷하게 생긴 소수 부족이 가끔 TV에 소개된다. 나는 이들 소수 부족의 조상이 당나라가 1,400년 전 남쪽 '안남安南도호부' 지방에 분산시켰던 고구려 포로의 후손일 것이라고 추정한다.

차창 밖에서 황토고원의 다양하고 기이한 색상의 토양을 자주 만났다. '장예' 근처에 수천만년 바람과 시간이 만든 '칠채산 지질공원'이 있다. 오후 늦게 칠채산 국립공원의 전망대로 버스를 타고 이동한다. 나무 한 그루, 풀 한 포기 자라지 않는 붉은 색의 황량함은 외계인 영화에 나올 법한 이색적 경관이다.

중국의 국가 공원은 5급, 4급, 3급으로 나뉘어 있고, 5등급 국가 공원이 입장료가 가장 비싸다. 칠채산은 4등급으로 입장

황토고원 '칠채산' 정상에서

료가 90위안(약 1만7,000원)이다. 과거 중국은 내국인, 외국인 입장료를 달리 받았다. 외국 관광객이 요금 차별에 불평을 하니 내국인 요금을 외국인 요금으로 인상해서 동일하게 만들었다. 여름방학이라 대다수가 가족 동반 여행객이다. 현재 비싼 입장료임에도 모든 관광지가 관광객으로 인산인해이다. 요금이 저렴하면 관광객이 몰리는 까닭에 높은 가격으로 수입도 챙기면서 관광 인원을 통제하는 것 같다.

하서회랑의 주요 도시는 기원전 2세기 한무제가 개척한 '하서河西 4진'이 기원이다. '무위, 장예, 주천, 돈황'은 '하서 4진'이라고 한다. 우리는 장예, 주천, 돈황에서 숙박한다. 칠채산을 보고 '장예' 숙소에 도착하니 늦은 시각이다. 장예는 인구 130만명의 큰 오아시스 도시이다. 근처 사막의 광산개발로 번창하는 도시로 30층, 40층 고층아파트가 매우 많다. 우리는 장예에서 하룻밤을 묶었다.

오늘은 '장예'에서 200여km를 이동, 만리장성 가욕관 근처 '주천酒泉'에서 묶을 계획이다. 오후 일찍 도착하여 만리장성의 서쪽 관문인 '가욕관'(중국명 자위관)을 관람할 계획이다.

'가욕관'으로 가는 고속도로 옆 황야에 무너져가는 만리장성의 잔해(토성의 무너진 성벽, 지휘소가 있던 망루)를 자주 만난다. 명나라를 이어받은 만주족 왕조인 청나라는 만리장성을 보수할 필요가 없었기 때문에 오랫동안 방치했다. 그나마 이 지역이 건조하고 강수량이 적기 때문에 만리장성의 잔재가 남아있는 것이다.

명나라가 14세기 만든 토성이 600년 세월의 무게를 견뎌내고 있다. 명나라는 몽골족 등 유목민의 침략을 방비하기 위해

명나라 시대 만든 만리장성 잔해

하서회랑의 치롄산맥 원경

1,372년부터 성벽을 새로이 만들었다. 한나라, 당나라 때 만든 성곽은 오래전 폐허가 되었다. 도로 왼쪽은 멀리 6,000~7,000m 치롄산맥의 눈 덮인 산봉우리가 멀리서 보인다. 치롄산맥의 빙하 녹은 물이 이 지역의 생명수이다. 중국은 치롄산맥의 계곡마다 많은 댐을 설치해서 물을 모으고, 오아시스 도시의 생활용수, 농업용수 등으로 공급하고 있다.

우리는 왕복 4차선 고속도로를 통해 높은 산을 만나면 터널을 통과하고, 계곡이나 강을 건널 때는 다리를 건너가고 있다. 과거 실크로드 상인이 고생했던 길의 1%도 공감이 안 되는 편한 길을 지나고 있다. 농촌을 통과하는 꾸불꾸불한 국도로 지나가면 옛날 실크로드 느낌이 나겠지만, 국도는 길도 안 좋고, 화물차들이 많이 다녀서 시간이 촉박한 우리는 고속도로를 선택했다.

중국은 동서남북 광대한 영토를 가로질러 단기간에 고속도로를 건설했다. 건설비용을 수익자에 부담시키기 때문에 고속도로 통행요금이 매우 비싸다. 서쪽으로 갈수록 고속도로에 다니는 차들은 적고, 통행료를 안 받는 국도는 정체가 무척 심하다. 고속도로, 철도, 국도, 고압선 전선이 함께 하서회랑을 통과하여 서쪽으로 치닫고 있다.

휴게소에서 요동성이 고향인 조선족 가족(부부와 28살 딸)을 만났다. 한국말을 잘하는 교포를 만나니 반갑다. 요동성 '심양'에서 출발, 3개월 일정의 자동차 여행 중이라고 한다. 타클라마칸 사막을 통과하여 파미르고원에 들렸다가, 심양으로 귀환할 때는 티벳을 거쳐서 돌아갈 계획이라고 한다. 소득상승에 따른 중국 중산층의 여행 문화를 보는 것 같다. 향후 중국 국민소득이 증가하면 자동차 여행객으로 가득 메운 도로를 미리 보는 것 같다.

만리장성 최서쪽 관문 '가욕관'

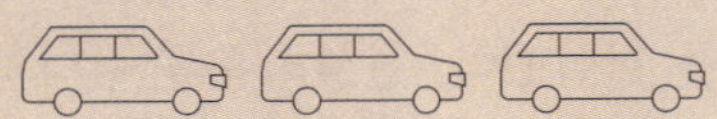

우리는 약 2,200년 전 한나라가 서쪽 변방에 만들었던 '하서河西 4진'을 통과하고 있다. 우리가 지나가는 고속도로 옆에 600년 전 명나라가 만든 만리장성 흔적이 나타났다 없어졌다 반복한다. 근세 총기류의 발달로 수비 목적 성벽의 용도가 없어져서 오랜 세월 방치했기 때문에 흔적만 남아 있다. 16세기 중반부터 서양에서 개발된 총포의 위력이 유목민의 활(복합궁)을 앞서기 시작했다. 임진왜란(1592년) 당시 왜군의 조총이 조선군의 활을 압도한 것을 생각해 보면 알 수 있다. 대포의 발전은 난공불락의 견고한 성벽도 간단히 파괴할 수 있다.

실크로드가 통과하는 서역 오아시스의 오래된 도시들은 전쟁의 역사를 겹겹이 갖고 있다. 전쟁의 유산인 만리장성, 봉화대 등은 이제는 후손들의 관광자원이 되고 있다.

인간은 왜 평화롭게 공존하지 못하는지? 생각이 스쳐 간다. 인간의 원초적 본성에 '전쟁과 싸움'의 유전자가 정말 있는지 20세기 초중반 서구의 '진화인류학자'들이 오지의 원시 종족을 대상으로 장기간 전쟁 실태를 관찰하였다. 지구상에서 문명의 혜택이 가장 적은 뉴기니아 산악지대의 종족, 아프리카 건조한 칼라하리 사막에 살고 있는 미개한 종족들의 전쟁 실태를 조사한 결과 2, 3년 간격으로 보복 전쟁이 계속 발생하는 것을 발견했다. 식량부족, 신부 약탈, 길잃은 부족원 살해 등에 의한 보복과 약육강식弱肉强食 본성이 전쟁의 원인이다. 전쟁의 원인도 역사의 발전에 따라 크게 달라졌지만, 현대도 전쟁은 계속되고 있다.

하서회랑 사막의 차창 밖 여름 기온은 40도에 육박한다. 그

고비사막 쪽에서 바라본 가욕관

러나 습하지 아니하기 때문에 그늘에 가면 쾌적하다. 하서회랑을 지나가고 있는 7월 27일 하늘은 구름 한 점 없이 맑고 높고 푸르다. 250여km 달려 12시경에 만리장성 최서쪽 관문 '가욕관'에 도착했다.

6년 전에 '가욕관'을 방문하고 두 번째 방문이다. 가욕관 주변 주차장, 진입로 등이 많이 달라졌다. 관광객을 많이 받기 위해 입장은 2부제로 하고 있다. 주간 입장은 오전 8시부터 19시 30분 입장, 야간 입장은 19시30분부터 24시까지 두 종류의 입장권을 팔고 있다. 가욕관 입장료도 6년 전에 비해 많이 올라 110위안(2만원)이다. 중국 문화유적지에는 입장권 판매와 입장 절차의 공통된 특징이 있다. 외국인은 티켓 살 때 여권이 필요하고(중국인은 신분증), 정문에서 다시 한번 여권(신분증) 확인을 한다.

주차장이 수 km 멀리 외곽에 설치되어 있다. 주차장에서 트랩 카, 전동카트, 또는 버스를 타고 유적지 입구에 도착한다. 입구에서 내려 한동안 걸어가야 유적지 정문이 나온다. 정류장에서 내려 걸어가는 중간에 많은 노점상들이 장사를 하도록 허용한다. 날씨가 더워서 나는 가욕관으로 걸어가는 도중 노점상에서 처음 보는 과일 한 컵을 샀다. 상인의 딸인 초등학생이 5위안이라고 말한다. 50위안 지폐를 냈는데 주인 여자는 과일값이 10위안이라고 40위안만 돌려준다. 왜 가격이 딸과 어머니가 다른지 항의해도 소용없다. 그냥 애교 바가지요금으로 생각하며 거스름돈을 받았다. 이미 몇 개를 먹었기 때문에 무를 수도 없다.

관광객이 너무 많아서 입장권 끊는데 30분 이상 걸렸다. 전동

가욕관 안쪽의 군인 훈련장, 무기고, 막사 공간

카트를 타고 이동한 다음, 걸어가면 '천하제일웅관' 가욕관 현판이 나타난다. 가욕관은 오랫동안 폐허가 되었는데 1987년 중국 정부가 관광객 유치를 위해 재건축한 모습이 오늘의 가욕관이다. 성벽 위 폭은 말 5마리가 동시에 다닐 수 있다. 유목민이 쳐들어오는 고비사막 방향을 향해서 총안銃眼이 설치되어 있다.

만리장성의 동쪽 끝은 산해관山海關으로 산동반도 발해만에 있다. 동쪽 산해관에서 서쪽의 가욕관까지 길이는 3,700km, 5,000km 등 자료마다 다르다. 최근 중국 자료는 모든 지선, 심지어 고구려의 요동성 등 포함하여 2만1,000km라고 발표하였다. 현재 남아 있는 만리장성은 전체의 20% 미만이고, 50% 이상은 흔적도 없다고 한다.

만리장성은 군사적, 정치적, 문화적 경계의 상징이다. 한족과
이夷민족의 경계선, 실크로드 상인들이 출입 통제선이자, 중앙
에서 죄인을 변방으로 추방하는 유배지의 경계이다. 만리장성
을 경계로 성 안쪽은 삶의 지역, 성 밖의 사막은 어둠과 절망의
구역이라고 역사가들은 부르고 있다.

가욕관의 설계는 제1차 방어선 서문을 부수고 들어온 적군
을 가두어 살상하는 구역과 가욕관에 근무하는 군대의 연병장,
무기고, 군인 숙소 등 두 개 구역으로 구분되어 있다. 가욕관 망
루에 서서 멀리 사막에서 말 타고 달려오는 유목민 기마병, 안
도의 한숨을 쉬는 실크로드 상인, 구법승 등을 상상해 본다. 사

만리장성 제1초소 천연 협곡

막으로 향하는 가욕관 서문 밖의 구역은 자갈이 많고, 딱딱하고 메마른 광야가 서쪽으로 길게 늘어져 있다. 현재는 많은 낙타꾼들이 관광객을 호객하여 돈을 벌고 있다. 우리는 만리장성의 가욕관을 둘러보고, 동쪽과 서쪽의 군 초소로 이동했다.

'가욕관'의 서쪽 끝에 있는 제1초소는 어떻게 생겼는지 오래 전부터 궁금했었다. 가욕관에서 7km 서쪽으로 가면 만리장성의 서쪽 끝 군 초소인 '제1돈'(제1초소)이 있다. 초소 옆 협곡의 깊이는 30여m, 폭은 80m 이상으로 천연 방어벽이다. 치렌산맥의 눈 녹은 물이 협곡 안에서 진흙물 강이 되어 흐르고 있다. 서쪽 사막에서 말 타고 달려 온 유목민 병사들이 도강 장비가 없다면 협곡을 건너기 어려웠을 것이다.

가욕관의 동쪽으로 가봤다. 메마른 '헌벽산성'이 이어진다. 최근에 보수한 성벽이 '헌벽산'으로 이어지고 있다. 산 중턱 망루까지 올라갔다가 내려왔다. 가파른 성벽을 올라가면서 38도 더운 날씨와 맞물려 땀으로 옷을 흠뻑 적셨다.

우리는 노점에서 자두, 복숭아 등 현지 과일과 아이스크림을 사며 더위를 식혔다.

서안부터 란주, 하서회랑, 타클라마칸 사막 등 서쪽으로 가면서 이곳저곳에 '산림 녹화'와 '사회주의 핵심 가치' 선전 간판이 매우 많다. 사회주의 핵심 3개 분야인 '국가, 사회, 공민'과 12개 과

사회주의 3대 분야 12개 핵심가치 간판

가욕관 동쪽 '헌벽산성' 성벽

제(부강, 민주, 자유, 평등, 공정, 애국 등) 간판은 도심에서 농촌까지, 건물 벽에서 들판이나 사막 등 어디에나 있다. 소수민족이 많은 변방으로 갈수록 선전 간판이 빼곰하다. 1970년대 우리나라의 새마을운동이 생각난다.

오늘 숙소는 가욕관 근처에 있는 '주천'酒泉의 호텔이다. '주천'은 2,200년 전 한나라 무제가 만든 '하서 4진'의 하나이다.

술샘, 주천酒泉 지명의 유래는 2,200년 전 한 무제가 흉노족과 전쟁에서 공을 세운 '곽거병' 장군에 승리를 축하하는 술을 보낸 것에서 시작한다. 장군 곽거병은 황제의 하사下賜 주를 받고, 전투를 함께한 병사 전체와 나눠 먹기 위해 고민한다. 곽거병은 황제의 하사 주를 근처 샘에 부은 다음에 모든 장병에게 샘물을 나눠 마시도록 했다. 술 몇 병으로 전체 장병의 사기를 높였다는 고사에서 '술샘', 주천酒泉 지명이 유래했다. 현재도 주천酒泉의 술은 맛이 좋기로 유명하다고 해서 저녁에 반주로 '주천' 상표의 술을 마셨다. 향이 좋은 술은 아마도 치롄산맥의 빙하 녹은 물 때문이라는 생각이 든다. 향이 좋아서 '주천' 상호의 술 두 병 샀다.

곽거병 못지않게 한나라와 흉노족의 전쟁에 공을 세운 장군 중에 '이광'이라는 장군이 있다. 이광 장군의 '중석몰척'中石沒鏃 고사성어가 역사가 사마천의 사기史記에 기록되어 있다. 이광은 활을 잘 쏘는 장군이다. 이광이 어느 날 사냥을 나갔다가 숲속에 누워있는 호랑이를 보고 활을 쏴서 맞췄다. 가까이 가서 확인해 보니 바위에 화살이 박혀있다. 이광은 다시 원위치에 돌아와서 화살을 쏘아보니 화살이 바위에 튕겨 나간다. '바위에 화살이 꽂혔다.' 한자 '中石沒鏃'의 고사는 정신을 집중하면 불가능한 일도 이루어진다는 고사성어이다.

2,200년 전 흉노족과의 전쟁이 만들어 낸 주천과 중석몰촉의 전설을 생각하며 오늘도 하루를 무사히 보냈다.

실크로드
'국제중계무역' 도시 돈황

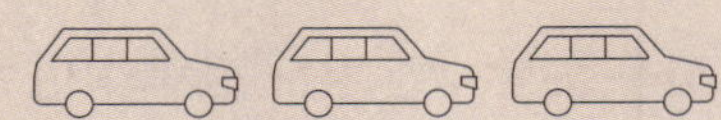

　유목민처럼 매일 넓은 서쪽의 광야를 횡단하고 있다. 오늘이 며칠인지 날짜와 요일을 따지지 아니하고 계속 서쪽으로 이동하고 있다. 자유로운 영혼으로 시간을 보내고 있다.

　자동차의 주행거리 누계를 보니 오늘까지 9,000km를 지나왔다. 숙소인 주천酒泉에서 출발, 만리장성과 가욕관을 뒤로 두고 '돈황燉煌'으로 향한다. 멀리 산 정상에 하얀 눈으로 덮인 치렌산맥이 바로 가까이 보인다.

　하서회랑의 오아시스 도시와 촌락은 치렌산맥의 빙하수로 유지된다. 오아시스 주변의 밭은 스프링클러를 통해 물을 뿌리는 장면이 자주 나온다. 도시 주변에 옥수수, 해바라기를 심은 들이 많다. 도시를 조금만 벗어나면 황량한 사막과 고원이 나타난다. 황량한 사막에는 '낙타 풀'과 이름 모르는 풀만 띄엄띄엄 자라고 있다. 황토고원의 토양과 바위의 색상이 시시각각 모습을 바꾼다. 어느 구간은 화려한 색상의 바위산이 있고, 어떤 곳은 검은색 어두운 사막이다. 해발 약 1,500m 황토고원을 지나고 있다.

오아시스 도시 옥문(玉門) 공원 인공호수

돈황 가는 중간의 '옥문玉門' 시에 들려서 오아시스 신도시를
살펴보기로 했다. 오아시스 도시 옥문도 역시 고층아파트가 즐
비하고, 도심의 8차선 도로 폭은 매우 넓고, 가로수는 울창하게
자라서 도시계획이 매우 잘되어 있다. 도심 중앙의 공원은 커다
란 인공호수를 만들어 물을 가득 저장하고 있다. 도로의 가로수
수종은 주로 포플러나무와 백양나무가 줄지어 서 있다. 포플러
나무가 사막의 건조한 땅에 적응력이 높은 나무인 것으로 생각
이 든다.

'옥문' 시내 도시계획은 타클라마칸 사막 곳곳에서 만나는 오
아시스 도시의 공통된 모습이다. 옥문玉門은 서역의 옥이 들어
오는 문이라는 의미다. 서역에서 최고의 명품 옥이 생산되는 곳

229

은 타클라마칸 사막 남쪽 도시 '호탄'이다. 곤륜산맥의 눈 녹은 물살에 쓸려오는 바위에서 품질 좋은 '백옥, 녹옥'이 함께 내려온다. 호탄은 현재도 주요한 옥 생산지이다.

중국인들의 옥玉에 대한 사랑은 역사가 깊고 대단하다. 전설에 의하면 옥은 하늘에 사는 용龍의 눈물이 변해서 된 것이라고 전한다. 은나라 수도(안양)의 왕족 묘에서 4,000년 전 타클라마칸 사막 '호탄'에서 반입된 옥이 발견되었다고 한다. 실크로드가 생기기 훨씬 오래전부터 옥이 교역의 주요 물건임을 알려준다.

중국 역사는 옥에 대한 고사古史가 많다. 2,400년 전 춘추전국시대 중국 초나라의 화씨和氏라는 사람이 좋은 옥이 들어있는 원석을 발견하여 왕에게 바쳤다. 화씨는 나쁜 옥을 바쳤다는 오해로 발목이 잘리는 형벌까지 받았다. 우여곡절을 거쳐서 원석은 가공되어 최고의 옥으로 태어난다. 이름은 '화씨지벽和氏之璧'이다. '화씨 옥'은 세월이 흘러 조나라에 오게 된다. 당시 강대국 진나라는 조나라의 '화씨 옥'을 갖고 싶어서 5개 성과 바꾸자고 강압적인 제안을 한다. 진나라의 미움을 받지 않기 위해 약소국 조나라는 재상 '인상여'가 화씨 옥을 가지고 진나라 소양왕에게 바친다. 옥을 받은 왕은 약속한 5개 성을 내줄 생각이 없다. 이때 '인상여'가 왕에게 옥에 매우 작은 흠(하자瑕疵)이 있다고 말한다. 흠 자국을 알려준다고 왕에게서 옥을 돌려받은 '인상여'는 옥을 강제로 빼앗으면 옥을 벽에 던져서 부수겠다고 재치를 발휘해서 벽璧(옥)을 무사히 갖고 조나라로 귀국한다. 사자성어 완벽귀조完璧歸趙의 유래이다. 이후 우리가 자주 사용하는 완벽完璧, 하자瑕疵(작은 흠), 무가지보無價之寶(가격을 매길 수 없다) 등 옥에서 유래한 한자어가 생겼다.

2200년 전 진시황제가 천하를 통일한 후에는 '화씨지벽和氏之璧'으로 옥새를 만들었다. 진시황제는 재상 '이사'로 하여금 옥새에 8글자(수명어천 기수영창. "하늘에서 명을 받았으니 그 수명이 길이 창성하리라") 새기게 했다. 이 옥새는 진시황제 손자가 한나라 초대 황제 유방에게 바쳤다. '화씨 벽'으로 만든 옥새는 위진남북조시대, 수나라, 당나라, 5대 10국까지 약 1,200년을 사용하다가 10세기 중반 분실되었다고 한다.

어린 시절 읽었던 '삼국지' 소설에 후한 수도 낙양의 우물에서 분실되었던 옥새가 발견되는 장면이 있다. 옥새를 차지하기 위해 오나라 손견, 화북의 원술, 관중의 조조가 왕권의 정통성 확보를 위해 싸운다. 옥새玉璽는 황권의 권위를 상징한다. 조선시대에도 왕이 갑자기 죽거나 어린 왕이 즉위하면 왕위 승계는 '옥새'의 인수인계에서 시작된다.

우리들 일행이 점심을 먹으러 휴게소에 들어가면 실크로드 지도가 부착된 우리들 차 주위에 많은 중국인들이 모여든다. 어떤 사람은 휴대폰으로 사진을 찍으며 유튜브로 중계하는 사람도 있다. 궁금한 점을 꼬치꼬치 질문하는 사람도 많다.

돈황에 가까워지면서 왼쪽에 따라오던 치롄산맥은 없어지고, 명사鳴砂산 모래 산맥이 나타난다. 우리는 오늘 하서회랑을 따라서 400km를 달려서 오후 늦게 돈황에 도착했다. 먼저 내일 오전 방문할 '돈황 천불동(막고굴)' 입장권을 미리 구입했다.

'돈황'은 실크로드 무역로에 있는 많은 도시 중에서 가장 중요한 곳이다. 고대 실크로드 전성기에 '돈황'은 중국과 서역의 국제 중계무역의 대표적인 도시이다. 서쪽에서 온 소그드 상인, 인도 상인, 페르시아 상인과 중국 장안에서 온 중국 상인이 돈황에서 만나 교역을 하는 중계 무역도시이다. 실크로드 3대 간선인 "서역북로, 서역남로, 천산북로" 세 길이 돈황에서 만나고, 돈황에서 헤어지는 교통의 요충지이다. 군사적 중요도가 커지는 지역이다. 당나라 시대에도 봉화대와 국경초소 등을 설치하였다. 막고굴 천불동의 찬란한 불교 유적, 막고굴 17호 '장경동Library cave'에서 발견된 고대 문서 4만권 장서는 '돈황학'이라는 학문을 탄생시켰다. 돈황에서 2일간 중요한 유적지를 둘러보면서 휴식을 취할 생각이다.

8세기 중반 '안록산의 난'(서기 755~763)이 발생하자 당나라는 돈황을 비롯하여 서쪽 변방에 주둔하고 있는 군대를 반란군 진압을 위해 장안으로 불러들였다. 이후 돈황은 당나라의 지배에서 벗어나 토번(티벳) 지배 등 독자적으로 문화를 발전하게 된다.

오후 6시경 석양 무렵에 돈황 외곽 '명사산', '월아천'에 도착했다. '명사鳴砂산'은 바람이 불면 가는 모래가 날리면서 우는 소리가 난다고 해서 명사산鳴砂山이라고 부른다. 명사산은 금빛 가는 모래가 바람이 불 때마다 움직여서 능선 모양이 수시로 바뀐다고 한다.

월아천月娥泉은 모래사막 안에 있는 작은 초승달 모양의 오아시스 호수이다. 미인의 예쁜 눈썹을 닮았다고 해서 '월아천'라고 부른다. 실제 호수의 생김새와 월아月娥 이름이 잘 어울린다. '월아천'은 수천년 동안 기후변화, 가뭄 등이 많았는데 한 번도 마른 적이 없다고 한다. 지금은 수량이 많을 때의 1/3수준이다.

석양의 명사산, 월아천, 월아각

7월 하순 햇볕이 작열하는 모래사막에서 오아시스가 솟아 나오는 자연현상은 신비로움과 경이로움 그 자체다.

2,000년 전 한나라 때부터 월아천에 여행객을 위한 숙소가 있었다. 현재는 도교 사원으로 사용하는 '월아각'이다. 아름다운 건물 '월아각'의 3층 난간에서 '월아천'을 내려보며 사진 찍는 관광객이 무척 많다. '월아각'은 과거 서역에서 상인이나 순례자들이 돈황에 들어오기 전에 잠시 쉬었다 가는 숙소로 잘 알려져 있다. 월아각 정자 4곳 벽면에 한시를 적은 현판이 빽빽이 붙어 있다. 이곳은 유명한 무협영화의 촬영지로 자주 사용되고 있다.

7월 하순 명사鳴砂산 사막의 낮 기온은 40도가 넘고, 모래에

석양의 월하천, 명사산

서 나오는 열기는 사막에서 화상을 입기 십상이다. 관광객은 오후 5시 이후 기온이 떨어질 때 찾아온다. 석양의 모래언덕은 햇빛을 반사하여 금빛으로 찬란하다.

오후에 찾아오는 관광객들은 명사산 모래언덕 위에 올라가서 해가 지는 사막의 낙조落照를 즐기기 위해 기다리고 있다. 낭만적인 풍경이다. 낙타를 타고 명사산 주변을 다니는 관광객도 매우 많다. 나와 아내는 인파가 적은 월아천 건너편 외떨어진 지역으로 갔다. 장난기가 생긴 아내는 잽싸게 양말을 벗고 '월아천' 호숫물에 발을 담그고 기념 촬영을 하며 즐거워한다.

명사산 사막은 미세한 금빛 가는 모래로 이루어진 부드러운 사막이다. 수억 년 전 바다 밑에 있던 고운 모래로 만들어진 백사장이 육지로 솟아올라 오늘의 명사산이 되었을 것으로 추측해 본다.

우리는 오후 8시 반 늦게 명사산에서 내려왔다. 늦은 시각에도 석양의 사막 낙조를 보러 들어오는 관광객이 많다. 명사산 입장료는 110위안(약 2만원)이다.

저녁 9시경 둔황 시내 한국식당을 찾아서 삼겹살을 먹으러 갔다. 식당 주인은 조선족 부부인데 압록강 건너편 도시 '집안'(과거 고구려 수도, 국내성)에서 왔다고 한다. 과거 둔황에 관광 왔을 때 들렸던 식당이라 반갑다. 10년 넘게 장사하고 있는데 한국 단체 손님이 1주일에 5, 6팀이 온다고 한다. 남편은 청해성, 티벳 등을 찾아오는 한국인 관광객 상대로 가이드 일을 하고, 부인은 식당을 운영하는 데 우리 말을 잘하니 반갑다.

몽골에서 삼겹살 점심을 먹었는데 중국에서 처음으로 삼겹살, 소주, 김치찌개 등 한국인 소울 푸드soul food로 식사를 하니 스트레스가 해소된다.

우리는 둔황에서 2박을 했는데, 다음날에도 조선족 식당에서

돈황 시내를 지나가는 관개수로

저녁 식사를 했다. 자동차 고장으로 마음고생이 심했던 O 사장이 한턱 샀다. O 사장 차는 몽골 울란바토르에서 '터보' 부품 교체 후 문제가 없다. 식당 주인에 물값이 비싼지 물어봤다. 주인은 만주에 살 때보다 값이 저렴하고 훨씬 풍족하게 물을 사용한다고 답한다. 물값, 전기료가 매우 싸다고 한다. 주변 사막에서 농사짓는 농민들도 물값은 걱정 안 한다고 한다.

시내를 다니다 보면 물이 철철 흐르는 관개수로가 곳곳에 있고, 공원에 물을 저장하는 커다란 인공호수가 곳곳에 있다. 사막에서 물은 생명의 근본인데 중국 정부의 막대한 SOC 투자로 사막 도시들이 번영하고 있음을 본다.

돈황석굴과
왕오천축국전

돈황은 감숙성 하서회랑(란주에서 900km)의 끝자락에 위치 해
있다. 중국은 동서 영토가 긴 나라임에도 북경을 기준으로 표준
시가 한 개의 나라이다. 서쪽으로 갈수록 해 뜨는 시간은 늦어
지고, 해 지는 시간도 9시 이후로 계속 늦어지고 있다. 현지인
들은 '신장타임'이라고 부른다.

오늘은 돈황 '막고굴莫高窟' 천불동千佛洞에 갈 예정이다. '천
불千佛'은 1,000개 부처가 아니라 '많다' 의미이다. 부처상이
있는 석굴은 남쪽 492개이고, 승려들이 살았던 석굴은 북쪽
240여 개로 전체 석굴 수는 730여 개다.

'종교와 신神'은 인간만이 갖고 있는 문화이다. '신과 종교'
는 인류가 창조한 가장 위대한 발명품의 하나라는 말이 있다.
신神을 발명한 인간은 신도 인간처럼 선물을 좋아하고, 화려한
집에서 살기를 좋아한다고 생각했다. 그래서 많은 제물祭物과
공물을 신에게 바치고, 많은 돈을 들여서 신이 사는 화려한 성
전聖殿을 건설했다. 자기가 믿는 신이 최고의 신이라고 생각하
고, 다른 신을 믿는 종족과 전쟁을 벌이고, 이교도異敎徒를 박해

하기도 했다.

　실크로드는 '종교의 길'이다. 서쪽에서 불교, 조로아스터교, 마니교, 기독교 등이 동쪽으로 왔다. 불교를 제외한 나머지 종교는 9세기 중반 당나라 황제의 금지령으로 중국에서 없어졌다. 사라진 조로아스터교, 마니교의 귀중한 경전이 돈황석굴에서 발견되었다. 실크로드를 따라서 수많은 불교 석굴이 건설되어 있다. 인도 아잔타 석굴에서 아프가니스탄, 쿠차의 키질 석굴, 중국의 4대 석굴(용문, 윈강, 맥적산, 돈황), 경주의 석굴암까지 실크로드 길마다 불교 석굴이 곳곳에 많다.

돈황 천불동 막고굴

7월 하순 돈황은 건조한 기후 때문에 새벽 공기는 상쾌하다.

우리는 아침 8시 30분부터 입장하는 돈황석굴 입장권을 어제 예매하였다. 아침 일찍 도착했는데 중국인 관광객이 인산인해다. 입장권 가격은 160위안, 해설사 20위안 합계 1인당 180위안(약 3만4천원)으로 6년 전보다 많이 올랐다. 입장을 위해 줄을 서서 한참 기다렸는데, 외국인은 다른 줄에 별도로 서야 한다는 설명을 듣고 맥이 빠진다. 외국인은 입장하는데 여권 확인 두 번 등 복잡하다. 서구 국가 등 외국 관광객은 별로 없다. 주차장에서 버스를 타고 10분 이상 이동해야 막고굴 입구이다.

중국인 해설사 한 명당 관광객 30명씩 배정되어 해설사를 따라가야 한다. 석굴 관람은 1인당 8개 동굴만 관람이 가능하다. 6년 전은 자유롭게 2층, 3층 등 모든 석굴을 계단으로 올라가서 볼 수 있었다. 현재는 요금도 올리고, 관람 석굴 수도 8개로 크게 줄였다.

막고굴의 앞쪽은 작은 개천이 흐르고, 뒤쪽은 명사산 절벽이다. 작은 실개천이 흐르는 양옆은 포플러나무가 무성하다. 이곳 개천의 진흙으로 불상의 소조를 만들었고, 과거 승려들의 식수원이다. 사막을 흐르는 하천은 사막의 땅속에서 솟아나 사막의 모래 속으로 조용히 사라지는 것이 특징이다. 우리가 아는 강물처럼 바다나 호수로 흘러가지 않는다.

실크로드 여행에서 꼭 한 도시만 가라고 한다면, 돈황에 가야 한다고 학자들은 말한다. 돈황석굴은 '막고굴'이라 부르기도 한다. 사막의 높은 절벽에 있는 굴이라는 뜻이다. 돈황석굴은 서기 366년 '낙준'이라는 떠돌이 승려가 '명사산' 옆을 지나다가 현재 위치에 '관세음보살'이 현신하는 것을 보고, 사암으로 형성된 명사산 절벽 바위에 굴을 파고 수도를 시작한 것이 시작이다. 4세기 이후 14세기 명나라까지 1,000년 동안 많은 역대의 왕조, 귀족들이 492개의 석굴을 조성하였는데 실크로드 전성기인 당나라 때 가장 많이 만들었다. 당나라 시대 225개, 수나라 97개, 토번 시대 70개 등이다.

돈황석굴은 세 가지 특징이 있다.

첫째는 진흙으로 빚은 수많은 부처와 보살 소상塑像이 약 1,700개라고 한다. 부처 소상은 무게와 크기 때문에 서구인에게 약탈을 면해서 온전하게 보존되어 있다.

두 번째는 모든 석굴의 벽면과 천장을 화려한 그림으로 채색한 엄청난 '벽화'이다. 석굴 전체 벽화의 길이가 5m 폭으로 계산하면 50km에 달한다고 한다. 석굴마다 화려하게 채색된 부처와 보살상이 있고, 동굴의 4면은 벽화로 채워져 있다. 현재는 사진 촬영을 금지하고 있다. 오랜 세월이 흘러서 퇴색한 벽화의 색상을 다시 복구해서 매우 화려하다. 부처 소상과 벽화의 안료는 공작석(초록색 염료), 청금석(푸른색 염료) 등 서역에서 수입한 값비싼 안료로 만들었다. 과거 청금석 안료값이 금값보다 비쌌다고 하니 엄청남 돈이 들어간 것임을 짐작할 수 있다. 부처, 보살 등 소조塑造는 근처 개천의 진흙으로 만들었다. 장인들이 진흙에 볏짚, 양털, 꿀, 광물질 등을 섞어서 만든 것으로 천년을 지나도 그대로이다.

돈황 벽화는 간다라, 인도, 페르시아, 중국 등 동서양 문화 양식이 혼합되어 있다고 한다. 예술사적으로 매우 중요한 인류의 보고이다. 서쪽으로 갈수록, 오래전에 만든 것일수록 석굴 양식은 간다라 양식과 인도양식에 가깝다.

돈황석굴 화려한 채색 벽화

세 번째 특징은 17호 장경동 석굴에서 발견된 4만권 장서이다. 17호 굴(관리를 위해 석굴에 일련번호를 붙여 놨다)은 '도서관 석굴' 장경동藏經洞이라고 부른다. 16호 석굴의 부속 석굴로 16홀굴의 입구에 만든 굴이다. '장경동'은 경전과 문서를 보관했다고 해서 붙은 이름이다. 영어로 'Library Cave'(도서관 동굴)라고 부른다. 19세기 말에서 20세기 초기는 서구 제국주의 시대이다. 당시 영국, 프랑스, 독일, 일본, 러시아 등이 중앙아시아 유물 약탈에 관심이 많았다. 유럽인들은 '장경동'에서 발견된 고서적에 관심이 많아서 영국, 프랑스, 러시아, 일본의 탐험가들이 돈을 주고 장서를 많이 사 갔다. 미국의 하버드대학은 가장 늦게 돈황에 도착했다. 이미 고서적은 영국, 프랑스 등이 사 갔기 때문에 미국은 비단에 그린 그림, 화보를 사 갔는데, 세계사적으로 중요한 그림이라고 한다.

　돈황석굴이 세계적으로 관심을 받게 된 것은 1,900년 17호 굴 '장경동'의 발견 때문이다. 장경동藏經洞에 보관 중이던 장서와 문서를 서구 학자들이 사가고, 이 자료를 연구하여 '돈황학'이라는 역사학 분야가 탄생했다. 장경동 석굴은 세 사람의 주역이 있다.

　청나라 말기 도교 도사인 왕원록(왕도사), 영국의 오렐 스타인, 프랑스의 폴 펠리오이다. 우리는 16호 석굴과 부속 석굴 17호 장경동 석굴을 관람하였다. 왕도사가 900년 동안 숨겨져 있던 장경동 17호 석굴을 발견한 얘기는 매우 흥미 있다. 왕도사는 19세기 말 청나라 군인 출신으로 제대 후 도교 도사가 된 사람이다. 1,900년 17호 장경동 석굴 발견 당시 왕도사는 폐허 수준인 16호 석굴에서 조수 한 사람과 함께 거주하고 있었다. 왕도사는 거의 문맹 수준이다. 글씨를 아는 조수를 고용해서 지역 주민에게 불경을 필사에서 파는 일을 했다. 어느 날 저녁 왕도사는 조수를 크게 꾸짖는 일이 발생했다. 조수는 담배를 피우면서 화를 삭이다가 16호 석굴 벽면에 담뱃대를 툭툭 털었는데, 벽에서 울림이 있는 공명 소리를 듣게 된다. 왕도사와 조수는 이상하게 생각하여 벽을 허물었더니, 벽 속에 작은 굴(17호 석굴은 가로세로 2.9m, 높이 2.66m)이 있는 것을 발견했다. 이곳에 4만 점에 달하는 각종 종교의 경전, 계약서류, 편지, 변문, 비단 그림 등이 있었다. 석굴의 폐쇄 연도는 사후 조사한 결과 1,002년이다. 900년 동안 잠자고 있던 "타임 캡슐"이 개봉된 것이다. 내가 이번에 17호 석굴의 벽두께를 재보니 약 15㎝ 두꺼운 벽인데, 담뱃대 두드리는 울림소리를 듣고 비밀 동굴을 발굴한 것은 대단한 행운이다.

　　장경동 보관 장서의 원 소유자는 인근에 있던 '삼계사' 사찰로 추정한다. '삼계사는 장안의 큰 사찰 등 많은 사찰에서 경전을 빌려다 필사하여 보관 중이었다. 4만점 장서를 1,002년에 17호 석굴에 보관 후 봉인한 이유는 두 가지 설이 있다. 하나는 '삼계사'가 사용하지 않는 불필요한 장서, 문서, 폐지 등을 이곳에 보관했다는 설이다. 다른 하나는 신흥 국가 서하西河가 돈황을 침략할 때 삼계사가 이곳에 장서를 넣고 피난 갔다가 잊혀졌다는 설이다. 어쨌든 900년 동안 닫혀 있다가 1,900년에 세상에 나타난 것이다.

　　왕도사는 17호 석굴 발견 후 청나라 관리에게 장서 발견을 신고했으나, 청나라 말기 조정은 장경동에서 발견된 경전에 관심이 없었다. 인도에 있던 영국인 고고학자겸 탐험가 '오렐 스타인'은 돈황에서 많은 고문서가 발견됐다는 소문을 듣게 된다. 그는 돈황에 와서 1907년 왕도사를 설득하여 7,000점의 고문서를 사 갔다. 추후 고문서 소문을 들은 프랑스 탐험가 '폰 펠리오'도 1908년 돈황에 도착하여 역시 7천 점의 장서를 사 갔다. 폰 펠리오는 언어의 천재로 13개 외국어에 능하고 중국어도 능한 사람이다. 펠리오는 장경동의 남은 경전을 전부 읽어보고 알짜배기 서류 7,000점을 골라서 사 갔다. 펠리오가 사간 서적에 혜초스님(서기 704~787년)의 "왕오천축국전"이 포함되어 있었다. 영국, 프랑스, 러시아, 일본이 장경동 문서를 사 간 것을 뒤늦게 알고 중국은 1만 점의 서류를 가져다가 북경도서관에 보관하고 있다. 경전을 판매한 왕도사는 중국 역사학계에서 매국노로 낙인찍혔지만, 경전 판 돈을 돈황석굴 보존과 수리에 사용하였다. 1931년 사망한 그의 묘비가 돈황석굴 근처에 있다고 한다.

　장경동 장서는 한자, 산스크리스트어, 티벳어, 소그드어, 호탄어, 고대 언어등 다양한 언어로 작성된 고대 문서의 타임캡슐이다. 희귀한 조로아스터교, 마니교 경전도 있고, 히브리어로 된 기독교 기도문 등 다양한 종교자료가 있다.

　1,000년 전에는 종이가 귀하던 시기라 '장안'에서 사 온 이면지에 삼계사의 필경 견습생들이 글씨를 연습했다. 이러한 글씨 연습용 종이가 버려지지 않고 17호 장경동에서 보관돼 있다. 글씨 연습장으로 사용한 종이의 여백이나 이면에 남아있는 각종 서류(예, 전당포 서류, 채무증서, 수필 등)는 1,000년 전 서민들의 실생활을 알 수 있는 귀중한 자료이다. 사서史書에는 기록이 없는 서민들의 실상, 없어진 고대 문자, 사라진 마니교 경전 등이 귀중한 '돈황학' 배경이다.

　6년 전 석굴에 방문했을 때 막고굴 입구에 '왕오천축국전' 안내판이 한국인 관광객을 위해 설치되어 있었는데, 이번에 가보니 없어져 아쉬움이 남는다.

　펠리오가 발견한 '왕오천축국전'은 제목도 없고. 저자 이름도 없고, 앞뒤 표지가 없는 6,000여 한자 요약본 서류였다. 펠리오는 이 문서를 연구하여 1909년 당나라 시대 혜초스님의 여행기라는 사실을 논문에 발표하였다. 청나라 학자가 책 제목이 '왕오천축국전'임을 추후 확인하였다. 다시 1915년 일본학자(가카쿠스 준지로)가 혜초의 국적이 당나라가 아닌 '신라' 승려라는 사실을 밝혀냈다. 우여곡절 끝에 1,300년 전 모험가 신라인이 세상에 모습을 드러낸 것이다.

　왕오천축국전은 혜초가 723년경부터 727년까지 4년 동안 인도의 오천축(동서남북과 중앙)과 중앙아시아 40여 국가를 다녀온 여행기이다. 중국 광저우에서 배를 타고 동인도로 갔다가, 귀국은 파미르고원과 타클라마칸 사막 등을 거쳐서 육로로 왔다. 중국 오대산에서 입적하신 분이다. 왕오천축국전은 간략한 자료이지만 1,300년 전 중앙아시아 오아시스 국가의 풍속, 종교, 역사, 사회상을 연구하는데 귀중한 사료로 가치가 크다. 원본은 상중하 3권으로 추정하는데 분실되었다.

　혜초는 인도, 파키스탄, 아프가니스탄, 이란 동북부, 우즈베키스탄 등을 다녀온 최초의 한민족 모험가이자 한민족 최초의 세계인이다. 지금부터 1,300년 전 20대 신라의 젊은이가 혈혈단신 혼자서 돈도 없이 인도와 유라시아 대륙의 무전無錢 여행을 갔다 온 것이다. 오늘날 세계로 향하는 우리 청년들에게 멋

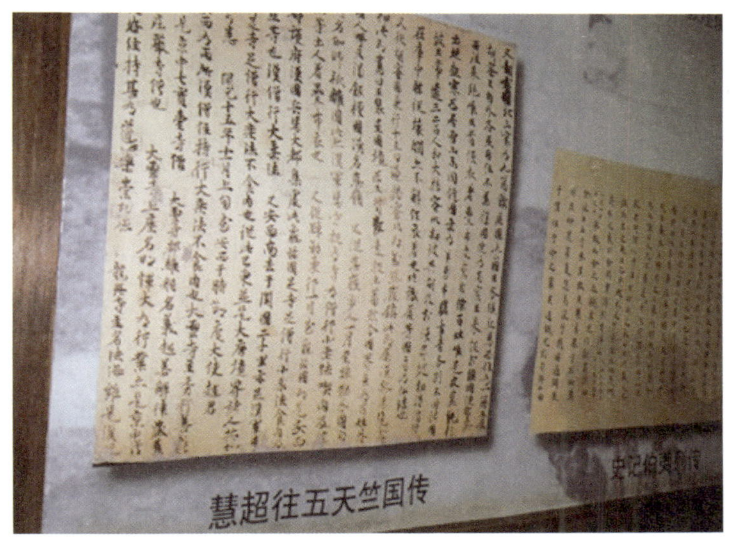

6년 전 돈황석굴 안내판에 있던 혜초스님 '왕오천축국전'

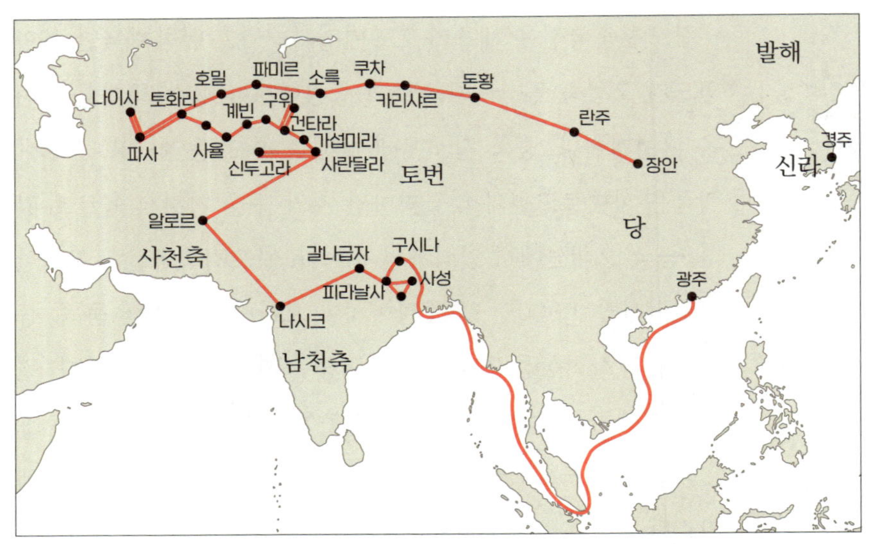

1,300년 전 혜초스님 여행경로. 바닷길로 인도로 출발, 육로로 귀환

진 모델이다.

돈황석굴에 신라 관련 석굴 둘이 더 있다. 61호 석굴의 벽화 '오대산도'에 신라 사찰 '송공사'와 신라인 5명 그림이 있다. 355호 석굴은 조어관을 쓴 신라인 2명이 그려져 있다. 경주에서 사신으로 장안에 갔던 관리들이 왕족의 부탁으로 멀리 돈황에 시주하러 갔던 흔적이다. 신라인들이 실크로드 중심도시 돈황까지 진취적으로 교류했던 역사적 흔적이다.

돈황석굴 장경동에서 발견된 문서 중에 우리나라 '국립중앙박물관'에도 48점이 있다. 일본인 탐험가 '오타니'가 중앙아시아의 유물과 문서를 구입하여 왔다. 오타니는 일본 황실의 친척으로 영국 런던에 유학중 오렐 스타인의 돈황 유물 소문을 듣고, 원정대를 편성하여 중앙아시아의 많은 유물을 일본에 가져왔다. 오타니는 자금난으로 파산하고, 그의 컬렉션의 1/3이 광산업자에 팔렸다. 일본 광산업자는 조선의 광물권 획득을 위해 조선총독부에 오타니 유물을 기증하였다. 해방 후 조선총독부에 남았던 유물이 현재 국립중앙박물관 중앙아시아실에 전시되고 있다. 우리나라도 돈황 석굴과 투루판 등 중앙아시아 유물을 소장하고 있음을 이번 실크로드 여행길에서 확인하고 있다.

돈황석굴 막고굴 정문 출입로

실크로드 관문
옥문관과 양관

  오늘은 오전에 돈황석굴을 관람하고, 오후는 실크로드 관문인 당나라 시대 유적 '옥문관, 양관'을 보러 간다. 옥문관玉門館은 돈황에서 90km 서쪽에 있다.

  옥玉자는 중국과 한국에서 고귀함의 상징이다. 옥문玉門 글자가 지명에 들어갔다는 것은 이곳이 매우 중요한 지역임을 의미한다. 당나라 시대 만리장성 서쪽 끝은 명나라가 만든 '가욕관'보다 훨씬 서쪽인 이곳 '옥문관'이라고 한다.

  돈황을 조금만 벗어나면 메마른 허허벌판 사막의 연속이다. 옥문관으로 가는 중간에 사막에서 희귀한 자연현상인 '신기루' 현상을 목격하였다. 멀리 사막 앞에 파란 호숫물이 넘실대는 모습이다. 영락없이 푸른 물이 가득한 호수처럼 보인다. 나와 아내를 비롯한 일행들이 환호성을 지르며 '신기루' 현상을 자세히 보려고 차를 세우고 내려서 사진을 찍는다. 빛이 투과되는지 사진에 나타나지 않는다. 과거 실크로드 상인들이 사막의 신기루 현상에 속아서 목숨을 잃는다는 것을 읽은 적이 있다. 모두가 처음 경험하는 사막의 자연현상에 탄성을 질렀다. '신기루'

옥문관 가는 사막의 도로

라는 단어는 인생의 허무함과 부귀영화의 덧없음을 비유할 때 '신기루 같은 인생' 식으로 사용되기도 한다.

7월 하순 작열하는 사막의 옥문관으로 가는 길은 한산하다. 옥문관에 도착해보니 유네스코 세계 문화유산으로 등재되었다는 '옥문관' 표지석과 '소반반성'표지석이 나란히 서 있다. 옥문관을 '소반반성'이라고 부르는 이유는 '소반'(작은 밥상)처럼 생겨서 후세에 붙은 명칭이다. 매표소에서 옥문관 유적까지 불과 300여m 걷는데도 사막의 혹서에 땀이 줄줄 흐른다.

'옥문관'은 한나라, 당나라 시대 사용하던 최전방 국경 관문, 군대 주둔지, 사신이 묶어가는 '역참' 시설이었다. '역참' 기능은 사신이나 전령 등에게 말을 빌려주고, 식사와 숙박을 제공하는 역할을 했다. 우리가 '사주에 역마살驛馬殺이 끼었다.'에서 역마살이라는 단어는 역참에서 유래한 것이다. 흙벽돌로 지은 옥문관 망루는 천수백 년 세월을 잘 이겨내고 보존 상태가 양호

소반반성 표지석 뒤편에 멀리 있는 토성이 옥문관

하다.

옥문관의 텅 빈 내부 공간은 지붕은 없어서 하늘이 그대로 보인다. 지붕으로 사용되던 나무로 만든 서까래와 대들보가 삭아서 없어졌기 때문이다. 옥문관을 감싸는 흙벽의 두께가 어림잡아 거의 2m 이상 두꺼워서 적군이 공격해도 끄떡없을 것 같다. 한나라가 처음 만들고 당나라가 보수해서 사용했으니 2,000년은 되었을 것이다.

옥문관 바로 옆에 유목민들이 침입하면 돈황 사령부에 연락하는 '봉화대' 유적이 들판에 남아 있다. 지금 이곳은 황량한 허허벌판이지만, 당나라 시대에는 군인이나 여행객이 이용하는 오아시스와 군인 가족이 사는 작은 마을이 있었을 것이다.

옥문관 기념관에는 서기 1세기 서역을 정벌한 한나라 '반고' 장군의 동상이 있고, 한나라, 북위 시대 무덤에서 발견된 유물들이 전시되어 있다. 1500년 전 무덤 벽화의 귀족 부인의 옷이 화려하고, 놀러 가는 귀부인이 탄 마차의 장식 모습, 여인들의 머리 스타일이 매우 화려하다. 사막의 무덤에서 발견된 2천 년 전 한나라 시대의 밥그릇, 채색된 나무젓가락은 지금 식탁에서 사용해도 문제가 없을 것 같다. 사막의 외부 기온은 40도가 훨씬 넘는다.

우리는 도로변 휴게소에서 '하미과'라고 부르는 멜론과 수박을 자주 사 먹고 있다. 멜론, 수박, 복숭아, 자두 등 뜨거운 햇볕의 사막에서 오아시스 물로 키운 과일은 한국에서 먹었던 과일

실크로드 관문 옥문관

옥문관 내부의 공간

보다 당도가 훨씬 높아서 매우 달다.

옥문관을 나와서 70여km 북서쪽으로 이동하면 '아단 지질 공원' 또는 '마귀성'이라고 부르는 지질공원이 있다. '마귀성' 가는 길옆에 중국 우주군 군대 기지의 긴 철조망을 지나간다.

자동차로 철조망 울타리를 통과하는데 30분 이상 소요되는 것으로 미루어 그 면적이 얼마나 큰지 상상해 본다. 마귀성에 도착하니 오후 4시다. 바람의 풍화작용으로 형성된 기암괴석 바위 지형이다. 바람 불 때 귀신 우는 소리가 들린다고 해서 이름이 마귀성이다. 마귀성 관람에 버스로 두 시간 소요된다는 직원의 설명을 듣고 관람을 포기하였다.

실크로드의 중요한 관문 중 하나인 '양관'兩官을 해지기 전에 들려야 한다. '양관'은 돈황 서쪽 70여km 떨어진 국경 관문이다. 사막의 작은 산봉우리에 토성 형태만 남은 당나라 시대 '양관'의 흔적이 나타난다. 양관은 실크로드의 두 갈래 길, '서역 남로와 서역북로'가 갈라지는 지점이다. 양관은 과거 당나라에 들어오는 상인, 여행객 등이 입국할 때 출입증을 받고, 출국할 때 출입증을 확인했던 관청이다. 매표소 입구에 한무제 때 실크로드 개척자 '장건' 동상이 우리를 맞이한다.

양관 건물의 정문에 설치된 현판 휘호가 '청뇌헌聽雷軒'이다. 한밤중에 멀리 사막에서 들려오는 천둥소리를 귀 기울여 듣는다는 뜻이다. 우리나라 정자 현판 휘호 '청설헌聽雪軒'이 떠오른다. 겨울밤에 눈이 오는 소리를 귀 기울여 듣는다는 것과 비슷한 정서이다.

'양관'의 남쪽에 눈이 덮인 '곤륜산맥'이 멀리 아스라이 보인다. 곤륜산맥은 중국인들이 도교의 성지로 신성시하는 산이기

당나라 시대 실크로드 '양관' 유적지

도 하다. 곤륜산맥 아랫길로 '서역남로'가 있다. 언젠가 곤륜산맥을 따라서 서역남로를 가보리라 생각을 했다.

당나라 3대 시인 중 한 사람인 '왕유'의 양관에서 벗과 헤어지는 송별 시는 매우 유명하다.

> … 술 한 잔만 더하라고 그대에게 권하네. 서쪽 양관으로 나가면 친구 하나 없을 터이니.

왕유는 송별 시를 여러 편 남겼다.

> 말에서 내려 그대에게 술 권하며 묻노니, 어디로 가시오.
> 그대는 말하길, 뜻을 이루지 못해 남산으로 들어가 숨으려 하우
> 그러면 떠나시게, 더 묻지 않으리. 흰 구름은 다하는 때가 없는 법이라우

하루 종일 돈황 주변을 돌아다닌 후 저녁 9시가 되어야 식당에 도착했다. 조선족이 운영하는 식당 '돈황 명가'에서 된장찌개, 김치찌개를 먹으며 내일 일정을 생각한다.

돈황에서 이틀을 보낸 후 아침 일찍 400여km 서북쪽에 있는 '하미'로 향한다. 성省 이름이 '감숙성'에서 '신장위구르 자치성'으로 변경된다. 서쪽으로 갈수록 건조한 '로프 사막'의 황량함이 아름다운 고독감과 비장함을 느끼게 만든다. 시간이 멈춘 것처럼 사방으로 끝이 없는 광활한 사막만 펼쳐져 있다. '로프 사막'은 타클라마칸 사막과 고비사막이 만나는 중간이다.

'서역西域'이라는 뜻은 돈황의 서쪽 지역에 있는 모든 미지의 땅을 의미하였다. 이제부터 서역西域 여행의 본격적인 시작이다. 오늘 숙박지 '하미'는 타클라마칸 사막 북쪽의 '서역북로'가 지나가는 사막 도시이다. '서역북로'는 실크로드 상인이 많이 이용한 길이며, 서기 629년 현장법사가 천축으로 갈 때 이용한 길이고, 서기 727년 신라 승려 혜초스님이 천축 순례를 마치고 장안으로 귀국할 때 이용한 길이다.

'하미'로 가는 400km의 사막 길은 오아시스가 거의 없다. 어느 곳은 검은색 사막이 나타나기도 하고, 어느 곳은 자갈이 많이 깔린 사막이 나타나기도 한다. 차량 밖 기온은 43도가 넘는다. 이런 혹서의 사막길을 물도 부족한 상태로 수십일 동안 걸어서 간다고 생각하면 그 어려움을 상상조차 할 수 없다. 대당서역기를 저술한 '현장법사'가 서기 629년 가을 '하미'로 가는 사막길 어려움을 생생하게 전하고 있다.

> 아무리 주위를 둘러보아도 인적은커녕, 하늘을 나는 날짐승도 없는 망망한 천지가 벌어지고 있을 뿐이다. 밤에는 귀신불이 별처럼 휘황하고, 낮에는 모래바람이 모래를 휘몰아 소나기처럼 퍼부었다. 5일 동안 물 한 방울 먹지 못하여 입과 배가 말라붙고 당장 숨이 끊어질 것 같아 한 걸음도 나아갈 수 없다.

1,400년 전 현장 스님은 하미로 갈 때 현지인 안내인을 고용해서 갔다고 한다. 밤중에 안내인이 강도로 돌변해서 위협을 했다. 현장 스님은 강도로 변한 가이드에게 좋은 말 한 필을 주고, 혼자서 사막을 걸어서 갔다. 도중에 식수가 떨어져 사막에서 물

'하미'가는 사막의 중간에서 잠시 휴식

없이 5일을 걸었다. 현장은 목마름을 참지 못하고, 늙은 말을 죽여서 간을 먹었다고 한다.

서구 학자들은 현장법사가 사막에서 5일 동안 물 없이 생존한 것에 의구심을 가졌다. 그런데 19세기 말 스웨덴 탐험가 '스벤 헤딘'이 타클라마칸 사막의 사라진 오아시스 유적을 찾으러 갔다가 물이 떨어졌다. 스벤 헤딘은 사막을 5일 동안 물 없이 헤매다가 구조되었다. 헤딘은 본인의 생존 경험에 근거하여 현장법사의 기록이 맞다고 서술하였다.

현장스님, 혜초스님의 신발은 가죽으로 덧댄 간단한 샌들일 것이다. 현장법사의 서역으로 가는 그림을 보면 짐을 가뜩 실은 지게를 메고, 한 손에 작대기와 염주를 들고 있는 모습이다. 일

제 강점기 저항 시인, 이육사 선생의 '광야' 시가 어떻게 갑자기
생각난다.

까마득한 날에
하늘이 처음 열리고
어미 닭 우는 소리 들렸으랴 ....

다시 천고의 뒤에
백마 타고 오는 초인이 있어
이 광야에서 목 놓아 부르게 하리라

　신장위그루 지역으로 진입하면서 고속도로에서 중국 공안(경
찰)의 검문 횟수가 잦아지고 강도가 높아진다. 신장의 위구르족
테러 문제가 중국에 얼마나 큰 문제인지 피부로 느낀다. 하미까
지 400여km의 고속도로를 통과하는 동안 6번 공안의 검문을
받았다. 어떤 곳은 여권 확인에 20분 이상 걸리기도 한다. 공안
이 외국에서 온 우리를 사무실로 데리고 가서 가방의 짐을 확인
하고 여권을 조사한다. 고속도로 톨게이트를 통과할 때 차량 확
인 시간도 오래 걸린다. 여행의 리듬이 자주 깨지고, 지치게 만
든다. 열심히 쉬지 않고 달려왔는데 공안과 톨게이트 직원 때문
에 시간을 많이 빼앗기면 화가 치밀지만 참을 수밖에 없다.

'하미'에서 '투루판'으로

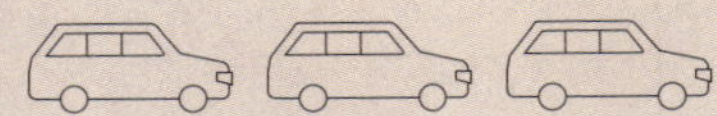

우리는 아시아대륙의 중심부를 지나고 있다. 실크로드 코스 중 가장 험난한 지역이다. '중앙아시아' 지역은 두 지역으로 나뉜다. 하나는 천산산맥 북쪽의 '우즈베키스탄, 카자흐스탄, 키르기스스탄' 등 5개 국가로 서쪽의 투루크족이 사는 땅 '서투르키스탄'으로 부른다. 다른 하나는 중국령 천산산맥 남쪽 '신장 위구루' 지역으로 동쪽의 투르크족이 사는 땅이라고 해서 '동투르키스탄'이라고 부른다. 지리학은 두 지역을 합쳐서 '중앙아시아'라 호칭한다. 동쪽과 서쪽 투르키스탄은 투르크족, 이슬람 신앙 등 문화적, 종교적으로 밀접한 관계다.

'신장新粧'은 300여년 전 청나라 건륭제가 위구르족이 살던 서쪽 땅을 점령하고 '새로운 영토'(신장)라는 뜻으로 청나라 영토로 편입한 지역이다. 신장 지역은 위구르족의 다수 종족이었으나 현재는 한족이 많이 이주해 오면서 다수 인종이 됐다. 신장의 위구르족에게 아프가니스탄 이슬람 지하드조직, 무슬림 군사 조직이 무기를 지원하면서 독립을 부추기고 있어 긴장이 맴도는 지역이다. 곳곳에 공안 사무실이 있고, 검문검색이 전쟁

터와 비슷하다.

신장 지역 '위구르족' 역사를 알아봤다. '위구르족'은 투르크족(돌궐족) 계통의 종족으로 천산산맥 북쪽 알타이산맥과 몽골 고원에 살았던 종족이다. 전성기는 서기 740년에서 840년까지로 중앙아시아 초원을 통일한 종족이다. 8세기 '안록산 난'(755~763) 진압을 위해 당나라 요청으로 당나라에 군대를 파견한 적도 있다. 당나라는 파병 비용을 주기로 했으나 재정난으로 약속을 못 지키자, 수도인 장안을 약탈해서 전비를 받아 갔던 8세기의 강대국이다.

현재는 없어진 '마니교'를 국교로 정한 유일한 국가이다. 840년 왕족의 내분과 키르기스스탄족의 침략으로 멸망하게 된

타클라마칸 사막의 일출

다. 일부 위구르족 지배층이 천산산맥을 넘어서 타클라마칸 사막의 투루판, 쿠차 지역에 도망 와서 다시 '위구르 왕국'을 세우고, 이슬람교를 15세기경에 받아들였다. 따라서 이 지역의 불교, 조로아스터교 신자 들은 이슬람교의 박해를 받고 중국으로 피난 가거나 개종을 했다.

중국은 조선족을 포함 56개 소수민족이 있다. 위구르족은 현재 약 1,200만 명으로 독립 의지가 가장 강한 종족이다. 이들은 1911년 청나라 멸망 후 분리 독립을 여러 번 시도했다. 장개석과 모택동 군대가 내전을 벌이던 1940년 카슈가르를 수도로 '동투르키스탄' 국가를 선포했다. 그러나 중국을 통일한 모택동 군대가 1949년 신장에 진입함에 따라 독립의 꿈은 물거품이 되고 말았다. 20세기 말에도 독립을 지지하는 대학생시위가 카슈가르, 쿠차 등에서 발생하고, 북경 등 대도시에 자살 테러 등이 있었다.

우리가 통과하는 신장 지역은 위구르족 테러 방지를 위한 공안의 검문검색으로 마치 전쟁터를 통과하는 것처럼 긴장감이 맴돌았다. 고속도로에서 공안의 잦은 검문검색 때문에 '하미'에는 오후 7시경 도착했다. 하미는 '신장 타임' 이라고 부르는 북경 표준시 때문에 밤 10시 이후에도 해가 훤하다.

저녁 식사는 K 회장이 냈다. 오늘이 회사 창립 35주년 되는 날이라고 한다. "창업 당시 직원 4명에서 현재는 1,000명이 넘는 중견기업이 됐다."고 해서 모두 축하 박수를 쳤다. 하미의 식당에서 민물고기찜, 자라고기찜(처음 먹어봄), 찹쌀과 갈비를 섞어 만든 밥 등 이채로운 식사를 즐겼다. 사막 한가운데 도시인데 귀한 민물고기를 어디서 가져왔는지 직원에게 물어 봤더니

고속도로 휴게소에서 파는 하미과

"북쪽의 알타이산맥 근처의 호수에 사는 민물고기"라고 한다. '하미'의 특산물은 '하미과'가 유명하다.

'하미과'는 참외와 수박의 중간 크기이다. 우리가 먹는 멜론과는 다르다. 하미과는 황제의 진상품으로 유명해졌다. 적당한 당도, 아삭아삭하게 씹히는 과육과 향기가 독특하다. 하미 멜론이 유명해진 것은 과거 당나라 황제의 식탁에 오른 후부터다. 임금이 어느 지역에서 보내온 것인지 묻자, 환관은 "엉겁결에 '하미'입니다."라고 답한 다음부터 하미 주민은 멜론을 장안으로 보내는 고생이 시작되었다고 한다. 우리는 타클라마칸 사막의 휴게소, 노점상에서 기회가 있을 때마다 하미과, 수박을 많이 사 먹었다. 중국은 과일을 '근'으로 파는데 한 근이 500그램(우리는 600그램)이다. 휴게소에서 하미과를 깍두기처럼 잘라 플라스틱 컵에 담아서 판매하는데 가격이 10위안(1,900원)으로 이동하는 차 안에서 먹기에 좋다. 러시아에서 오래 살았던 윤 군에 의하면 "우즈베키스탄 하미과가 세계 최고"라고 말한다. 우즈벡의 타슈켄트 도로변에서 하미과를 샀는데 크기도 신장 하미과보다 크고, 당도가 훨씬 높았다.

오늘 우리는 하미에서 투루판까지 400여km의 타클라마칸 사막을 지나야 한다. 타클라마칸 사막은 위구르어로 '한번 들어가면 살아나오기 어려운 곳', 즉 '죽음의 사막'이라는 뜻이다. 아프리카 사하라 사막 다음으로 세계에서 두 번째 큰 사막이다. 면적이 33만km^{2}에서 37만km^{2}로 남쪽은 곤륜산맥, 북쪽은 천산산맥으로 둘러싸인 '타림분지' 안에 있다.

오른쪽으로 멀리 천산산맥의 눈 덮인 봉우리를 보면서 지나간다. 갑자기 소나기가 내린다. 일 년에 수십mm 밖에 오지 않는다는 비를 운 좋게 맞으며, 사막을 한 시간 이상 달렸다. 멀리 5,000~6,000m 이상 높은 천산산맥에는 눈이 내린다. 비가 오자 사막의 기온이 40도에서 20도 아래로 뚝 떨어진다. 대륙성 날씨는 밤낮의 기온 차가 심하다. 과거 실크로드 상인들과 구법승들의 어려움을 짐작하고도 남는다.

타클라마칸 사막에서 가장 눈에 띄는 풍경은 도로 양옆으로 수십km 이어지는 '풍력발전' 대단지이다. 대량 설치에 따른 '규모의 경제' 때문에 설치비용이 우리의 1/3보다 작다고 한다. 풍력발전기로 생산된 전력으로 수백km 떨어진 천산산맥에서 물을 끌어오고, 현지 주민에게 낮은 가격의 전기를 공급한다.

과거 타클라마칸 사막의 악명 높은 바람의 이름은 '카라 부란'(검은 바람)이라고 부른다. 사막에서 짐을 실어 나르는 낙타는 상인들에게 '사막의 배'로 불린다. 낙타는 사람보다 모래폭풍 '카라 부란'이 오는 것을 미리 알고 울음소리를 낸다. 상인들은 낙타 옆에 숨어서 무서운 모래폭풍 '카라부란'으로부터 생명을 지켰다고 한다.

쌍봉낙타 한 마리는 80kg에서 100kg 짐을 싣고, 하루에 30여 km 이동한다고 한다. 낙타는 20여 일 물을 안 먹고도 살 수 있는데 보통 5일에 한 번 물을 먹는다고 한다. 옛날 타클라마칸 사막의 주민들은 어린 자녀들 손목에 작은 방울을 달아 주었다고 한다. 바람이 불어와서 아이를 모래로 덮거나 바람에 날려가면 아이를 찾기 위해서다. 옛날 주민들을 힘들게 만들던 사막의 바람이 이제는 전기를 일으켜 돈이 되는 신재생에너지가 되었다.

타클라마칸 사막의 고속도로는 수십km씩 직선으로 길게 만들어져 운전에 졸음이 온다. 졸음과 더위를 쫓으려 휴게소에서 1970년대 추억의 '아이스 케끼'를 자주 사 먹는다. 값도 매우

타클라마칸 사막 풍력발전 대단지

저렴하고, 여행의 지루함을 줄이는 데 안성맞춤이다. 고속도로는 모래바람이 불어와서 도로를 메꾸는 것을 막기 위해 바람 부는 방향에 모래 방지 턱이 설치되어 있다. 고속도로 휴게소는 여름방학 철을 맞아 중국인 가족 여행객들이 매우 많다. 중국인은 대체로 부모, 자녀(1명 또는 2명), 조부모 등 5명으로 되어 있다. 아직도 부모에 대한 효심이 많이 남아 있는 것 같다.

이슬람 신자가 많은 서쪽으로 갈수록 돼지고기 대신 양고기 샤슬릭을 많이 판다. 만두 속의 고기도 주로 양고기이다. 기름진 중국 음식을 매일 먹으니 설사가 잦아 몸이 안 좋다. 고추장은 정말 한국인에게 '영혼의 음식'임을 실감한다. 아내는 식욕이 없다며 고추장 한 숟가락과 밥 한 공기를 먹고 나선 "살 것 같다"고 말한다. 작은 행복이 이런 것이다.

고추장 한 숟가락의 조출한 사막휴게소 점심

화염산 풍경

위구르족이 많이 사는 서쪽으로 갈수록 고속도로의 공안 검색이 잦고, 강도도 높아진다. 열심히 속도를 내어 달려가도 검문소에서 검문으로 짧게는 5분, 길게는 20여 분 허비할 수밖에 없어 짜증이 난다.

오후 세 시경 '투루판' 외곽에 도착하니 '서유기' 소설에 나오는 '화염산'의 붉은 산맥이 보인다. 나무 한 그루, 풀 한 포기 없는 붉은 민둥산이다. 명나라 오승은이 16세기 쓴 소설 '서유기'에 나오는 '화염산' 지명은 우리에게 익숙한 곳이다. 위구르어로 화염산은 '붉은 산'이라는 의미라고 한다. 투루판은 과거 불의 도시 '화주火州'라는 이름으로 불렀다. 연간 일교차가 78도가 된다고 한다. 여름은 혹서, 겨울은 혹한으로 전형적인 대륙성 기후다. 투르판 근처에서는 여기저기 유정油井에서 원유를 캐내는 '메뚜기'(생김새가 메뚜기처럼 닮았음) 장비가 원유를 뽑고 있다. 타클라마칸 사막이 중국을 자원 강국으로 만들고 있는 풍경이다.

투르판은 6, 7세기 '고창왕국'이 있던 지역이다. 대당서역기를 쓴 현장법사와 고창국 왕(국문태)의 만남(서기 629년)으로 유명하다. 고비사막에서 죽을 고비를 넘기고 '하미'에 도착한 현장 스님 소식을 고창왕이 들었다. 왕은 현장을 투루판으로 모셔와 불법을 듣고 극진하게 대접했다.

어린 시절 읽었던 '서유기' 소설에 손오공이 '우마왕' 요괴와 싸우기 위해 '파초선'을 빌려와서 화염산 불을 끄는 장면이 있다. 서유기로 유명한 '화염산'은 사진 찍는 포토 스팟이다.

우리는 오후 화염산 매표소에 도착했다. 7월 말 오후 늦은 시간임에도 기온이 섭씨 45도이다. 투루판은 해수면 이하 저지대 분지라서 여름철 더위가 혹독한 지역이다. 화염산 매표소 근처에 가보니 높이 20m의 긴 장막으로 화염산을 가려 놨다. 돈 내고 입장권을 끊어서 울타리 안에 들어가야만, 산을 배경으로 사진을 찍을 수 있다.

대동강물을 팔아먹은 '봉이 김선달'의 중국판이다. 화염산에 등산이나 트래킹 가는 것도 아니고, 도로 옆에서 사진 찍는 것에 대해 돈을 받는 처사가 꼴 볼견이다. 우리는 입장권을 사지 아니하고 화염산을 옆에서 보면서 고창고성, 교하고성 등으로 향했다. 돈을 너무 밝히는 상업주의 잇속에 멀리 이국에서 온 여행객의 기분이 좋을 리 없다.

투루판의
'고창고성, 교하고성'

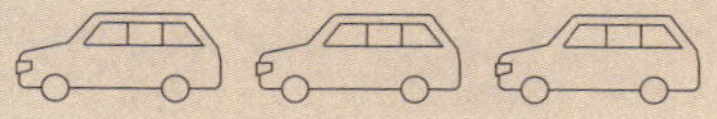

불의 도시, 화주火州라고 부르는 투루판은 오후 늦은 시각임에도 기온이 40도가 훨씬 넘는다. 서쪽으로 갈수록 '신장 타임' 효과가 크게 나타나므로 매일 '일몰시간'이 늦어진다. 7월31일 이곳은 오후 10시 이후 해가 진다. 해지기 전에 투루판 주요 유적을 둘러보아야 하므로 마음이 바쁘다. 투루판에 고창고성, 교하고성, 지하수도 카레즈, 베제크리크 석굴 등 많은 유적이 있다.

현재 투루판 인구는 70만 명이 넘는다. 타클라마칸 사막 중심에 거대한 현대식 도시가 만들어졌다. 30층 넘는 고층아파트, 도심의 커다란 공원과 인공호수, 두세 겹 겹겹이 심은 가로수 숲길 등 도시계획이 잘 된 초현대식 도시이다. 옛날 오아시스 모습은 전혀 느낄 수 없다.

천산산맥 물을 끌어와서 식수를 제공하고, 주변 농지에 포도, 옥수수 등 농작물을 재배한다. 투루판 인구의 70%가 위구르족이다. 이곳부터 서쪽은 위구르족이 한족보다 많다고 한다. 주요 건물의 상호, 도로 표시판은 한자를 위에 크게 적고, 아래쪽에

흙벽돌 건물은 건포도 건조장

위구르어 문자를 병기하고 있다. 나이 든 위구르족은 중국어를 몰라서 좋은 일자리 구하기도 어렵다.

투르판에 넓은 포도밭이 산재해 건포도 말리는 흙벽돌 창고가 도로 옆에서 흔히 볼 수 있다. 투루판의 '씨 없는 건포도'는 세계적으로 유명하다. 아내는 시내 과일가게에서 투루판에서 생산된 여러 종류 건포도를 샀다.

오후 4시 '고창고성'에 도착했을 때 섭씨 44도 높은 기온이다. 더위 때문에 관광객은 우리뿐이다. 매표소 여직원도 한참 기다린 후 나타난다. 고창고성은 서기 6세기, 7세기 '고창국'의 수도이고, 서기 9세기 이후는 위구르 왕국의 수도였다.

고창고성 매표소 앞에 당나라 '현장법사' 동상이 죽장을 들고 서 있다. 고창고성은 내성과 외성으로 지었으며, 성곽의 길이가 5km이다. 전동카트를 타고 폐허가 된 1,400년 전 고창고성 유적을 둘러보았다. 불탑佛塔의 초창기 형태인 '스투파'는 외부 원형을 잘 보존하고 있다. 스투파(탑) 내부에 있던 불상은 이슬람교에서 우상숭배를 파괴한다는 명분으로 대부분 파괴됐다.

특히 불상의 눈이 집중적으로 훼손되어 있다. '눈'은 영혼의 상징이기 때문에 눈을 파괴하면 영혼을 파괴할 수 있다는 미신 때문이다. 스투파 외부 벽면의 부처상도 대부분 훼손되어 흔적만 조금 있다. 15세기 이후 이슬람교로 개종한 후손들이 자기 선조들이 믿었던 불교 유적을 파괴한 것을 보면서 광신적 종교의 무서움에 전율이 느껴진다.

인도에서 시작한 탑(스투파) 양식은 중국, 한국으로 오면서 우

1400년 전 불교 탑(스투파)

고창고성의 현장법사가 설법한 법당

리가 절에서 흔히 보는 아담한 '석탑'으로 변했다. 반면, 태국 미얀마 등 동남아시아 국가의 탑은 황금색을 입힌 거대한 '접시 모양 탑'으로 변했다. 스투파는 탑 양식의 변천을 보여주는 유물이다.

서기 629년 가을 현장법사가 고창국 왕(국문태)에게 설법했다는 법당 유적은 최근에 복원하여 깔끔하다. 고창 왕은 하미에 도착한 현장법사의 소식을 듣고, 투루판으로 모셔 와 국빈급 대우를 했다. 왕은 현장에게 고창국에서 불법을 설법해줄 것을 부탁했다. 현장은 단식투쟁을 하며 단호히 "천축으로 떠나겠다"고 말했다. 두 사람은 타협하여 한달동안 만 설법하고 떠나기로 하였다. 대신 현장이 공부를 마치고 당나라로 귀국할 때 고창국에 들려 설법하기로 약속했다. 고창 왕은 현장이 떠날 때 동행할 승려, 인부, 말을 주고, 비단, 금은보석 등 여비도 듬뿍 주어 현장이 천축에서 공부하고 당나라로 돌아올 때까지 쓸 만큼 충분한 재물을 주었다. 고창 왕은 당시 유목민 강대국 '서돌궐'의 왕, 인근 오아시스 왕들에게 소개장을 써주어 현장이 천축에 가는데 크게 도움을 주었다. 하지만 16년 후 서기 645년 현장이 귀국할 때 이미 고창국은 당나라에 멸망(640년)된 후였다. 현장은 투루판에 갈 일이 없어졌기 때문에 타클라마칸 사막 남쪽 '서역남로'를 통해 귀국했다.

투루판 지역은 9세기 중반부터 위구르 왕국의 지배를 받는다. 지금 우리가 보는 고창고성의 유적은 실제는 위구르 왕국이 수리해서 사용하던 것이다. 고창고성을 쌓은 '흙벽돌'은 버드나무 가지와 풀줄기를 찰흙과 섞어서 만들었다. 나무가 없는 사막 지역이니 흙이 건물의 주원료이다. 고창고성 성벽이 쉽게 망가진 이유는 이곳 농부들이 나뭇가지, 풀줄기가 들어간 흙벽돌을 가져다가 부수어서 비료로 사용하는 바람에 빨리 망가졌다고 한다.

고창국은 왕 국문태가 대외관계를 오판하여 서기 640년 당나라에 멸망당했다. 고창왕은 실크로드 무역이익을 독점하기 위해 유목민 강대국인 서돌궐과 동맹을 강화하고, 인근 영세 오아시스 왕국을 압박했다. 고창 왕은 수천km 떨어진 당나라가 군대를 파견 안 할 것으로 오판한 것이다.

핍박을 받은 오아시스 소국들은 멀리 장안에 있는 당 태종에 구원요청을 했다. 당 태종은 장안에서 수천km 투루판까지 군대를 파견해 640년 고창국을 멸망시켰다. 당 태종의 아들인 당

고종은 서쪽의 강대국 서돌궐도 655년 멸망시켰다. 당 태종(이세민)은 645년. 647년 두 차례 고구려를 침략하여 전쟁에서 패배했다. 당 태종은 죽기 전 아들(고종)에게 향후 고구려를 침략하지 말 것을 유언하였다. 당 고종은 서쪽의 위협 세력인 서돌궐을 먼저 멸망시켜 서쪽을 안정시킨 후 동쪽 한반도로 군대를 보내 백제(서기 660년)와 고구려(서기 668년)를 멸망시킨다. 서돌궐을 무너뜨린 당나라 장군은 '소정방'이다. 소정방은 백제 침략군 사령관으로 부여에 와서 부여의 '정림사지' 5층 석탑에 자기의 전공을 기록해 놨다. 역사에 가정이 없지만, 만일 서돌궐이 쉽게 멸망하지 아니했으면 신라의 삼국통일이 다른 방향으로 갔을 수도 있을 것이다.

고창고성을 본 다음 오후 7시경 '교하交河고성'에 들렸다. 교하交河는 두 개의 강물이 교차한다는 의미이다. 늦은 시각임에도 입장권을 팔아 다행이다. 기원전 3세기 투루판에 있었던 '차사왕국'의 수도가 '교하고성'이다.

'야르나이즈강' 가운데 버들잎 모양의 길이 1,600m, 폭 300m의 작은 섬에 수도를 만들었다. 섬 양옆으로 강물이 흘러서 성을 보호하는 해자垓子 역할을 한다. 지금은 유량이 매우 적지만, 2,200년 전은 강물의 수량이 풍부했던 것 같다. 약소국 '차사왕국'은 2,200년 전 강대국 흉노족과 한나라에 각각 왕자를 볼모로 보냈다. 두 강대국에 줄타기 외교를 하다가 한나라에 멸망된 작은 오아시스 왕국이다.

교하고성의 사찰, 관공서, 주거용 동굴은 자연 상태의 흙산을 파내서 동굴을 만들어 '주거형 건물'을 만들었다. '대불사'라

교하고성 건물 유적

는 커다란 절터도 있다. 반면, 고창고성은 평지에 흙벽돌을 쌓아서 만든 벽돌 건물이다. 외관은 비슷한데 건축 방법에 차이가 있다. 어쨌든 2,000년 넘게 긴 세월의 풍파를 지나고도 남아 있는 역사의 흔적을 보면서 세월의 무상함을 실감한다. 문인들은 '폐허의 미'라고 표현하며 멋진 시를 썼다.

당나라 시인 두보가 쓴 '춘망春望'이라는 유명한 시가 있다.

나라는 망하여도 산하는 남아 있어. 성안에 봄이 오니 수목만 무성하구나. 시국을 생각하니 꽃도 눈물을 뿌리게 하고. 이별을 한탄하니 새도 마음을 놀라게 하고. 봉홧불이 석달이나 계속되니. 집에서 오는 편지는 만금에 해당한다.

　특산물 포도를 재배하려면 물이 많이 필요하다. 일 년 강수량이 20여㎜로 거의 비가 안 오는 지역인데도, 투루판 지역의 70% 면적이 포도 재배 지역이다.

　투루판 농민은 지하에 수로로 연결된 '카레즈'를 만들어 농사를 짓는다. 수백㎞ 떨어진 천산산맥의 물을 지하에 땅굴을 만들어 끌어온다. 위구르어로 '투루판'은 '패인 땅'이라고 한다. 해수면 이하 저지대가 투루판 면적의 80%가 넘는다. 세계에서 가장 저지대인 해저 150m의 땅도 투루판에 있다. 저지대는 매우 건조해서 '증발 지수'가 매우 높고 혹서의 무더운 날씨

관광객 전시용 '카레즈'

를 만든다. 수로를 지상으로 만들면 물이 투루판에 도착도 하기 전에 전부 증발한다. 지하 10m 깊이에 수로를 파서 연결한 수로의 전체 길이가 5천km라고 한다. 기원전 7세기 이란으로부터 기술을 들여와 수천 년 동안 땅속에 수로를 판 셈이다. 지금도 계속 지하 수로를 보수해서 포도 재배와 농업용수로 사용함에 경이로움을 느낀다. 중국인들은 만리장성, 대운하, 카레즈 지하수로를 3대 토목사업이라고 자랑한다. '카레즈'는 중국이 만든 것이 아니고 이란계 민족과 위구르족이 만든 것이다.

우리가 방문한 '카레즈'는 돈을 내고 들어가는 관광용 카레즈이다. 건물 한쪽에 위구르 민속무용 공연장이 있다. 실제 포도 재배 농민들의 농업용 카레즈는 당국이 허가를 안 하기 때문에 볼 수가 없다.

중국은 과거 이 지역 사람을 '색목色目인'이라고 불렀다. 눈동자 색깔이 한족과 다른 이란계 인종이다. 동양 인종인 흉노족, 한족, 토번족, 위구르족이 이 지역을 돌아가며 지배했지만, 점령자들은 소수 숫자이고 다수의 피지배 원주민과 혼합되면서 유럽계와 동양계의 혼혈로 외모가 변했다.

오후 늦게 도착하여 투루판의 고대 유적을 보고 밤 9시 이후 저녁 식사를 하러 갔다. 기름진 중국 음식과 중국 독주 바이주는 조합이 잘 맞는다. 피곤함을 이기기 위해 몇 잔의 반주는 필수이다. 식사를 마치니 밤 11시이다.

실크로드 '오타니' 유물

　우리는 시간이 없어서 투루판 고대 유적 "아스타나 공동묘지, 베제크리크 석굴"은 갈 수 없었다. '아스타나' 공동묘지는 투루판 외곽에 있는 서기 4세기부터 8세기 사이의 귀족 묘지이다. 우리의 국립 중앙박물관에도 아스타나 고분 유물이 있다. 20세기 초 일본인 '오타니 탐험대'가 약탈해 온 아스타나 고분 벽화가 조선총독부를 거쳐 지금 국립중앙박물관에 남아 있다. 아래 벽화는 중국인 창조 신화에 나오는 '복희와 여와'의 그림으로 몸 하반신은 뱀의 형상이고, 상반신은 '복희와 여와' 벽화이다.

　영국의 '오렐 스타인'이 1907년 투루판 '아스타나' 고분 근처에서 8통의 편지를 발견했다. 편지는 서기 313년 돈황에서 발송됐고, 수신지는 '사마르칸트'(현재 우즈베키스탄)이다. 편지를 갖고 가던 사람이 분실한 '편지 8통'을 이곳에서 발견하였다. '소그드문자'로 쓴 8통의 편지는 서기 313년 또는 314년에 쓴 '종이'에 쓴 편지이다.

　종이는 후한 시대 '채윤'이 발명했다. 이 편지는 종이가 발명

'복희와 여와', 아스타나 고분 벽화(국립중앙박물관 소장)

된 지 300여 년도 안 되는 이른 시기의 귀한 편지인 셈이다. 비가 적게 오는 건조한 지역이라 1,700년 동안 보존된 것이다. 편지는 지금은 사라진 '소그드어'로 씌어 있다. 소그드상인의 부인(이름 미우나이)이 돈황에서 수천km 떨어진 '사마르칸트'에 살고 있는 친정 부모에게 보내던 편지이다.

'미우나이' 여인의 편지는 "부모 말을 안 듣고, 남편 따라 중국 온 것을 후회한다. 남편이 빚만 남겨 놓고 도망가서 딸과 함께 살기가 어렵다. 남편 친구들을 찾아가서 도움을 요청했으나 거절당했다. 딸하고 둘이 살고 있는데 친정으로 돌아갈 수 있도록 도와달라."는 내용이다.

도망간 남편에게 보내는 편지도 함께 발견되었다. "당신의 아내가 되느니 차라리 개나 돼지의 아내가 되겠다. 가난해서 딸과 함께 남의 양 치는 일을 도우면서 어렵게 살고 있다. 당신 빚 때문에 3년 동안 돈황을 못 떠나고 있다. 사마르칸트에 갈 여비 은화 20닢이 필요하다."고 쓰여져 있다.

1,700년 전 고향 사마르칸트에 돌아가고 싶었던 '미우나이' 부인의 애절한 사연이다. 편지가 사마르칸트에 못 가고 중간에 투루판에서 분실되었으니 미우나이 여인은 친정에 못 돌아갔을 것 같다. 이 편지는 서기 313년경 소그드 상인이 장안, 돈황, 사마르칸트 등 실크로드에서 광범위하게 국제 중계무역을 했음을 알려주는 귀중한 자료이다.

실크로드 상인의 대명사인 소그드 상인(이란계 종족)은 당나라가 멸망한 10세기 이후 역사에서 사라졌다. '안록산 난'을 일으킨 안록산이 소그드인이다. 안록산 반란이 진압된 후 당나라는 소그드인에 대해 대대적 보복을 하였고, 이후 소그드인은 역사에서 사라졌다.

화염산 아래 계곡에 유명한 '베제클리크' 석굴이 있다. 이곳의 중요한 벽화는 20세 초 독일과 러시아 도굴꾼이 거의 뜯어갔다. 독일이 약탈해 간 인류사적 유물은 2차세계대전의 폭격

베제클리크 석굴. 6년 전 필자

오타니 유물, 베제크리크 석굴 보상살(국립중앙박물관 소장)

으로 유실되었다. 6년 전 베제클리크 석굴을 갔었는데 남아 있는 부처상 눈은 이슬람교도에 의해 모두 훼손되어 있었다. '마니교'의 중요한 벽화가 베제클리크 석굴에 남아 있어서 매우 중요한 인류의 종교적 유물이라는 말을 들었다.

우리의 국립중앙박물관 전시실에도 일본의 '오타니 원정대'가 베제클리크 석굴의 벽에서 뜯어온 불상 벽화가 있다. 석굴 벽의 벽화를 칼로 도려내서 일본에 가져온 것이 한국에 있다.

베제크리크 석굴의 귀중한 유산이 지금은 사라진 '마니교' 벽화이다. '마니교'는 서기 3세기 페르시아의 '마니'가 창설한 종교이다. 영어단어 '마니아'는 마니교에서 유래했다고 한다. 마니교는 '조로아스터교, 기독교, 불교'의 교리를 혼합한 것으로, 선의 신과 악의 신이 투쟁하는 현실에서 선의 신이 승리하도록 선하게 살자는 취지의 종교이다. 8세기 위구르 왕국이 마니교를 국교로 채택한 유일한 국가였다. 위구르 왕국의 멸망 후 마니교는 역사에서 사라짐에 따라 베제클리크 벽화, 돈황석굴 장경동에서 발견된 마니교 문서가 유일한 유적이라고 한다.

8월 1일, 호텔에서 아침 식사는 매우 늦은 시간에 8시 30분에 시작한다. 일반적으로 호텔 조식은 6시 반 또는 7시에 시작하는데 이곳은 매우 늦다. '신장 타임' 때문에 직원이 아침 늦게 해가 뜨는 시간에 맞춰서 늦게 일을 시작한다. 우리는 늦은 아침 식사 후 오전 9시 반 다음 목적지 쿠차를 향해 출발한다.

오늘은 타클라마칸 사막 서역북로 660km를 달려야 한다. 점심은 휴게소 사정을 알 수가 없어서, 시내 가게에서 빵(란)을 샀다. 사막길에서 중간에 점심으로 먹기로 했다.

중국의 신新실크로드, '일대일로' 때문에 파미르고원 방향으로 가는 길은 매우 잘되어 있다. 투루판 외곽 도로변에 청포도를 파는 노점상들이 많다. 투루판의 청포도는 과거에 황실의 진상품으로 유명하다. 빵떡모자를 쓴 위구르 노인과 여드름 많은 중학생 손자가 장사하는 노점상에서 '청포도'와 어린 시절 추억이 있는 '개구리참외'를 샀다. 사막을 이동하면서 물 대신 먹을 예정이다. 가격은 매우 저렴하고, 금방 따온 청포도는 당도가 높고 매우 신선하다. 여름철 강한 햇볕과 높은 기온으로 포도, 하미과, 수박 등 과일이 빨리 익고 당도가 매우 높다. 위구

위구르 노인의 청포도 노점상

르 남성들은 더운 여름에도 납작한 빵모자를 쓰고 있다. 여성들은 색상이 있는 무릎까지 내려오는 긴 치마를 입고 있는 것이 특징이다. 위구르족 풍습이 농촌이라서 잘 보존돼 있다.

고대 중국은 이 지역을 '오랑캐 호胡'자를 붙이는 호서胡西 지역이라 불렀다. 기원전 2세기 '한 무제' 때 장건은 서역의 월지국과 동맹을 맺는 데는 실패했지만 아랍과 페르시아 등 다양한 서역 과일을 중국으로 가져왔다.

포도, 복숭아, 수박, 석류 등은 장건이 가져온 것이다. 과거 우리 조상들이 사용했던 한자 '호胡'자로 시작하는 '호도, 호산(마늘), 호마(참깨), 호초(후추), 호유(완두콩)' 등이 서쪽에서 왔음을 상징한다. 투루판의 청포도도 서역에서 전래된 특산물이다. 황량한 타클라마칸 사막의 경치를 보면서 자동차 안에서 맛있는 청포도를 먹고 있다. 학창 시절 즐겨 낭송했던 이육사 선생의

'청포도' 시가 생각난다.

　　내 고장 칠월은
　　청포도가 익어가는 시절

　　이 마을 전설이 주저리주저리 열리고
　　먼데 하늘이 꿈꾸며 들어와 박혀

　　하늘 밑 푸른 바다가 가슴을 열고
　　흰 돛단배가 곱게 밀려서 오면

　　내가 바라는 손님은 고달픈 몸으로
　　청포를 입고 찾아온다고 했으니

　　내 그를 맞아 이 포도를 따 먹으면
　　두 손은 함뿍 적셔도 좋으련

　　아이야 우리 식탁엔 은쟁반에
　　하이얀 모시 수건을 마련해 두렴

　타클라마칸 사막은 33만km²에서 최고 37만km²(남한 10만km²) 넓은 면적으로 옛날 실크로드 상인들은 '침묵의 바다', '죽음의 바다'라고 무서워한 곳이다. 위구르어로 '한번 들어가면 살아 돌아오기 어려운 땅'이라 한다. '사하라사막' 다음으로 세계에서 두 번째로 큰 사막이다. 타클라마칸 사막은 '타림분지'의 중

타클라마칸 사막의 쿠차 대협곡

앙에 있다. 남으로 곤륜산맥, 북으로 천산산맥, 서쪽으로 힌두쿠시 산맥과 카라코람 산맥(히말라야 산계)이 둘러싼 지역이다.

인도양에서 불어오는 비구름이 히말라야산맥과 곤륜산맥에 막혀서 비가 안 오는 지형이다. 높은 산맥에 쌓여 있는 만년설과 빙하의 눈 녹은 물이 이 지역의 생명수이다. 쿠차로 가는 사막의 중간에 거대한 쿠차협곡과 타림강이 흐른다. 수십km의 긴 '쿠차협곡'은 미국의 '그랜드 캐년'이 연상된다.

차는 해발 1,500m 험준한 길을 굽이굽이 돌아서 조심스럽게 달린다. 90도 직각으로 꺽인 절벽 길을 화물차는 굼벵이처럼 느리게 달린다. 광대한 사막의 지형과 모양도 매우 다양하다.

옛날 실크로드 상인과 구법승들이 사막의 높은 산맥과 협곡을 넘어올 때 고난이 상상된다. '실크로드'는 쭉 뻗어있는 '선線'의 길이 아니고 오아시스와 오아시스를 연결하는 점선의 '오솔길'이라고 학자들은 말한다. 오솔길은 비가 오고, 바람이 불고, 눈이 오면 수시로 사라진다. 그래서 길을 찾기가 힘들다.

실크로드 역사를 모르는 학생에게 '실크로드silk road' 뜻을 질문하면 "상인이 비단을 팔려 다니던 도로"라고 대답한다는 유머가 있다. 독일의 지리학자 '리히트 호펜' 이 1877년 '실크'라는 아름다운 이름을 붙였지만, 실제는 '비단길'과는 거리가 먼 위험한 길임을 경험하고 있다. 실크로드는 상품 교역 외에도 동서양의 문화, 종교, 전쟁, 질병이 이동했던 역사의 길이다.

우리는 점심으로 투루판에서 산 '란' 빵을 길가에 차를 세우

사막에서 간단한 '란' 빵으로 점심

고 먹는다. 금방 구운 따뜻한 란 빵은 맛있는데, 식어서 기름기가 굳어진 빵은 맛이 없다.

우리는 오늘 660km 긴 거리를 지나고 있다. 당초 계획은 '쿠얼러'에서 숙박하는 것인데, 이스탄불에 8월22일까지 도착해야 하므로 쿠얼러를 건너뛰고 강행군하고 있다. 중국 국경에서 자동차 통과 때문에 하루를 더 소비했기 때문에 하루를 보충해야 한다. 귀국 일정이 정해져 있어서 매일 쫓기듯 하는 강행군이 무척 힘들다.

타클라마칸 사막의 구자국 '쿠차'

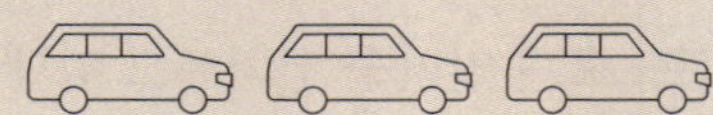

8월 1일 목요일. 7월2일 동해항 출발 후 한달이 지나갔다. 여행은 후반부로 접어들었다.

자동차 주행거리가 14,000km를 지났다. 사막은 매우 넓어 중간에 협곡도 있고, 호수도 있고, 타림강도 흐른다. 수십km 길이의 쿠차 대협곡을 지나면 해발 1,500m에 '보스텅 호수'가 푸른 물을 출렁이고 있다. 오늘 이동할 거리가 많으므로 '보스텅 호수'에 안 들리고 옆에서 스쳐 지나간다. '타림강'은 곤륜산맥의 빙하수 녹은 물이 사막에서 발원하여 사막에서 사라진다. 눈이 많이 녹는 봄 여름은 수량이 많고, 가을 겨울은 수량이 거의 없다.

타클라마칸 사막의 모습은 다양하다. 사막의 일부 구간은 사하沙河, '모레 바다, 모레 강'이 있다. 서기 400년경 13년에 걸쳐서 천축을 다녀와서 여행기 '불국기'를 남긴 '법현' 스님은 불국기에서 타클라마칸 사막의 사하沙河와 '카라 부란'(검은 모레 바람)에 대해 생생한 기록을 남겼다.

사하沙河에는 악귀와 열풍이 심하여 이를 만나면 모두 죽고 한 사람도 살아남지 못한다. 하늘에는 날아다니는 새도 없고, 땅에는 뛰어다니는 짐승도 없다. 아무리 둘러보아도 망망하여 가야 할 길을 찾으려 해도 어디로 갈지를 알 수가 없다. 언제 이 길을 가다가 죽었는지 모르는 죽은 사람의 마른 해골만이 길을 알려주는 표지이다.

이탈리아 베네치아의 마르코폴로(1254~1324)는 700년 전 원나라로 가기 위해 '서역남로'를 통과하였다. 그가 남긴 '동방견문록'에 "사막에는 악령의 소리가 들린다. 그 소리에 흘려 길을 잃고 죽어간다." 기록하고 있다.

무서운 재난을 피하도록 기도를 위해서 실크로드 전 구간에 수많은 석굴을 만들었다.

타클라마칸 사막의 남과 북의 폭은 400km가 넘는다. 현재

황토색 타클라마칸 사막

타클라마칸 사막을 남북으로 관통하는 도로가 두 개 설치되어 있다. 중국인들은 이 길을 '금金'으로 만든 길이라고 부른다. 사막 종단 도로 건설에 엄청난 돈이 들어갔다는 의미이다. 또한 인력 손실도 컸다.

반정부 독립운동 시위를 한 죄로 감옥에 수감되어 있던 위구르족 청년들이 고속도로 현장에 투입되었고, 이중에는 사상자가 많았다고 한다. 중국은 1990년 중반, 3년 만에 사막 종단 도로를 완성하여 사막의 자원개발에 사용하고 있다. 지하자원 개발뿐만 아니라 천산산맥과 곤륜산맥의 물을 이용하여 타클라마칸 사막의 곳곳에 많은 농경지를 만들었다. 옛날 사람이 이 길을 간다면 상전벽해桑田碧海 변화된 풍경에 놀랄 것이다. 고속도로 주변 사막의 농경지 주변에 방풍림으로 심은 백양나무와 포플러 나무가 자주 보인다. 농경지로 날아오는 모레를 막고, 바람을 막기 위해 심은 나무들이다.

과거 타림분지와 타클라마칸 사막 오아시스에는 작은 부족 국가들이 많이 있었다. 부족 국가는 오아시스 크기에 따라 인구 숫자도 수백 명, 수천 명, 많아야 수만 명이다. 11세기 이후 기후변화로 300개 이상의 오아시스 촌락이 없어졌고, 지금도 오아시스가 계속 없어진다고 한다. 오아시스 부족은 사막으로 둘러싸여 있는 섬처럼 고립된 촌락이다.

타림분지의 원주민은 BC 4,000년 이전에 들어온 이란계 백인종들이다. 많은 약소 부족국은 주위 강대국의 세력다툼에 항상 희생을 강요당했다. 종주국이 바뀔 때마다 언어가 바뀌고, 종족이 바뀌고, 종교도 바뀌어야 한다.

타림분지는 동양과 서양의 중간 위치로서 기원전부터 중요한 동서양 교역로였다. 중요한 무역로를 차지하면 통행세 징수, 조공 수입 등 나라 재정에 도움이 된다. 지정학적 중요성 때문에 고대 중국(한나라 당나라), 유목국가(흉노, 돌궐족, 티벳족, 몽골족) 등 강대국의 싸움터였다.

서구학자, 탐험가 등이 타림분지, 타클라마칸 사막의 유적과 유물에 관심을 갖게 된 것은 19세기 말 스웨덴 탐험가 '스벤 하덴'의 탐험 이후부터이다. '스벤 하덴'은 1894년 인도에서 네팔을 넘어서 타클라마칸 사막의 사라진 고대 오아시스의 유물을 탐험했다. 서구 탐험가들은 신장지역이 발굴이 안 된 마지막 미지의 유물 보고로 생각하고 모여들었다. 19세기 유럽의 고고학자, 유물 수집가들은 이집트 '왕가의 계곡' 발굴, 서아시아의 앗시리아 유적, 메소포타미아 유적 발굴, 성서에 나오는 지역 발굴 등 많은 유물을 발굴했다. 더 이상 중동 지역은 탐험 대상이 없어졌을 때 다음 목적지가 타림분지의 오아시스 지역이다. 영국의 오렐 스타인, 프랑스 폰 펠리오, 일본의 오타니, 독일 르콕 등이 대표적 인물이다. 서구의 탐험가들에게 타클라마칸 사막의 사라진 오아시스 도시에 금과 보석이 묻혀 있다는 소문이 있었다. 보석을 찾기 위한 탐험을 많이 했으나, 귀중한 보석은 찾지 못했다. 대신 3,000년~4,000년 전 미이라, 고대 언어로 된 문서, 불교 유적 등을 발굴했다.

위구르족이 많이 사는 서쪽으로 갈수록 공안의 검문이 심해지고, 어떤 곳은 20분 이상 지체되기도 한다. 서쪽 도시인 '투루판, 쿠차, 어커수, 카슈가르' 등 파미르고원으로 가는 도시들은 위구르족이 70% 이상 사는 지역이다.

촘촘이 설치된 고속도로 톨게이트 직원들은 한국에서 온 차량을 처음 보기 때문에 번호판 사진을 찍고, 상급자에 통과 여부를 보고하고 승인을 받느라 시간이 오래 걸린다.

위구르족이 많이 사는 지역의 '주유소'는 군 막사처럼 철책으로 튼튼하게 보호하고 있다. 주유소는 군대나 교도소처럼 높은 쇠창살로 담을 쳐놓고, 입구와 출구의 문이 별도로 설치되어 있다. 위구르족 테러범이 주유소를 점령하여 방화 등 큰 사건을 저지르는 것을 예방하기 위한 것으로 추정된다. 주택이 많은 도심의 주유소가 폭발하면 큰 피해가 날 것이다. 시내에 있는 주

군부대 초소처럼 쇠창살 울타리로 무장한 주유소

유소는 기름 넣는 데 여권까지 검사한다. 우리는 시내 대신 검사가 덜 심한 고속도로 휴게소의 주유소에서 기름을 넣기로 했다. 주유소 입구에서 운전자만 남고, 다른 탑승객은 내려서 약 50m 떨어져 있는 출구로 걸어가야 한다. 운전자가 기름을 넣고 출구로 나오면 일행은 기다렸다가 다시 차를 탄다. 7월, 8월 사막의 땡볕 아래 위구르족 여자와 아이들이 주유소 밖 담장을 따라서 걸어가는 모습이 측은하다.

다행스럽게도 디젤 기름을 넣는 화물차와 SUV 차량은 예외적으로 탑승객이 안 내려도 된다. 우리 차는 디젤 기름을 넣는 SUV 차량이라 예외 적용 대상이라 차에서 안 내리고 주유소 안까지 들어갈 수 있다. 주유소 내부 담에 몽둥이, 삽, 방망이 등 진압용 장비가 걸려있어 살벌한 분위기이다. 주민들 불편함은 무시되고 있다. 이곳 주민들은 체념하고 잘 순종하는 것 같다. 신장지역에 사는 위구르족 인구수는 약 1,200만 명이다. 과거는 신장 지역의 전체 16개 민족 중 위구르족이 45%를 점유하는 다수 인종이었으나, 현재는 한족이 대거 이전으로 한족이 가장 많은 종족으로 추정한다.

우리는 하루 종일 660km 먼 거리를 달려서 오후 8시경 '쿠차'에 도착했다. '신장 타임' 때문에 8월1일 현재 일몰은 밤 9시 50분이고, 일출은 7시 50분이다. 낮은 40도가 훨씬 넘지만, 해가 지면 선선해서 날씨가 쾌적하다.

오아시스 도시 '쿠차' 인구는 50만 명이고, 위구르족이 다수이다. 쿠차는 과거 '구자국'이라고 불렀는데 서역 36국 중에서 구자국이 가장 강력한 국가였다. 근처 식당에서 저녁 식사를 마

쿠차의 노천카페에서 여유로움

치고 나왔는데 매우 환하다. 식사 후 노천 까페에서 맥주와 양 꼬치(샤슬릭 구이)를 먹으며, 여행의 피로를 푼다.

이슬람교 지역이라 돼지고기는 안 팔지만, 중국의 이슬람 지역은 술 판매는 자유롭다. 쿠차는 당나라 시대 '안서도호부'를 설치했던 실크로드 전략적 요충지이다. 당나라는 오아시스 국가의 영토를 빼앗고, 서쪽의 평화를 지킨다는 뜻으로 '안서安西 도호부'를 설치했다. 당나라는 서역의 "투루판, 쿠차, 호탄, 카슈가르"에 안서도호부를 설치하고 군사를 주둔시켰다. 당나라는 고구려(668년)를 멸망시키고 평양에 '안동安東도호부'를 설치한 적이 있다.

우리는 내일 아침 쿠차를 출발 '키질 석굴'과 한나라 시대 만든 '봉화대'를 봐야 한다.

고대 신라인 발자취와 키질 석굴

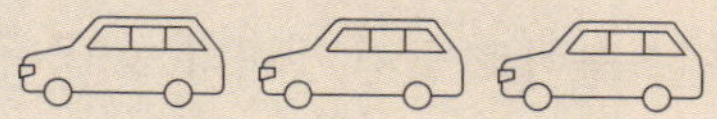

당나라 시대 '구자국'(현재 쿠차)은 고대 신라, 고구려 역사와 관련이 많다. 신라 승려 혜초스님이 쓴 '왕오천축국전'에 구자국(현재 쿠차)에 대해 자세히 기록하고 있다. 혜초스님은 727년 11월 쿠차에서 숙박하였다. "카슈가르(당시 소륵국)에서 한 달을 걸어가면 구자국(현재 쿠차)에 이른다. 안서도호부가 있고 군대가 많다. 사찰과 승려가 많다. 소승 불법과 대승 불법이 공존한다. 고기, 파, 부추를 먹는다. 중국 승려는 대승불교를 믿는다."고 왕오천축국전에 기록돼 있다.

혜초는 20살의 청년 나이에 724년 중국 광저우를 출발 상인들의 배를 타고 천축으로 갔다. 돌아올 때는 파미르고원을 넘어서 '서역북로'를 통해서 당나라로 귀국했다. 귀국길에 쿠차(구자국), 투루판, 돈황, 장안을 거쳐서 오대산으로 돌아왔다. 우리는 혜초스님이 귀국했던 길을 반대로 따라가고 있다.

신라 후기 대학자 '최치원'(857~908)은 당나라에서 과거시험(빈공과)에 합격하고 관리를 했다. 최치원이 귀국 후 쓴 '향약잡영'(현재 없어짐)에 오늘날 민속놀이인 '북청사자놀이'에 대해 기록하고 있다. "수만 리를 걸어오느냐고 먼지를 잔뜩 뒤집어썼구나." 서역에서 들어온 놀이 극을 보고 신라에서 쓴 것이다. '북청사자놀이'의 원산지가 당나라 시대 구자국(현재 쿠차)이다. 아프리카에 사는 '사자'를 신라인들은 본 적도 없는데, '사자놀이'를 서역에서 가져와서 민속놀이로 즐긴 것이다. 이국적인 사자놀이가 신라의 경주에 사는 주민들에게 큰 볼거리였을 것이다.

최치원은 서역에서 오현, 피리, 횡적 등 악기가 신라와 고구려에 전해졌다고 적고 있다. 1300년 전 실크로드의 동쪽 끝 신라와 구자국(쿠차)의 문화 교류를 알려주는 기록이다. 구자국의 춤, 음악, 악극, 서커스 공연은 당나라 '양귀비'가 매우 좋아했다고 한다. 구자국 출신 악극단, 무용수, 서커스 단원 등이 장안에 많이 와 있었다고 한다. 타클라마칸 사막 중간지역에 있는 구자국은 당시 가장 강력한 오아시스 국가였다. 당나라는 이곳에 '안서도호부'를 설치하여 군대를 주둔시켰다. 7, 8세기 이미 글로벌 마인드였던 당나라는 능력만 있으면 외국인도 고위직으로 출세가 가능했다. 고구려 포로의 후손인 고선지도 절도사로 출세했으니 당시의 포용정책을 짐작할 만 하다.

쿠차는 안서도호부 절도사를 지낸 고구려인 후손인 '고선지' 장군의 활동무대이기도 하다. 고선지 장군이 쿠차에서 8세기 중반 군대를 이끌고 험하고 험한 파미르고원과 히말라야 산맥을 넘어가서 현재 아프가니스탄 북부 연안보, 길기트 등을 점령하고 서역 35개국이 조공을 바치도록 했다. 천산산맥을 넘어가서 '석국'(우즈베키스탄 타슈켄트)을 점령하였다.

현재 타슈켄트는 당시 '석石국'인데 석국이 조공을 안 바친다고 험난한 천산산맥을 넘어 왕을 잡아 장안으로 압송했다. 이런 공로로 30대 초반의 젊은 나이에 군사령관인 '안서절도사'로 승진하였다. 근세 유럽의 군사 전략가들이 히말라야산맥과 파미르고원을 넘어 군사작전을 펼친 고선지 장군을 높이 평가해서 고선지는 근세 이후 유명해졌다.

오늘은 '어커수'까지 약 330km 짧은 거리를 이동하므로 일정이 여유롭다. 오전 쿠차를 출발 외곽에 있는 2000년 전 한나라 시대 만든 '봉화대'에 들렸다. 이른 아침이라 관광객은 우리 일행뿐이다. 매표소에서 약간 떨어진 봉화대까지 메마른 사막길을 걸어가야 한다. '봉화대'는 가로 4.5m, 세로 3.5m, 높이 12m 크기로 많은 부분이 무너져서 당초 크기의 1/3 규모라고 하는데도 규모가 매우 크다. 경주의 첨성대보다 훨씬 크다. 봉

2000년 전 한나라 시대 만든 봉화대

화대 주변은 깊은 협곡으로 둘러싸여 있어 침입자의 감시와 방
어에 유리한 지형이다.

한나라 시대 만든 봉화대를 이후 당나라가 고쳐서 사용했다
고 하는데, 사막의 건조한 날씨에 오랫동안 잘 보존된 것이다.
봉화대 경비병은 멀리서 유목민 군대가 침입하면 인근의 사령
부에 연기로 신호를 보낸다. 봉화대 입구의 기념관에 봉홧불 연
료로 사용하던 '갈대 다발' 묶음을 전시하고 있다. 설명서를 읽
어 보니 봉화 연기가 잘 보이도록 '야생 늑대' 똥을 섞어서 불을
붙였다는 설명이 재미있다. 정말 늑대 똥 연기가 멀리서 잘 보
일지 궁금하다. 군인들이 늑대똥을 구하러 사막을 어슬렁거리
는 모습을 상상해 본다.

우리의 여행경로를 중국인 감독관 류선생이 감시하고 있다.
류선생은 위구르족 지역을 못 가게 제지하는데, 우리는 쿠차시

쿠차시 뒷골목 위구르족 마을

뒷골목을 지나가면서 자연스럽게 위구르족들이 사는 모습을 보게 되었다. 시내 중심부 한족이 사는 고층아파트와 확연히 구별되는 가난함이 느껴지는 달동네이다. 위구르족이 사는 허름한 마을 뒷골목은 이슬람교 모스크가 있다.

쿠차에서 서쪽 사막으로 70여km를 가면 절벽의 계곡에 '키질 석굴'이 있다. '키질 석굴'이 있는 계곡은 작은 실개천이 흐르는 오아시스 마을이다. 상인들이 쿠차로 가기 전에 하룻밤 묵었다가는 지역이다. 아마 혜초스님도 이곳을 거쳐서 쿠차로 갔을 것이다. 11시경 매표소에 도착하니 사막의 날씨가 무척 덥다. 사막 한복판에 있는 키질 석굴에 찾아온 관광객들이 상당히 많다.

키질 석굴은 서기 3세기부터 9세기까지 600년에 걸쳐 조성되었고, 260여 석굴이 절벽에 있다. 키질 석굴은 알렉산더 대왕이 전파한 고대 그리스의 간다라 미술 양식, 고대 인도 양식의 벽화와 불상이 많이 남아서 유명한데, 서구 약탈자들이 중요한 유적은 대부분 뜯어갔다.

이곳은 서기 3세기 석굴을 만들기 시작했으므로 불교가 동방으로 포교하면서 만들었던 초창기 석굴 양식이다. 석굴 규모는 소규모이다. 쿠차의 3세기 키질 석굴, 4세기 중반 돈황석굴, 5세기 천수의 맥적동 석굴, 8세기 신라 석굴암 등 불교 석굴이 매우 서서히 동쪽으로 이동했음을 알 수 있다.

키질 석굴은 간다라 지방의 그리스풍 조각 양식이 많이 남아서 불상 예술사의 중요한 유적이라고 평가해서 커다란 기대를 갖고 갔는데, 완전 실망이다. 석굴의 벽화는 거의 안 남았고, 부

키질 석굴 입구 백양나무 가로수

처상도 거의 없는 텅 빈 동굴과 다름없다. 일부 남아 있는 불상
도 얼굴과 눈이 크게 파괴되어 잘 보존된 돈황석굴과는 비교할
수 없다. 대부분 유적은 20세기 초기 독일의 탐험대가 약탈해
갔다. 2차 세계대전 중 미국 공군의 베를린 폭격으로 당시 '베
를린 향토박물관'에 보관 중이던 키질 석굴의 인류 유적이 한
순간에 잿더미가 되었다고 한다. 유홍준 교수가 유적을 보러 왔
다가 키질 석굴의 불교 유적은 못 보고, 입구에 줄지어 늘어선
'백양나무' 가로수만 보고 왔다는 말이 맞는 것 같다.

'키질 석굴' 정면에 유명한 번역승 '구마라집' 동상이 있다.
서기 344년에 탄생한 구마라집의 탄생 1,950주년 기념으로
1994년 설치한 동상이다. '구마라집'은 쿠차에서 태어난 귀족
출신 승려로 중국 불교 역사의 중요한 인물이다. 구마라집의 아
버지는 인도의 왕자이고, 어머니는 구자국(쿠차)의 공주인데 어
려서 승려로 출가하였다. 산스크리스트어, 간다라어, 쿠차어,

소그드어, 한어 등을 구사할 수 있는 언어의 천재였다. 4~5세기는 중국은 한나라가 망하고 이민족들이 370년 동안 지배하던 '5호 16국' 시대이다. 장안에 있던 '전진 왕 부견'이 구마라집의 명성과 천재성을 듣고 군대를 쿠차로 보내서 구마라집을 서기 384년 납치해 왔다. 쿠차 왕이 구마라집의 중국행을 거절하자 쿠차 왕을 죽이고 강제로 장안으로 잡아 왔다. 구마라집을 강제로 결혼시켜서 도망을 못 가도록 협박을 하기도 했다.

구마라집은 중국에서 불경의 번역에 평생을 바쳤다. 반야심경, 법화경, 아미타경 등 많은 경전을 한자로 번역한 승려이다. 우리에게 익숙한 '반야심경'의 '색즉시공色卽是空, 공즉시색空卽是色'(색은 공이고, 공은 색이다)은 구마라집이 중국어로 번역한 것

키질 석굴 앞의 구마라집 동상

이다. '실재(욕계)와 비실재(공)'의 불경의 깊은 뜻을 중국어로 의역한 유명한 문장이다. 불교의 깊은 뜻이 들어있는 공空의 개념을 번역한 매우 유명한 불경 구절이다. 구마라집 이전에 인도어 산스크리스트어와 중국어 두 개 언어를 아는 사람이 없어서 부처가 설법한 깊은 뜻이 중국어로 번역이 잘 안되었다. 초창기 불경을 중국인들은 도교식 용어로 해석하였다. 노자의 도덕경에 자주 나오는 '무無, 허虛, 적寂' 등 도교의 무위無爲 개념을 가지고 번역하여 부처의 뜻이 잘 전달되지 못했었다. 구마라집과 현장은 산스크리스트어와 중국어 두 개 언어에 능통한 승려로 중국 불교 역사의 2대 번역승이다.

전진 왕 '부견'은 불교 포교자로서 우리 역사책에 나오는 인물이다. '부견'은 서기 372년 고구려 소수림왕에게 승려(순도)를 보내서 불교를 소개한 왕이다. 고구려는 선진 문명인 불교의 영향을 받아서 율령을 만들어 율령국가 체제로 변경한다. 소수림왕의 다음 왕은 '광개토대왕'으로 고구려 전성기를 만든 왕이다.

구마라집은 초기는 '소승불교'를 공부하다가 중간에 '대승불교'로 전향한 승려이다. '대승大乘'불교는 큰 수레(대승大乘)에 많은 사람을 구제한다는 종파이다. 해탈을 이룬 부처가 열반하지 아니하고, 현세에 남아 고통받는 중생을 구제하는 진화된 불교 사상이다. 서기 0세기 전후 인도에서 대승불교가 태동한 후 실크로드를 따라서 중국과 한국으로 전파되었다. 자비를 상징하는 관세음보살, 지혜를 상징하는 문수보살, 현세의 행복을 기원하는 아미타보살('나무아미타불'을 10번 염불하면 극락極樂 정토淨土에 간다), 미륵보살(미래 생에 복을 가져오는 미래불)이 우리가 잘 아는 보살 이름이다. 늦게 탄생한 미래불 '미륵보살'은 현실의 고되고 힘든 민중을 선동하여 민란을 일으키는 이념으로 사용되기도 하였다. 과거 민란 지도자가 '미륵보살'을 내세워 미륵불은 왕실의 박해 대상이기도 했다. 불교 철학과 사상도 시대와 서민의 요구에 따라 진화해 왔다.

뜻밖에도 키질 석굴 10호 굴에 '한 학련'이라는 연변 출신 조선족 기념사진이 전시되고 있다. 흥미가 있어 한 학련 기념전 사진을 찍고자 하니 여자 직원이 사진 촬영을 못 하게 한다. '한 학련'은 1946년, 1947년 키질 석굴의 조사와 발굴, 키질석굴 벽화를 모사하여 키질석굴 보존에 크게 기여했다고 한다. 왜 이 멀리 타클라마칸 사막 깊숙이 있는 키질석굴에 연변 출신 조선족 사람이 매혹당했는지 궁금증이 생긴다. 한학련은 비행기 사고로 사망한 것으로 나온다. 타클라마칸 사막의 깊은 곳에 고대 신라, 고구려의 흔적이 있고, 근세 인물 '한학련'까지 얽혀 있어 우리 역사와 실크로드의 인연은 간단치 않다는 것을 알 수 있다.

위구르족 성지
'카슈가르'

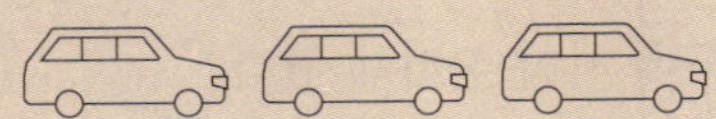

　차는 타클라마칸 사막의 북쪽, 실크로드 '서역북로'를 달리고 있다. 타클라마칸 사막의 서쪽 끝에 있는 파미르고원으로 향하고 있다. 오늘은 8월2일이다. 7월2일 한국 동해항을 출발한 지 만 한 달이 지났다.

　타클라마칸 사막은 끝도 없고 시작도 없는 길고 지루한 곳이다. 길고 긴 사막의 모습은 수시로 바뀐다. 곳곳에 협곡도 있고, 황토색 바위산도 있고, 거친 모래사막도 있다. 중국 정부에서 천산산맥의 빙하수를 활용하여 거대한 오아시스 농업지대를 곳곳에 만들어서 어떤 지역은 수십 킬로 녹색의 밭이 있다. 밭 주변에 방사림과 방풍림으로 조성한 초록의 포플러나무, 백양나무 울타리가 황토색 사막과 대비되어 인상적이고 아름답다.

　이번 여름 서울은 무더위가 무척 심해서 고생한다는 소식을 듣고 있는데, 사막의 낮 기온은 40도가 넘지만, 건조해서 그늘에 있으면 견딜만하다. 옛날 사막을 지나던 구도승, 실크로드 상인들은 뜨거운 한낮을 피하고, 달빛, 별빛을 받으며 늦은 오후나 야간에 이곳을 통과했을 것이다.

타클라마칸 사막 지도

오늘 점심은 이름도 모르는 시골 도시를 지나다가 햄버거 가게가 있어서 햄버거와 콜라로 때웠다. 타클라마칸 사막의 작은 오아시스 도시의 햄버거는 맛은 별로지만, 가게가 널찍하고 시원해서 좋다.

나와 아내는 요즈음 감기에 걸려 고생하고 있다. 사막에서 계속 에어컨을 켜고 이동하고, 피로가 누적되니 심한 감기에 걸렸다. 감기약을 계속 먹고 있으나 차도가 별로 적어서 힘든 일정을 보내고 있다. 다른 사람에게 전염을 막기 위해 마스크를 쓰고 있으니 더욱 불편하다. 황량한 사막을 지나면서 보온병에 담아온 믹스커피, 녹차를 차 안에서 마시며 무료함을 달래고 있다. 서울에서 준비해 온 과자, 사탕 등 간식거리도 전부 바닥났다. 휴게실에서 수박, 멜론, 아이스크림을 자주 사 먹고 있다.

휴게소 주차장에 차를 세우면 우리 차에 부착된 여행경로 지

휴게소에서 위구르인들이 우리 자동차 여행에 관심을 보이고 있다.

도를 보기 위해 많은 위구르 인들이 주변에서 모여든다. 어떤 사람은 '유튜브'로 중계도 한다. 우리에게 어디 가는지 꼬치꼬치 질문을 하는 사람도 많다. 위구르족 억양은 중국인에 비해 조용하다. 사막의 휴게소에서 만나는 위구르족 어린이들도 대부분 휴대폰에 얼굴을 집중하고 있다. 청소년들의 휴대폰 중독은 세계 공통된 문명 현상이다.

사막의 휴게소에서 중국 광동성에서 출발, 여행을 시작한 가족을 만났다. 그들은 우리 차의 지도를 보더니 찾아와서 인사를 한다. 4살짜리 아들, 부인 등 세 가족이 자동차 여행 중이라고 한다. 30대 초반의 나이인데 아마도 성공한 청년 기업인인 것 같았다. 광동성을 출발한 지 한 달 반이 지났다고 한다. 향후 파미르고원을 지나서 서역남로와 티벳을 거쳐 한 달 후에 광동성 집으로 돌아갈 계획이라고 한다. 우리처럼 외국으로 차를 가지고 여행하고 싶다고 말하며 부러워한다. 향후 14억 중국인들이 자동차로 세계를 여행하기 시작하면 어마어마한 엑소더스가 발생할 것이다. 광동성 가족과 휴게소에서 기념 촬영을 하고, 서로에게 무사고 운전을 격려하며 헤어졌다.

카슈가르에 가까이 갈수록 심해지는 공안의 검문을 무사히 마치고, '어커수(악수)'에 오후 늦게 도착했다. 감기로 인한 몸 상태가 안 좋아서 저녁 식사를 포기하고, 호텔 방에서 햇반, 김치와 깻잎 통조림, 고추장으로 아내와 둘이 저녁 식사를 했다. 서울에서 가져온 팩 소주가 남아 있어서 반주로 한 잔씩 했다. 감기로 입맛이 떨어졌지만 소주 한잔은 최고다.

아내가 서울에서 장거리 여행을 대비하여 머리 염색약, 빨래용 1회용 세제 등을 준비해 왔다. 세제로 밀린 빨래도 하고, 다음날 카슈가르로 가는 여정을 준비했다. 아내와 함께 여행하고 있으니 다른 사람들보다 편하다. 억지로 권유해서 동행

휴게소에서 만난 광동성 중국인 가족

한 아내에 감사하다. '인생칠십 고래희古來稀'(두보의 '곡강' 시 구절. 인생칠십 살기는 예부터 어렵다)처럼 멋진 70살 기념 여행에 감사할 뿐이다.

어커수(악수) 호텔의 조식은 '신장 타임' 때문에 아침 8시 30분 늦게 시작한다. 아침 요리에 콩나물, 해산물 미역, 신선한 나물이 나와서 기뻤다.

오늘은 타클라마칸 사막의 '서역남로'와 '서역북로' 두 길이 만나는 위구르족 성지 '카슈가르'(중국명 카스)로 출발한다. 파미르고원의 진입로이자 실크로드의 중요한 교통의 요지이다. 오늘은 470km를 가야 한다. 카슈가르 도착 후 정부 기관에서 '카슈가르 자동차 여행 허가'를 추가로 받아야 하므로 마음이 바쁘다.

서쪽으로 갈수록 오른쪽으로 보이는 천산산맥 높이가 낮아짐을 볼 수 있다. 초록색 초원도 조금씩 보이는 등 타클라마칸 사막의 서쪽 끝자락에 왔음을 알 수 있다. 드디어 타클라마칸 사막을 벗어나서 파미르고원 인접 도시 '카슈가르'에 도착했다. 서역남로와 서역북로가 만나는 도시로 고대부터 교통의 요지이다. 카슈가르는 위구르족이 1940년대 독립을 선포하고 수도로 정했던 지역이다. 위구르족의 시위가 많았던 지역이라 외지에서 오는 자동차 여행자는 여행 허가를 당국에서 받아야 한다.

토요일 오후 카슈가르에 도착 후 허가 관청을 찾아가니 담당자가 퇴근하고 없다. 내일은 일요일이라 걱정이다. 어렵게 여행 허가 담당자와 통화한 결과 일요일 오전 9시에 업무를 볼 것이라는 답변을 듣고 숙소로 들어갔다.

자동차 운전 허가를 못 받았으므로 토요일 오후 남는 시간에

카슈가르 인근의 천산산맥과 사막

카슈가르의 유명한 바자르, 향비묘, 위구르족 구도심 등을 갈 수 없다. 내일 아침 자동차 운전 허가를 받을 때까지 다른 곳은 못 가고, 호텔에서 쉬면서 대기해야 한다. 중국의 소수민족 문제가 얼마나 심각하고, 중국 여행이 어렵다는 사실을 다시 한번 느꼈다.

서구의 사회학자들은 과학기술의 발달과 글로벌시대로 발전하면 민족 간 갈등이나 문제가 적어질 것으로 예측했다. 그러나 예측은 빗나가고, 교육과 소득수준이 높아질수록 세계 각국에서 민족문제, 종교 문제는 더욱 심각해짐을 알 수 있다. 우리처럼 단일민족, 단일언어를 사용하는 국가에 산다는 것은 축복이다.

카슈가르는 실크로드의 요충지로 이곳에서 파미르고원을 넘어서 아프가니스탄, 인도, 페르시아(이란)로 갈 수 있다. 다른 하나는 천산산맥을 넘어서 중앙아시아 타슈켄트, 사마르칸트, 테헤란으로 가는 코스다. 우리는 천산산맥을 넘어서 중앙아시아로 갈 계획이다.

실크로드 전성기 당나라는 변방에 근무하는 군인의 급여로 '비단, 엽전, 곡물' 등을 지급했다. 곡물은 부피 때문에 장안에서 장거리를 옮기기 힘들다. 운반에 편리한 가벼운 비단을 변방의 군인 급여로 주로 주었다고 한다. 화폐경제가 형성 안 된 변방이라 엽전은 급여로 쓸모가 적었다고 한다. 당나라 군인들은 월급으로 받은 비단으로 곡물과 생필품을 구입했다. 서역은 당나라 군인의 급여 때문에 지역경제는 호황을 누렸다고 한다. 당나라 군대가 8세기 중반 안록산 난을 진압하러 장안으로 돌아간 이후 서역의 지역 경제는 쇠퇴하기 시작했다고 한다. 우리나라 강원도 군부대 주둔지 경제가 군인들의 소비에 의존하는 것과 비슷하다.

항해 기술의 발달과 편서풍을 활용한 '바닷길'을 통한 무역로가 육지의 실크로드를 대체하면서 오아시스 도시의 쇠퇴는 가속화되었다.

19세기 말 청나라 최서쪽 도시인 카슈가르에 영국과 러시아의 영사관이 생겨서 두 강대국 간의 스파이 전쟁의 무대가 됐다. 근세 외교사에서 영국과 러시아의 외교전을 'Great Game'으로 부른다. 당시 영국은 인도를 식민지로 갖고 있었다. 러시아는 '남진 정책'을 통해 태평양과 인도양으로 나가려는 욕구가 있었다. 카슈가르는 러시아의 '남진 정책'과 영국의 '봉쇄정책'의 접점이었다. 옛 영사관은 호텔로 단장, 유명한 관광지가

카슈가르 시내 풍경

되어 있다.

1885년 영국은 우리 남해안 '거문도'를 2년 동안 무단 점령하고 해군기지를 만든 적이 있다. 러시아의 남진 정책을 막으려고 전략적 요충지인 대한해협의 '거문도'에 영국이 해군 진지를 무단으로 점령하여 만든 것이다. 당시 영국은 조선을 청나라 영토로 오해하고, 청나라 실권자 '리홍장'에게 '거문도' 점령 사실을 알려줬다. 리홍장이 이 사실을 조선의 이조판서에 알려줘서 조선은 뒤늦게 영국의 점령 사실을 알았다고 한다. 영국의 거문도 철수는 조선의 노력이 아니라, 영국과 러시아의 조약에 의해서 이루어졌다. 주변 강대국의 무력 침략을 대비하기 위해서 강력한 국력을 기르는 것은 만고의 진리이다. 오늘날 한반도를 둘러싼 4개 강대국의 외교 문제는 19세기 말 영국, 러시아의 'Great Game'에 못지않다는 생각을 해 본다.

지구의 지붕 '파미르고원'

　카슈가르는 인구수가 50만명의 위구르족이 전체 인구의 90% 점하는 위구르족 정신적 성지이다. 오늘은 8월 4일 일요일이다. 북경에서 서쪽으로 갈수록 '신장 타임' 효과가 크게 나타나므로 아침 8시 이후 해가 뜨고, 밤 10시 이후 해가 진다.

　'변방여행허가서'를 받아야 하므로 아침 9시에 어제 들렸던 중국관청에 들린다. 주차장에 몇 대의 차들이 미리 와서 변방여행 허가를 기다리고 있다. 한 시간을 건물 밖에서 기다리니 그때야 직원이 나와서 현관문을 열어준다. 한참 기다린 다음 간신히 '카슈가르 변방여행 허가'를 받았다.

　우리는 카슈가르에서 중국어와 위구르어를 할 줄 아는 위구르족 한 명을 가이드로 고용했다. 위구르족은 중국어를 모르는 사람이 많기 때문에 위구르어와 중국어 두 개 언어를 구사하는 현지인이 필요하다. 오전 11시경 늦게 여행 허가를 받았다. 오늘 우리는 왕복 500km 걸리는 파미르고원 전망대를 다녀올 예정이다. 늦게 여행 허가를 받았으므로 500km를 다녀오는 여정은 빡빡하다.

파미르고원은 '세계의 지붕'이라고 부른다. 학창 시절 배웠던 '세계의 지붕'이 어떻게 생겼는지 궁금하다. 파미르고원은 히말라야산맥, 힌두쿠시산맥, 곤륜산맥, 천산산맥 등 아시아대륙의 거대한 산맥들이 모이는 광대한 면적의 산괴山塊이다. 타지키스탄, 아프가니스탄 등 서쪽의 파미르는 '대大 파미르'로 부르고, 중국 쪽 파미르는 '소小 파미르'로 부른다.

파미르고원의 고산지대를 관통하는 도로 이름은 '카라코람 하이웨이'이다. 통상 '하이웨이'는 차가 빨리 갈 수 있는 '고속도로'를 뜻한다. 그러나, 카라코람 하이웨이는 '높은High 지대'고高지대에 있는 도로라는 뜻이다. 마침 어제 비가 많이 내려서 날씨가 매우 쾌청하다. 파미르고원으로 향하는 국도는 1차선 도로인데, 오늘은 일요일이라서 중국 관광객, 위구르인들 차량이 많아서 교통체증이 심하다.

파미르고원 지도

　카슈가르는 해발 1,400m인데, 서쪽으로 이동하면서 해발고도가 높아져서 해발 4,000m 이상까지 가야 한다. 파미르고원 초입부터 아찔한 급 커브길, 적갈색, 암갈색 바위, 수백m 깎아지른 절벽, 풀 한 포기, 나무 한 그루 없는 빙하로 덮고 있는 바위산 등 태고의 장엄한 모습에 압도당한다. 깊은 협곡은 다리를 설치해서 계곡을 통과한다. 가끔 산사태로 무너진 자갈 더미가 그대로 쌓여 있다. 임시로 돌아서 가야 한다. 파미르고원을 넘어가는 '카라코람 하이웨이'는 현재도 눈이 오기 시작하는 11월부터 통행이 금지된다. 따라서 여름철이 중요한 관광 시즌이다.

　처음 가보는 파미르고원 고지대의 날씨를 예측할 수 없어서 서울에서 출발할 때 겨울 패딩, 긴팔 셔츠, 털모자, 장갑, 목도리 등 추위 대비 복장을 충분히 준비해 왔다. 4,000m 이상 고지대는 날씨가 급변하고, 강풍이 불거나 눈비가 내릴 수 있어서 최악의 상황을 대비하여 많은 겨울옷을 준비한 것이다. 고산병 발병으로 호흡이 곤란할 때 대비한 산소호흡 장비도 준비해 왔다. 다행히 날씨는 바람도 없는 최상의 온화한 날씨라서 겨울옷이 필요하지 아니함에 안도한다. '변방여행허가서' 발급 지연으로 늦게 출발했기 때문에 중간 휴게소에서 란 빵으로 간단한 점심을 했다.

　해발 2,000m의 '수목한계선'을 지나면 나무는 한그루 없고, 날카롭게 각진 절벽 바위로 이루어진 유년기 지형이 줄지어 있다. 해발 3,000m 이상 올라가니 주변 6,000m, 7,000m 고봉마다 빙하와 만년설이 햇빛에 반사되어 산세가 화려하고 웅장하다. 억겁億劫의 풍상에 깎여서 생긴 가파른 수직 절벽 위에 하얀

구름이 지나가는 풍경은 태고太古미, 야성미 자체이다. 고지대로 올라갈수록 자동차도 산소가 부족하여 연소가 잘 안되므로 차도 힘 들어 한다. 우리는 웅장한 산에 취해서 지루할 틈이 없다.

지금 가고 있는 길은 '쿨마 고개'로 향하는 길이다. 계속 가면 중국 국경을 넘어서 '타지키스탄'으로 가게 된다. '쿨마 고개'로 가는 해발 4,000m 지점에 '무스타그아타설산' 전망대가 나온다. '카라쿨리 호수'와 해발 7,500m '무스타그아타설산'이 눈앞에 있다. 카라쿨리 호수는 입장권을 사서 버스를 타고 가야 한다. 우리는 안타깝게도 시간이 없어서 포기했다.

313

　오늘 파미르고원 산신령에게 술 한잔 올리려고 블라디보스톡행 여객선 면세점에서 한 달 전 위스키 한 병을 사 왔다. 4,000m 전망대는 마침 바람 한 점 없이 화사한 날씨이다. 전망대 앞의 웅장한 7,500m '무스타그아타설산' 산신령께 술 한잔 올리고, 좋은 날씨를 주신 점에 감사의 인사를 드린다.

　전망대에서 마시는 위스키 한잔이 목으로 넘어가는 기분은 최고다. 빙하 근처에 갈 수 없기 때문에 빙하수를 못 먹는 게 아쉬움이다. 따스한 햇볕이 멀리 한국에서 온 우리를 환영하고 있다. 4,000m의 높은 고지대에서 평화로움을 만킥할 수 있다는 것은 히말라야 산신령의 도움이다. '고산병'을 염려해서 전망대에서 최대한 움직임을 자제하고 있다. 과거 운남성 차마고도 트래킹, 페루 쿠스코에서 고산병으로 크게 고생한 적이 있었는

파미르고원 4,000m 전망대 앞에서

데, 이번 여행은 고산병이 무사해서 다행이다.

'파미르'의 위구르어 뜻은 '평평한 곳'이라고 하는데 해발 4,000m 정상에 넓은 평지가 펼쳐져 있다. 고산지대에 사는 야크들이 짧은 여름의 풀을 뜯는 모습이 가끔 보인다. 고원의 곳곳에 빙하수가 만든 하늘색 호수가 있고, 파란 하늘이 내비치는 호숫물이 아름답다. 파미르고원은 지구 표면의 "인도판과 아시아판"이 서로 충돌하여 융기한 지형이다. 두 지각판의 충돌로 지금도 지진이 자주 발생하고, 미세하게 산들이 솟아오르는 유년기 지형이다. 이 험난한 고산 지역을 '샌들 가죽신'을 신고, 걸어서 넘어갔던 구법승의 고행길을 상상해 본다.

카라쿨 호수의 파란 물을 보면서 파미르고원과 아쉬운 작별 인사를 하고 하산을 시작한다. 언제 기회가 되면 충분히 시간을 가지고, 파미르고원 이곳저곳을 다녀보고 싶다.

구법승들이 남긴 여행기에서 파미르고원을 넘어오는 어려움을 잘 기록하고 있다. 이곳을 지나던 승려나 상인들은 파미르고원에서 눈사태, 눈 폭풍을 만나면 마음씨 나쁜 '독룡'毒龍이 조화와 변고를 일으킨다고 생각했다. 구법승들이 파미르고원을 통과하는 길은 두 개다. 오늘 우리가 다녀온 '쿨마 고개'를 지나서 타지키스탄으로 향하는 길. 이 길은 700년 전 17살 마르코 폴로가 아버지와 함께 통과한 길이다. 마르코폴로의 동방견문록에 '파미르고원 통과에 12일 걸렸고, 카슈가르 도착까지 40일 걸렸다'고 적고 있다.

다른 길은 '현장스님, 혜초스님'이 넘어온 길이다. 혜초스님은 서기 726년경 아프가니스탄 '와칸 계곡'에서 출발하여 '카

파미르고원 빙하 호수

슈가르'로 넘어왔다. 혜초는 혈혈단신 여행객이다. 아프가니스
탄 '와칸 계곡'에서 파미르고원을 넘어가는 실크로드 상인을
만날 때까지 오랫동안 기다린 끝에 상인들을 만나서 함께 넘어
왔다. 왕오천축국전에 도둑들의 살상에 대해 기록하고 있다.

산중의 부족국 왕이 200명, 300명씩 도둑들을 보내서 지나가
는 상인, 여행객의 짐을 빼앗고 사람을 죽인다. 날씨가 매우 추
운데 왕은 빼앗은 비단을 창고에 싸놓고만 있다. 추운데 옷을
해 입지 않는다.

혜초는 왕오천축국전에 파미르고원 통과의 험난함과 도둑에 대해 시로 남겼다.

....길은 험하고 산마루엔 눈이 잔뜩 쌓였는데. 험한 골짜기 길엔 도적 떼가 들끓고. 새도 날다가 솟아있는 산봉우리에 놀라며. 사람은 가다가 조심조심 외나무다리도 건너야 한다네. 평생 눈물을 훔쳐본 적 없었는데. 오늘따라 하염없은 눈물이 걷잡을 수 없구나.

돈도 없는 혜초스님이 어떻게 낯모르는 상인들에 얹혀서 중국으로 돌아올 수 있었을지 추정해 본다. 아마도 혜초는 불경 설법을 잘해서 상인들을 위로하고, 여러 지역을 여행하며 보고 들은 것을 구수하게 얘기를 잘해서 상인들에게 환영을 받았을 것이다. 여러 외국어에 숙달한 건장한 청년일 것이라는 상상해 본다.

승려 혜초는 20살에 중국 광저우에서 배로 출발, 천축 (인도)에 도착, 귀국할 때는 파미르고원 등을 거쳐 24살에 중국에 돌아온 모험심 강한 신라 청년이다. 오늘날로 치면 대학생 나이에 귀국을 장담할 수 없는 멀고 먼 이국을 다녀온 청년 모험가, 한민족 최초의 세계인이라는 생각이 든다.

서기 400년경 파미르고원을 넘어간 법현 스님은 '불국기'에서 "겨울이나 여름이나 눈이 쌓여 있고, 독룡이 있어서 만약 독룡이 진노하면 혹독한 바람과 눈비가 몰아쳐 모레와 자갈이 마구 날린다. 사람이 온전하게 파미르고원을 통과할 수 없다." 승려 법현은 나이 63살에 천축으로 긴 여행을 떠났다. 그리고 13년 후 76세 나이에 스리랑카에서 배편으로 귀국한 구법승이다. 젊은 승려들이 '법현'에 어떻게 험한 길을 다녀왔는지 여러 질문을 했다. "늦지 않았네. 자네들도 한번 해보게"라는 답변을 했다고 한다. 서기 645년경 파미르고원을 넘어서 당나라로 귀국한 현장 스님은 '대당서역기'에서 자연재해와 도둑들에 대해 기록하고 있다.

산속의 호수에는 무서운 독룡毒龍이 산다. 독룡毒龍이 화가 나면 눈보라를 일으킨다. 길은 매섭고 험하다. 살육하는 것을 태연스레 저지르는 도적들이 많다.

아주 옛날 구법승의 여행기를 통해서 파미르고원 횡단이 얼마나 험한지 상상할 수 있다.

오늘 나는 평화스러운 파미르고원 아름다운 경치를 보면서 많은 상념이 떠오른다. 언제 기회가 되면 아프가니스탄 '와칸 계곡'에서 넘어오는 혜초스님이 걸어 왔던 길을 가보고 싶다.

천산산맥과 천산고원을 넘는다

일요일(8월 4일) 오후 파미르고원에서 카슈가르로 돌아오는 길도 관광객 차들이 많아서 길이 많이 막힌다. 파미르고원을 다녀와서 저녁에 위구르족인 많이 사는 카슈가르 구도심에 가보고 싶었다.

위구르족이 많이 사는 구도심과 바자르를 관광하고, 저녁 식사를 구도심에서 위구르족 현지식을 먹고 싶었다. 중국인 감독관 류선생의 반대로 가지 못한 것이 아쉽다. 류선생은 우리의 일정을 감독관청에 보고해야 하는데, 상부의 동의 없이 허락하면 문책을 당한다고 말한다.

시내 식당에서 반주로 중국 바이주를 마시며 파미르 여행의 피로를 풀고 아쉬움을 달랜다. 내일은 천산산맥과 천산고원을 통과하여 중앙아시아 '키르기스스탄'으로 넘어가야 한다. 간첩법, 공안의 검문 등 통제와 규제가 심한 중국을 벗어나는 것이 시원섭섭하다. 아내는 감기가 심해서 식사를 잘 못한다. K 교수가 서울 의사로부터 조제약을 가져왔다고 해서 아내는 K 교수로부터 조제약을 빌려 먹고 있다.

신장에 사는 위구르족은 약 1,200만 명인데. 언제부터 위구르족으로 불렀는지 조사해 봤다.

위구르족은 과거 몽골고원 서쪽에 살던 유목민이다. 위구르족은 서기 740년경 중앙아시아 강대국 돌궐국(투루크족)을 멸망시키고 840년까지 100여 년 동안 초원 지역을 지배한 유목민 강대국이다. 키르기스스탄 종족에 840년경 멸망 후 일부 위구르 귀족이 천산산맥을 넘어 타클라마칸 사막으로 도망 와서 왕국을 세운 것이 신장지역 위구르 종족의 시작이다.

위구르 왕국은 몽골의 칭기즈칸이 나타나자 가장 먼저 항복하여 칭기즈칸의 사위가 되어 왕국을 보존하였다. 문자를 갖고 있던 위구르족은 문맹 상태인 몽골제국의 행정 관료를 지낸 사람이 많았다. 외교문서 작성, 세금 징수, 서기 업무 등을 위구르인들이 담당하였다.

300년 전 청나라는 신장을 정복 후 새로운 영토라는 뜻의 '신장'으로 영토를 편입했다. 1911년 청나라의 멸망 후 위구르족 독립 국가 분위기가 시작되게 된다. 1차세계대전 이후 세계는 민족주의 운동 바람이 불었다. 1919년 우리의 3.1운동, 상해임시정부 수립도 세계적인 민족주의 운동 분위기 아래서 이루어졌다. 1924년 위구르족 지도자들이 독립 국가 수립을 논의하면서 종족 이름을 '위구르족'으로 부르기로 했다. 이후부터 '위구르족' 명칭이 부활했다.

위구르족은 장개석과 모택동 군대가 내란 중이던 1940년대 카슈가르를 수도로 정하고, '동東 투르쿠스탄' 국가 수립을 선포했다. 중국을 통일한 모택동 정권이 1949년 다시 군대를 보내서 신장을 점령하였다. 최근 1997년, 2006년에 카슈가르, 쿠차 등의 대학생들이 독립운동 시위를 주도하였다. 중국 정부는 시위 참여 청년들을 정치범수용소 수용, 처형 등으로 서구 국가의 인권침해 사례로 비판받고 있다. 현재도 긴장감이 느껴지는 지역이다.

오늘은 8월 5일 월요일. 중국은 국경을 토요일, 일요일과 평일 밤 8시 이후 야간은 통행을 금지한다. 따라서 오늘 월요일은 국경을 지나는 차량 통행량이 많다.

오늘은 중국 출국, 키르기스스탄 입국, 파미르고원의 일부인 천산산맥과 천산고원를 통과하여 530여km 먼 산길을 이동해야 한다. 오늘의 목적지는 키르기스스탄 제2의 도시 '오쉬'이다. 미리 호텔에 아침 도시락 준비를 부탁, 아침 일찍 숙소를 출발했다. 이동하는 차 안에서 아침 식사도 하고, 점심 식사도 이동 중 차 안에서 먹도록 빵, 음료수를 샀다.

오늘은 위구르족 현지인 가이드와 동행하고 있다. 천산산맥 중국 국경까지 함께 가서 우리는 키르기스스탄으로 넘어가고, 위구르족 가이드는 중국 감독관 류선생을 차에 태우고 돌아와서 북경으로 돌아가도록 공항으로 라이드해야 한다. 조선족 출신 류선생은 우리와 함께 여행하면서 중국어 통역업무를 성실하게 잘 도와주었다. 우리는 감독관 조선족 류선생의 급여와 여행 경비를 부담한다.

'천산산맥'은 중앙아시아와 중국의 국경을 만드는 산맥으로 타클라마칸 사막 북부의 산맥이다. 우리는 천산산맥의 서쪽에 있는 산길을 통해 키르기스스탄으로 향하고 있다. 대★ 파미르고원의 일부인 '이쉬케르탐' 고개를 넘어가고 있다. 당나라 시

천산산맥 국경으로 가는 길

대 1,400년전 '사마르칸트, 부하라'를 근거지로 하는 소그드 상인(이란계 종족)들이 이 길을 통해서 당나라로 장사하러 다녔다. 천산산맥으로 가는 길은 형형색색 바위와 절벽, 가끔은 오아시스 촌락 등 도로변 자연이 아름답다. 황토색, 연한 노랑색, 옅은 회색, 옅은 파스텔색 등 계곡의 바위 색깔이 계속 변하는 거대한 파노라마 경치이다. 철 성분의 많고 적음에 따라 바위 색깔이 달라진다고 한다. 수억년 동안 바람이 산을 깎고 또 깎아서 만든 지형이 아름답다.

'게르' 천막이 있는 마을도 지나가고 있다. 이곳은 카자흐인, 키르기스인, 몽골인 등 많은 소수민족의 거주지라서 각 지역마다 민족 전통을 유지하며 살고 있다.

중앙아시아로 통하는 '일대일로'Belt and Road channel 길이라는 도로판이 있다. 국경으로 가는 중간에 7번이나 중국 공안, 군인 등 검문을 받았다. 매번 시간이 늦어진다. 카슈가르에서 110km 이동 후 중국 세관이 있다. 세관 통과 후에도 군인이 지키는 국경초소까지 135km를 더 가야 한다. 출국심사는 간단히 하는 게 일반적인데, 중국 당국의 검사는 엄격하다. 중국 세관원이 출국하는 우리에게 휴대폰 번호를 적어내라고 한다. 출국하는 사람의 전화번호가 왜 필요한지 웃기는 일이다. 나와 아내는 사생활 정보라고 생각하고, 가짜번호로 적어내며 웃는다.

아침 8시 숙소를 출발했는데 해발 2,800m의 고지대에 있는

천산산맥으로 가는 게르 마을

중국 군대 초소를 지나니 중국시간으로 오후 4시이다. 250km 오는데 검문, 통과 절차 등으로 거의 8시간이 걸린 셈이다. 다행히 키르기스스탄 표준 시간은 중국보다 3시간 시차가 빠르다. 키르기스스탄 영내에 들어오니 오후 1시에 맞게 3시간 시계바늘을 뒤로 돌리니 오후 여정에 여유가 생긴다.

중국 국경을 통과한 다음 키르기스스탄 세관으로 가는 비포장 산길을 수km 이동하면 키르기스스탄 군인 한 명이 지키는 초라한 초소가 나타난다. 세관 입구에 많은 화물차들이 대기하고 있다. 오후 12시부터 오후 2시까지 공무원의 점심시간이라 업무를 중단하고 있다. 황량한 3,000m 고산지대에서 한 시간 이상을 기다렸다. 후진국 세관 공무원은 식사 시간이 두 시간 이상이다. 컴퓨터가 고장 났다고 업무 개시를 제때 아니해서 무작정 기다린 적도 있다. 육상 국경을 통과하는 절차는 항상 힘

천산산맥 3천미터 고산지대의 허름한 국경초소

들다.

키르기스스탄은 러시아어가 공용어이다. 키르기스스탄 직원들은 동양계이다. 한국에서 왔다고 하니 무척 친절하다. 해발 3,000m 국경에는 여행객 대기실도 없고, 간이 화장실도 없다. 도로 옆에서 환상의 비취색 하늘을 보며 기다린다. 두 시간 이상 기다린 후 키르기스스탄 국경을 통과했다. 겨울철 혹한 추위에 이 길을 지나간다면 어떨지 상상이 안 간다.

국경 통과 후 해발 3,000~4,000m 사이의 천산산맥, 천상고원을 통과 한다. 신기하게도 3,000m 이상 고원에 광대한 초원이 펼쳐져 있다. 여름철 초원은 연녹색 풀로 덮혀있다. 풀을 뜯는 소 말 양 등 가축과 유르트(중앙아시아는 게르를 유르트라고 부름)가 목가적 풍경이다. 멀리 지평선 너머에는 천산산맥 만년설이 햇빛에 반사되어 찬란하다. 눈 덮인 산봉우리 위에는 하얀 뭉게구름과 파란 하늘의 조화가 평화로움 그 자체이다.

운 좋게도 바람 한 점 없이 따사한 햇볕이 참으로 좋다. 해발고도 3,500m 초원길을 오르내리며 달리고 있다. 천산산맥과 천산고원은 천연의 무공해 지역이다. 아내는 '천상天上의 공원'이 있다면 이런 모습일 것이다. 라고 말한다.

세계의 아름다운 '10대 베스트 드라이브 코스'가 있다. 나는 과거 캐나다 록키산맥 '밴프, 자스퍼' 도로, 미국 샌프란시스코에서 LA로 가는 '태평양 1번 국도', 남프랑스 '지중해 해안 프로방스 길', 이탈리아 '나폴리와 아말피 해안도로' 등을 자동차로 통과한 적이 있는데 이곳은 문명 세계의 도로와는 전혀 다른 아름다움이다.

아내는 천산산맥 '천상天上고원' 도로, 고비사막 도로, 파미르

천산산맥 천상고원 초원

고원 도로 등을 아름다운 드라이브 코스에 추가해야 한다고 얘기한다. 아내는 이 길은 '명상의 길', '힐링의 길'이라고 속삭인다. 도시인들은 세속의 욕구로 '갈증의 시간'을 보낸다. 잠시나마 파란색 하늘과 연초록 초원은 마음의 갈증을 치유한다.

천산 고원의 두 시간 이상의 거리를 원시적인 공활空豁한 초원을 차로 통과하고 있다. 현기증 나는 무공해 자연의 아름다움, 영혼의 힐링을 즐기고 있다. 유르트(게르)가 곳곳에 있고, 과거 고대 중국인들이 천리마千里馬라고 불렀던 말들이 유유히 풀을 뜯고 있다.

중국에서 천산산맥을 넘어 중앙아시아로 통과하는 길은 5개가 있다. 1,400년 전 당나라 현장 스님은 '아커수'(우리가 3일 전 숙박한 도시)에서 출발하여 천산산맥을 넘어서 서돌궐 왕에게 갔다. 당시 천산산맥의 어려움을 생생하게 대당서역기에 기록하였다. 현장은 아커수에서 겨울철 눈이 녹는 두 달을 기다렸다가 봄철에 천산산맥으로 향했다.

> 산은 매우 험준해서 끝이 하늘에 닿아있다. 개벽 이래 눈과 얼음이 쌓여 덩어리를 이루고 봄여름에도 녹지 않고 엉겨 붙어 구름과 맞닿아 있다. 눈바람이 이리저리 몰아치니 비록 가죽옷을 겹쳐 입었어도 찬 기운을 막아 낼 수 없다. 잠을 자거나 음식을 먹으려 해도 머무를 만한 마른 땅이 없다. 얼음 위에 자리를 깔고 누울 수밖에 없다. 7일을 걸은 뒤 산을 통과하였다. 열 명 중 세, 네 명은 추위와 배고픔으로 죽었다. 말이나 소의 손실은 이보다 훨씬 컸다.

천산산맥 서쪽 중앙아시아 땅은 '페리가나' 지역이다. 고대 중국의 비단과 페리가나 지역의 '천리마'와 교역했던 '견마絹馬 무역'의 산지이다. 야생에서 뛰어다니며 자라는 '페리가나' 지역의 말은 중국말보다 체구가 크고, 힘이 좋아서 중국이 탐냈던 '한혈마汗血馬'이다. 힘차게 달린 말의 피부에서 피처럼 빨간 땀이 흐른다고 해서 붙인 이름이다. 실제는 말 피부에 사는 기생충 때문에 생기는 현상이라고 한다. 우리는 값비싼 말들이 도로 옆으로 지나가면 속도를 늦추고, 잘생긴 몸매를 감상한다.

3,000m~4,000m 천산고원의 평화로운 경치를 보면서 달리는 드라이브는 피로감이 전혀 없다. 드라이브 자체가 행복이

천상 고원의 방목하는 천리마 후손

다. 승용차는 거의 없고, 중앙아시아로 향하는 중국의 화물차들만 가끔 지나가는 한적한 길이다. 시간이 허용한다면 이곳에서 며칠 쉬어가고 싶다. 일정에 여유가 없음이 아쉬움이다. 잠시 자동차를 길옆에 멈추고 심호흡을 하러 차 밖으로 나오면 3,000m 이상 고원의 공기는 맛있고 상쾌하다.

중앙아시아 실크로드 구간

러시아
카자흐스탄
카자흐고원
아스트라한
아티라우
베이네우
카스피해
우즈베키스탄
타슈켄트
키르기스스탄
안디잔
오시
히바
카슈가르
아제르
바이잔
카라쿰사막
부하라
사마르칸트
타지키스탄
천산산맥
투르크메니스탄
파미르고원
중국
힌두쿠시산맥
히말라야
아프가니스탄
이란
파키스탄
인도
사우디
아라비아
카타르
아랍
에미리트
아라비아해

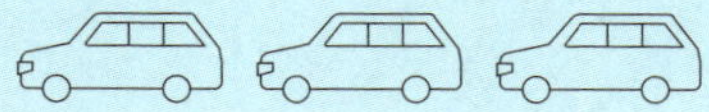

키르기스스탄 입국

천산산맥 3,500m 천산고원의 중간에 키르기스족이 사는 조그마한 마을이 있다. 간단한 음료수를 구하기 위해 잠시 마을에 멈췄다. 키르기스스탄의 천산고원 진입 후 처음 만나는 마을이다. 동네를 지나가는 초등학생은 고지대의 강풍과 변덕스러운 날씨 때문에 두꺼운 겨울옷을 입고 있다. 사진을 찍자고 다가가니 수줍어서 멀리 도망간다. 동네 화장실은 문짝이 고장나고, 지저분하기가 말로 표현할 수 없다. 아내는 화장실을 갈 때마다 울상이다.

우리는 천산고원의 국도에서 가끔 자전거를 타고 중국 쪽으로 달려가는 유럽의 청년들을 만난다. 힘내라고 자동차 크랙션을 눌러주고, 창문을 열고 손을 흔들어 주곤 했다. 대개 20대, 30대 남녀 친구, 남성 2인이 자전거 여행을 하고 있다.

고원마을에서 쉬는 동안 독일에서 출발했다는 남, 여 청년 자전거 여행자를 만났다. 중국 북경까지 자전거로 갈 계획이라고 한다. 잠은 천막이나 유스호스텔 등 값싼 숙소에서 잔다고 한다. 정말 모험심이 많은 청년들이 부럽다. 동년배 한국 청년들

해발 3,000m 키르기스스탄 고원마을

은 취업 준비, 학원 수강 등에 바빠서 엄두도 못 내는 유라시아 대륙을 자전거로 달리고 있다. 맹자가 2300년 전 말한 '호연지기浩然之氣'를 키우는 것이 이것이다. 나도 호연지기浩然之氣를 위해 일정에 여유가 있다면 유목민 천막을 빌려서 며칠을 쉬고 싶다. 고원지대에서 낮에는 초원에서 말을 타고, 밤에는 천산 고원의 영롱한 별을 보고, 가끔 말젖으로 만든 쿠미스 술을 마신다. 심심하면 책을 베고 낮잠을 자고, 금방 짜낸 신선한 생우유를 마시는 상상을 해본다.

석양이 가까워지는 오후 늦게 천산 고원에서 급경사 내리막 길을 통과하여 키르기스스탄 '페르가나 계곡' 촌락으로 내려왔다. 페르가나 계곡 작은마을의 시골길에 당나귀가 매우 많다. 할아버지와 손자가 당나귀 한 마리에 함께 타고 가는 모습은 동화 속 풍경이다. 초등학생 형제 두 명이 당나귀 한 마리에 함께

페르가나 계곡 마을의 당나귀(왼쪽)와 페리가나 계곡의 시르다리아강 상류

타고 도로 옆으로 유유히 지나가는 풍경은 갑자기 백여 년 전 과거로 돌아온 느낌이다.

오후 늦게 천산산맥을 넘어 하류에 도착하니 천산산맥의 눈 녹은 물에서 발원되는 '시르다리아강'이 흐른다. 우리는 강변에 잠시 쉬면서 휴식을 취한다.

밤 9시가 넘어서 '오쉬'의 숙소에 도착했다. 오쉬는 인구 33만명, 키르기스스탄 두 번째 큰 도시이다. 8월 초순 좋은 날씨 덕분에 15시간 장시간 운전하여 천산산맥과 천산고원의 험한 길을 멋지게 통과했다.

키르기스스탄 오쉬에 있는 한국식당 '대장금'에서 밤 10시 저녁 식사를 했다. 오쉬는 중국보다 시차가 3시간 늦어서 그나마 여유가 생긴 것이다. 대장금 식당 주인은 고려인 후손이다.

키르기스스탄에도 1937년 스탈린이 연해주에서 강제 이주한 고려인 후손이 1만 5,000명이 산다. 저녁 메뉴는 천산 고원에서 방목한 소고기 중에서 가장 좋은 부위를 주문했다. 소고기를 시켰는데 한국보다 1인분 고기양이 2, 3배 많아서 조금만 먹고 대부분 남겼다. 오랜만에 된장찌개와 쌀밥을 먹으니 기력이 회복되는 것 같다.

키르기스스탄 현지인 가이드 '자미르'씨(38세)를 만났다. 우리는 방문하는 국가마다 한국어를 아는 현지인을 가이드로 채용해서 도움을 받고 있다. 오쉬의 대학에서 한국어과를 졸업했다고 한다. 한국에 한 번도 가본 적 없다는데 한국어를 잘한다. 직업이 공무원인데 오늘 밤과 내일까지 우리를 도와줄 현지인 가이드이다.

식사하면서 자미르 씨에게 오쉬 청년들이 일자리를 찾아서 어디로 가는지 물었더니 주로 러시아로 간다고 한다. 중국은 어떠냐고 물으니 중국은 일을 너무 심하게 시켜서 적응이 어렵다고 한다. 키르기스스탄은 1인당 GDP가 1,200달러의 가난한 나라이다. 청년들은 일자리를 찾아서 인접 나라로 이동한다.

'자미르'에게 천산고원 천막에서 한 달 사는 데 돈이 얼마나 들지 질문했다. 500달러만 있으면 멋진 유르트에서 한 달을 풍족하게 살 수 있다고 한다. 언젠가 여름철 좋은 계절에 천산고원에서 '한 달 살기'를 해보고 싶다. 작지만 깨끗한 오쉬의 호텔에서 15시간 장시간 자동차 여행의 피로를 풀고 깊은 잠에 빠진다. 실크로드를 여행하면서 좋은 점은 어떤 여관이든지 피곤함 때문에 깊은 숙면을 잔다는 점이다.

키르기스스탄은 중국에서 힘들게 했던 공안의 검문이 없다.

중국처럼 CCTV 촬영도 없다. 중국의 공안 검문, 시도 때도 없
는 여권검사, 간첩죄 불안 등에서 해방감을 느낀다. 도로 상태
도 빈약하고 중국보다 훨씬 못사는 국가이지만 아내는 자유가
있어서 좋다고 말한다. 중국에서 느꼈던 무거운 심리적 압박감
과 스트레스가 없다.

'오쉬' 시내는 한국에서 오래전 단종된 티코, 다마스 등 대우
가 생산했던 소형차들이 많다. 시내에 신호등도 거의 없고, 도
로에 차선 도색도 거의 안 되어 있다. 차량은 빠르게 증가하고,
도로는 돈이 없어서 못 늘리니 시내에 교통체증이 심하다. 신호
등이 없어서 운전을 조심해야 한다.

오쉬 호텔은 유럽에 가깝기 때문에 아침 식사는 서구식 스타
일이다. 중국은 차茶 문화권이라 아침 식사에 커피가 없어서 심
심했는데, 오랜만에 커피 향 그윽한 모닝커피를 즐긴다. 호텔의
야외 테라스에서 아내, K 교수와 함께 모닝커피를 마시며 모처

오쉬 시가지의 '티코' 택시

럼 여유로움을 즐긴다. 중앙아시아의 싱싱한 수박, 멜론, 복숭아, 살구 등 여름 과일을 맘껏 먹는다.

키르기스족은 840년 위구르 왕국을 멸망시킨 이후 산악지대 무명 종족으로 오랫동안 남아 있었다. 키르기스스탄은 1924년 소련연방의 일원으로 되었다. 키르기스족이 1991년 소련연방 해체 후 역사상 처음으로 신생 독립 국가 '키르기스스탄'으로 출범한 운 좋은 종족이다.

세계 역사를 바꾼 '탈라스전투'가 일어난 탈라스강이 '오쉬'에서 멀지 아니한 곳에 있다. 당나라 쿠차의 '안서 절도사'로 있던 고선지 장군이 750년 석石국(현재 타슈켄트)을 정복, 왕을 생포하여 장안으로 보냈다. 당나라에 조공을 바치지 아니한다는 것이 죄목이다. 당나라는 포로로 잡혀 온 석국 왕을 처형했다. 당나라의 횡포와 민심 이반이 생긴 이 지역의 왕들이 아랍의 이슬람 세력에 지원을 요청했다. 이런 사유로 서기 751년 아랍 군대와 당나라 군대가 탈라스강 근처에서 전투를 벌였다.

당나라 장군은 고구려 후손인 고선지 장군이다. 당나라 군대는 유목민 '쿠룰룩족'과 연합군인데, 후방에 있던 쿠룰룩족의 배반으로 당나라는 대패하게 된다. 포로로 잡혀서 아랍 지역으로 끌려간 당나라군인 중에 나침반, 종지, 화약, 비단 기술자가 있었다. 중국의 선진 기술이 아랍을 거쳐서 유럽으로 이전되어 근대 서양의 과학기술 발전의 원동력이 되었다. 아무리 훌륭한 과학기술도 사용하는 사람에 따라 다르다.

중국은 '나침판'을 묘자리 잡는 풍수지리 또는 어린이 장난감으로 사용할 때 유럽은 나침반을 항해술에 이용하여 근세 대항해 시대를 개척하였다. 유럽은 파피루스 대신 '종이'를 인쇄기, 잉크 등을 발명하여 책자를 대량 공급, 지식의 폭발적 증가를 가져왔다. 책은 수도원이나 대학에서 소장하는 고급 사치재에서 일반인들이 쉽게 접하는 교양 도서로 변신해 지식혁명의 수단이 된다. 중국이 '화약'을 명절날 불꽃놀이에 사용할 때 유럽은 '총기류' 발전에 사용하게 되었다. 중국의 원천기술을 개량한 유럽 국가는 새로운 강대국으로 탄생하여 동양을 정복했다.

종이 제지술을 발전시킨 '사마르칸트'의 종이는 지금도 세계적으로 유명하다고 한다. 만일 당나라가 조공을 안 바친 석국왕을 처형하지 아니했으면 탈라스전투가 없었을 것이고, 서양의 과학혁명이 바뀌었을지도 모른다는 상상을 해본다.

아침 9시 키르기스스탄 '오쉬'에서 우즈베키스탄 국경으로 향한다. 키르기스스탄과 우즈베키스탄 국경은 '오쉬' 외곽지역에 있다. 키르기스스탄 국경에 도착하니 환전상들이 매우 많다. 키르기스스탄 공무원 같은 사람이 우리 차에 찾아와서 40달러를 주면 빠르게 키르기스 세관을 통과하게 해주겠다고 제안한다. 그동안 국경에서 너무 고생했기 때문에 속는 셈 치고 40달러에 거래를 하기로 했다. 우선 선금 20달러를 주고, 통과 후 나머지 20달러를 주기로 했다. 어쨌든 키르기스스탄 출국은 쉽게 끝났다. 다음은 짐을 끌로 100m 걸어가서 우즈베키스탄 입국이다.

자동차와 운전사를 제외한 우리는 가방을 들고 국경을 통과했다. 우리 부부와 K 목사 등은 먼저 우즈베키스탄으로 넘어와서 자동차가 나오길 기다리고 있다. 자동차가 우즈베키스탄 세

키르기스스탄 국경 마을의 환전상 거리

관을 통관하는데 무려 3시간 이상 걸렸다.

이유인즉 황당하다. 일행 중 O 사장이 사진 찍는 '드론' 카메라를 한국에서 가져왔다. 중국 영내에서는 간첩죄가 무서워 사용하지 않고 가방에 보관만 했었다. 그동안 러시아, 몽골, 중국, 키르기스스탄 국경 통과는 무탈했는데 우즈벡 세관의 엑스레이 투시기에 적발되었다.

우즈베키스탄 법은 총기류, 드론, 아편은 반입금지 품목이다. 세관에 사전 신고 없이 불법 반입이 적발되면 관세법상 밀수죄와 같은 형사 범죄이다. 우즈벡 직원은 드론 적발 후 "자동차 입국이 아니 된다. 키르기스스탄으로 다시 돌아가라고 퇴거 명령이다." 우리는 "드론을 우즈베키스탄 세관에서 압류해서 처분해도 좋으니 우즈벡 입국을 허용해달라고 사정하였다." "세관 직원은 법대로 하면 형사 처벌 대상인데 그나마 봐줘서 국외 추방이라고 강경하게 주장한다."

통역관 윤 군이 "드론 밀반입은 법을 몰라 실수한 것이다. 정말 우리가 잘못했다. 드론을 가져오게 된 동기는 아들이 아버지가 외국 여행 간다고 특별히 사준 것이다. 아들의 효성을 봐서 한 번만 봐달라" 거짓말까지 하며 통사정하였다. 윤군은 임기응변으로 우즈벡 세관원의 동정심에 호소했다. 우리의 통사정에 우호적인 우즈베키스탄 세관 직원이 "드론을 가지고 다시 키르기스스탄으로 돌아가서 버리고 오라"고 한다. 윤군은 150만원짜리 한 번도 안 쓴 새 드론 카메라를 들고 오쉬로 돌아가서 근처 뒷골목에 슬그머니 놔두고 우즈베키스탄으로 다시 돌아왔다.

드론 밀반입 사건으로 세 시간 동안 윤 군은 오전에 키르기스스탄 두 번 출국, 우즈베키스탄 두 번 입국의 번거로움을 감내했다. 자동차 여행의 경험이 적다 보니 국경의 출국과 입국에 예상하지 못하는 많은 일들을 경험하게 된다. 반입금지 품목의 불법 반입은 밀수로 봐서 많은 나라가 엄하게 처벌하는데 우즈벡 세관 직원의 관용에 감사드린다.

드론 대소동을 겪은 자동차가 무사히 우즈베키스탄에 입국하여 3시간 만에 일행이 다시 만났다. "키르기스스탄 골목에서 드론 카메라를 주운 사람은 횡재한 것이다. 드론에서 값비싼 카메라만 분리해서 가져왔으면 좋았을 텐데" 우리끼리 웃으며 말한다.

우즈벡 국경 세관은 '마약 검사'가 엄격하다. '마약견'이 짐과 자동차를 꼼꼼히 검사한다. '아프가니스탄'에서 재배되는 아편의 밀반입을 차단하려는 의도이다. 아프가니스탄 마약은 천산산맥과 파미르고원의 산길을 통해 유럽과 러시아로 운송

되는데 실업자가 많은 이 지역 사람들은 많은 위험을 무릅쓰고 마약 운반책이 된다고 한다. 아프가니스탄의 마약 밀반입 적발을 위해 서구에서 성능 좋은 엑스레이 투시기를 우즈벡 정부에 사준 것이 아닌지 생각해 봤다. 일행 중 한 명은 우즈벡의 '블랙리스트'에 올라 향후 우즈벡 입국이 거절될지도 모른다고 불안해하기도 했다.

우즈베키스탄 국경 노점시장

타슈켄트의 '고려인 마을'

우즈벡 국경에서 드론 카메라 적발로 시간을 많이 소모하였다. 오후 타슈켄트에 도착하려면 시간이 빡빡하다. 국경 근처의 큰 야시장이 있다. 시간을 절약하기 위해 화덕에서 갓구운 '란' 빵과 복숭아 등을 사서 간단히 점심을 해결했다.

국경에서 차를 기다리는 동안 한국에서 온 모자母子 여행자를 만났다. 대학에 입학한 1학년 아들과 엄마가 우즈베키스탄과 키르기스스탄을 여름방학에 배낭여행 중이라고 한다. 우리가 한국어로 얘기하는 것을 보고 다가와 인사를 한다. 중앙아시아 오지를 대중교통을 이용 배낭 여행하는 엄마와 대학생 아들이 씩씩하다.

우즈베키스탄의 표준시가 키르기스스탄보다 한 시간이 늦어져 한 시간 여유가 생겼다. 점심 식사 후 우즈베키스탄의 수도 '타슈켄트'까지 420km를 서쪽으로 이동해야 한다.

O 사장이 갑자기 고열과 설사 등 병이 생겨서 얼굴이 하얗게 변했다. 자동차 뒷좌석에 누워서 끙끙 앓고 있다. 어젯밤 키르기스스탄 '고려장' 식당의 음식에 문제가 있는 것 같다. 이곳처

타슈켄트로 향하는 안디잔 지역 계곡

럼 병원 수준이 매우 빈약한 오지에서 아프면 대책이 없다. 일행 모두가 걱정이다. 병원에 가야 하지만 우즈벡 변방의 의료 수준은 믿을 게 못 되고, 시간적 여유가 없다. O 사장은 일단 참아 보겠다고 말해서 자동차 뒷좌석에 누워 잠을 자면서 이동하고 있다. 다음 날 아내는 햇반으로 흰죽을 쑤어 먹였다. 다행히 2~3일 심하게 앓은 후 O 사장이 회복되어서 우리는 안도했다.

우즈벡 국경부터 '타슈켄트'까지 가는 지역은 유명한 중앙아시아 곡창지대이다. 이 일대는 고대 유럽인들이 '황금의 땅'이라고 부르기도 하고, '중앙아시아의 보석'이라고 불르던 '트랜스 옥시아나' 지방이다. 건조한 스텝 지대인 우즈베키스탄은 두 개의 큰 강이 흐른다. 천산산맥에서서 발원하는 '시르다리아 강'과 파미르고원에서 발원하는 '아무다리아강'이다. 두 강은 '아랄해'로 흘러 들어간다. 두 강 사이가 풍요로운 곡창지대로서 기원전 4세기 알렉산더 대왕의 침략 당시부터 유명한 지역이다. 시르다리아강 상류인 페르가나 계곡은 한나라 시대부터 '한혈마汗血馬' 생산지로 유명했다. 2,200년 전 한나라 사마천은 그의 저서 사기史記에서 "대완국은 흉노의 서남쪽 방향에 있다. 좋은 말이 많은데 말은 피와 같은 땀을 흘리고 그 말의 조상은 천마天馬의 새끼라고 한다." 기록하고 있다.

타슈켄트로 가는 국도 옆에는 커다란 멜론, 수박, 복숭아(고대 중국에 황금 복숭아로 알려짐)를 파는 노점상이 끊임없이 이어진다. 풍요로운 페르가나 곡창지대에서 생산된 것이다. 도로 옆에 양고기 샤슬릭 꼬치구이 가게도 매우 많다. 샤슬릭 굽는 연기와 고소한 냄새가 자동차 안에까지 스며든다.

우즈벡 인구수는 3,500만명으로 중앙아시아에서 카자흐스탄과 함께 지역 패권을 다투는 국가이다. 그동안 황량하고 메마른 타클라마칸 사막, 파미르고원, 천산산맥을 달리다가 이제는 곡식이 풍요롭게 자라는 넓은 곡창지대를 보니 우리의 소박한 전원 풍경과 비슷하다. 도로는 안 좋아도 중국처럼 공안의 검문과 CCTV 촬영이 없어 마음 편하다. 아내는 자동차 안에서 통제와 간섭이 없는 '자유'의 고마움에 대해 자주 말하곤 한다.

타슈켄트로 가는 중간에 우즈벡 제2의 도시 '안디잔'이 있다. 안디잔 지역을 통과하는 도로에서 '안디잔' TV 방송국 차량이 우리 차량을 뒤따라오며 우리 차를 세운다. 차량 옆에 부착된 우리 차의 여행 지도를 반대편 차선에서 보고, U턴하여 우리를 뒤따라온 것이다.

도로 옆에 잠시 차를 세우고 유라시아 횡단 여행에 대해 즉석 인터뷰를 했다. 안디잔 TV 방송국 PD가 인터뷰 끝에 우즈벡어로 시청자를 위해 "안디잔 안녕, 우즈벡 안녕" 인사를 해달라고 부탁한다. 나는 우즈벡어 '사롬 salom'(안녕) 단어를 급히 배워서 인사를 했다. 아마도 안디잔 TV 저녁 뉴스에 한국에서 온 우리들 소식이 뉴스로 방송되었을 것이다.

'안디잔'은 인도 무굴제국 건국자 '바브르'(티무르 고손자)가 태어난 장소로 유명하다. 근세 인도의 무굴제국은 티무르 후손인 몽골계 종족이 권력다툼에서 패배 후 피난 가서 만든 국가이다.

차량 옆의 지도 때문에 생각지도 못한 여러 경험을 한다.

안디잔 지역의 도로 휴게실에서 잠시 쉬고 있을 때 우즈벡 남

안디잔 TV 방송국 기자와 도로변 즉석 인터뷰

성 한 명이 한국어로 '한국에서 오셨어요'라고 반갑게 인사를 한다. 진주에서 5년 동안 취업했다고 말하며, 현재 36살이며, 자녀가 세 명이라고 자신을 소개한다. 우즈벡 사람들은 자기를 소개할 때 묻지도 아니하는 자녀 수와 가족에 대해 얘기한다. 기회가 되면 한국에 일하러 가고 싶은데 비자가 안 나온다고 말한다. 중앙아시아 시골에서도 선진국 한국의 위상을 피부로 느낀다.

키르기스스탄부터 히잡을 착용한 여자들 복장에서 이 곳이 이슬람교 지역임을 알 수 있다. 머리만 살짝 가리는 히잡을 쓴 여성이 많다. 가끔은 검은 천으로 몸 전체를 가리는 '차도르'를 쓴 여인도 보인다. 과거 소련연방에서 수십 년 동안 여성 평등을 위해 할례 폐지, 히잡 착용 금지, 남녀 평등 등 추진해 왔는데, 종교로 인해 보수적 이슬람 문화로 다시 돌아가고 있다.

페르가나 지역의 도로 양옆은 목화밭이 매우 많다. 우즈베키스탄, 투르크메니스탄에서 '목화'가 재배되기 시작한 것은 1,865년 미국의 남북전쟁 때문이다. 유럽 면직 산업의 원료인 목화는 당시 미국 남부지방에서 수입하였다. 미국 북군이 남부군 자금줄을 끊기 위해 남부지방 항구를 봉쇄하자 목화의 유럽 수출이 어려워졌다. 공급이 줄자 러시아는 중앙아시아 곡창지대인 페르가나 지역에 목화를 심었다. 당시 목화를 '하얀 황금'이라고 불렀다. 현재 석유를 '검은 황금'이라고 부르는 것처럼 당시 목화는 돈이 되는 작물이었기 때문이다. 하지만 목화재배로 인한 부작용이 20세기 후반 들어 나타나고 있다.

목화는 성장기에 물을 많이 흡수하는 작물이다. 도로 옆 목화

밭에 물을 주는 것을 보니 마치 논처럼 발목이 잠길 지경이다. 햇볕이 뜨겁고 건조하기 때문에 물을 흠뻑 주어야 한다. 대다수 농민이 목화재배에 집중하면서 국제 시세 변동에 따라 소득의 불확실성이 매우 커지게 됐다. 다른 농산품은 생산이 부족해서 외국에서 수입해야 한다.

강 상류에 댐과 운하를 만들어 상류의 강물을 목화재배에 전부 사용함에 따라 하류인 '아랄해'로 강물이 흘러가지 못한다. 현재 '아랄해' 해수면 면적은 1960년 대비 5%만 남았다. 환경 파괴의 대표적 사례이다. 현재 환경단체, 국제기구들이 '아랄해 살리기 운동'을 추진하고 있다. 가끔 TV 뉴스에서 방치된 어선들이 사막화된 바다 바닥에 휑하니 남아있는 영상을 보여준다. 우즈벡 정부는 국제적인 '아랄해 살리기'를 위해 목화재배 농가에 재배면적을 1/2로 줄이고, 대신 다른 작물을 재배하도록 권장하고 있다.

'타슈켄트'를 과거 당나라는 '석石국'이라고 불렀다. 돌이 많이 생산되는 지역이기 때문이다. 타슈켄트는 우즈베키스탄의 수도로서, 소련연방이 우즈베키스탄을 통치하면서 현대식으로 건설한 행정도시이다. 과거 티무르가 만든 '사마르칸트, 부하라, 히바'와 같은 관광유적은 별로 없다.

우리는 우즈베키스탄 현지 가이드 '솔라존'씨를 고용했다. 솔라존씨는 과거 한국에서 5년 동안 취업해서 돈을 벌었다고 한다. 현재는 외국 기업을 상대로 차량 렌트카 사업을 하고 있으며, 차량 30여 대를 보유한 성공한 기업인이다. 듬직한 체구의 40대 초반 사람으로 한국말을 매우 잘한다. 자녀가 5명이라고 한다. 중앙아시아는 여자가 취업을 적게 하는 이슬람권 국가이고, 농업국가이기 때문에 대체로 다자녀를 낳는 것 같다. 대체로 여자는 집에서 살림을 책임지고 이른 나이 조혼早婚을 한다고 말한다.

타슈켄트에 도착 후 솔레존 씨가 예약한 야외 식당에서 신선한 샐러드, 양고기 요리, 샤슬릭 구이와 시원한 생맥주로 저녁 식사를 맛있게 했다. 수프의 일종인 닭곰탕 국물이 우리 닭곰탕 국물 맛과 비슷하다. 동대문 창신동 일대에 우즈베키스탄 식당을 여러 번 가본 적 있는데, 타슈켄트에 와보니 우즈벡 요리의 진짜 맛을 느낄 수 있다. 음식 가격도 매우 저렴하다. 편안한 마음으로 우즈베키스탄 보드카를 곁들여서 타슈켄트의 여름밤 식사를 즐긴다. 우즈벡은 이슬람 국가이지만 술 판매는 자유롭다. 우리는 식사 전 나오는 빵이 맛있어서 많이 먹었다. 정작 비

타슈켄트 식당의 저녁 식사

싼 양고기 요리를 거의 남기고 말았다. 현지인들은 수북한 고기 요리를 밤늦게까지 다 먹는다. 우즈베키스탄 사람들의 비만이 심한 원인을 알 것 같다.

다음 날 오전 고려인 집단농장이 있었던 고려인 마을을 방문하러 갔다. 중앙아시아 고려인은 약 50만 명이다. 1937년 17만 명이 연해주에서 강제 이주한 후손 들이다. 우즈벡 인구의 약 2%가 고려인이라고 한다. 우즈벡과 카자흐스탄은 아이가 태어나면 호적에 출신 종족을 표기하도록 하고 있어서 고려인 숫자를 알 수 있다. 종족 표기는 부계父系를 따른다. 아버지가 고려인이면 아들은 고려인이고, 어머니가 고려인이더라도 아버지가 비非고려인이면 호적은 고려인이 아니다.

타슈켄트에서 한 시간 거리, '뿌띠딸리'지역에 고려인 집단농장이 있다. 연해주에서 강제 이주 후 고려인은 카자흐스탄, 우즈베키스탄에 많이 살았고, 거주이전의 자유가 없었다. 90여 년이 흐른 현재는 카자흐스탄, 러시아, 우즈벡, 우크라이나, 조지아 등 과거 소련연방 영토 곳곳에 흩어져 살고 있다. 현재 고려인 숫자는 '카자흐스탄, 러시아, 우즈벡' 순서로 많이 산다. 우즈벡 경제가 안 좋아서 우즈벡 출신 고려인의 상당수가 일자리를 찾아서 카자흐스탄, 러시아로 이주해 갔다고 한다.

아침 10시경 고려인 마을에 도착하니 거리에 사람이 거의 없다. 고려인 기념관 정문은 열쇠로 잠겨 있어서 들어갈 수 없다. 동네 주민이 기념관 직원에게 전화를 걸어주었다. 10여 분 후 도착한 기념관 직원은 평소 방문하는 사람이 없어서 문을 잠가 놓는다고 말한다. 소련연방 시절 집단농장 영웅으로 뽑힌 '황만

금'씨 기념관이다. 방명록에 "한국에서 온 윤영선, 송익순 부부 다녀갑니다. 고려인 여러분 고생하였습니다."라고 기록했다.

'황만금' 씨는 1950년대 이곳 집단농장으로 와서 옥수수 품종개량, 비닐하우스 도입 등으로 1950년대, 1960년대 집단농장의 '인민 영웅' 칭호를 받은 사람이라고 한다. 5년마다 열리는 소련연방의 전국 집단농장 경연대회에서 여러 번 상을 받아서, 소수민족 고려인의 자긍심을 높여 주었다고 설명한다. 황만금 씨 덕분에 소련 정부에서 특별보조금을 주어 주민들 주택을 개량하고, 도로 개설 등 복지가 좋아졌다고 한다. 마을의 단층짜리 규격화된 주택은 정부 보조금으로 지은 것 같다.

기념관 방문객 사진에는 소련 서기장을 지낸 후루시초프, 우주인 유리 가가린, 소련의 많은 군사령관, 올림픽 금메달 선수,

황만금 선생 기념관 직원과 함께

베트남의 호치민 주석 등 유명인의 방문 사진이 많다. '뿌띠딸리' 마을에 한국식당이 하나 있다. 70년 된 우즈벡에서 가장 오래된 한국식당이라고 한다. 일정상 식당에 들리지 못했다.

'고려' 칭호를 사용한 연유는 1988년 서울 올림픽이다. 올림픽 중계방송을 보고, 이 지역 사람들이 남한의 발전상을 처음 알았다고 한다. 이곳 고려인의 조상은 대체로 두만강 인근 함경도 사람들이라 북한 정부에 가까웠다. 과거는 '조선'이라는 칭호를 썼다. 88올림픽 이후 고려극장, 고려신문, 고려인 학교 등 조선을 떼어내고 중립적인 '고려' 단어로 명칭을 바꿨다고 한다.

현재 고려인 4세, 5세는 한국말을 잊어 버렸다. 스탈린이 1937년 강제 이주 후 10년 동안 조선말 사용을 금지시킨 것도 이유의 하나이다. 소련연방이 1991년 해체 후 1993년 고려인 명예 회복 법률을 만들어서 고려인들에게 고향 연해주 귀향, 원하는 러시아 영토 다른 곳으로 이주를 허용하였다. 이후 고려인들이 소련 연방 각지로 흩어져 살게 되었고, 하바롭스크, 블라디보스톡 옛 고향으로 돌아온 사람은 '신고려인'이라고 부르고 있다. 중앙아시아뿐만 아니라 러시아, 우크라이나, 에스토니아 등에 분산되어 살고 있는 고려인 4세, 5세 후손들의 모국 방문 지원, 한국어 교육 등 재외동포 관리의 필요성을 느꼈다.

사마르칸트 고구려 유적,
'아프로시압 박물관'

    타슈켄트 시내에는 14세기 우즈베키스탄의 국민 영웅 티무로 박물관, 티무르 동상 등 '티무르' 관련 시설이 많다. 시청 앞에 있는 커다란 '티무르' 동상은 과거 레닌 동상을 철거하고 그 자리에 세웠다고 한다. 우즈베크의 영웅 티무르도 소련연방 때는 인민의 착취자로 비판 대상이었으나, 1991년 우즈베크 독립 후 국민 영웅으로 존경받고 있다. 다인종, 다언어 국가인 우즈베크는 통합의 상징으로 600년 전 14세기 중앙아시아의 영웅 '티무르'를 활용하고 있다.

    타슈켄트에서 점심 식사 후 우즈베크의 유명한 관광지이며, 옛날 실크로드 소그드 상인의 고향인 '사마르칸트'로 출발했다. 오늘 8월 6일, 낮 기온은 40도 이상이고 습한 날씨이다. 지나왔던 파미르고원, 타클라마칸 사막의 건조한 날씨와 매우 다르다.

    타슈켄트에서 사마르칸트로 가는 도로변에는 호박만큼 커다란 멜론, 수박, 복숭아 등 과일 노점상이 즐비하다. 타슈켄트 인근은 멜론의 주산지로 값이 싸고 맛이 있다고 '솔레존'이 말한다. 아내는 커다란 호박만큼 큰 멜론 두 개를 도로변에서 샀다. 멜론 두 개 가격이 우즈베크 돈으로 2만3,000솜(원화 2,300원)으로 거의 공짜 수준이다. 타클라마칸 사막의 '하미과'보다 크고 맛은 달다.

아내가 이동하는 차 안에서 값싸고 맛있는 우즈베크 멜론을 수입해 팔면 돈을 잘 벌겠다고 말한다. 옆에 타고 있던 솔레존이 한국 기업인이 이미 수입 시도를 했다고 한다. 그런데 농약을 많이 사용하기 때문에 위생 검역에 문제가 있어서 수입 통관이 안 된다고 말하며, 어떤 한국 기업인이 비닐하우스에서 농약을 적게 쓰는 멜론을 재배하고 있다고 말한다. 이날 밤 텔레비전 뉴스에 멜론의 과잉생산에 따른 가격 폭락과 멜론 재배 농민의 불만이 뉴스로 나온다. 풍작에 의한 농산물 가격 폭락은 어느 나라나 동일하다.

사마르칸트로 가는 도로 옆 농수로에서 우즈베크 농촌 소년들이 헤엄치는 모습은 50년 전 우리 농촌의 모습이다. 들녘에는 목화, 밀, 옥수수 등 많은 곡물이 풍요롭다. 농지 주변의 초원에는 소, 말, 양들이 평화롭게 풀을 뜯고 있다.

솔레존이 '타슈켄트'에서 사마르칸트를 거쳐 '부하라'까지 1,200km 거리의 고속철도를 한국 KTX가 설치했다고 얘기

노점상에서 산 우즈베크 멜론

한다. 현재 '히바'까지 고속철 연결 공사를 하는 중이라고 말한다. 고속철도 인기가 좋아서 한 달 전 예약해야 좌석이 있다고 말한다. 기아 자동차가 자동차 공장을 우즈베크에 짓고 있다고 말하며 도중에 도로변 멀리 있는 공장 부지를 가리킨다.

오후 늦게 사마르칸트 호텔에 도착했다. 시내 중심부 공원 옆에 있는 아담한 호텔이다. 솔레존이 멋진 저녁 식당을 예약했다. 식사 전에 나오는 커다란 빵이 맛있어서 많이 먹게 된다. 농업국가라 그런지 빵 인심이 후하다. 토마토와 신선한 야채를 곁들여 먹는 양고기 샤슬릭 요리도 훌륭하다. 생맥주와 보드카도 값도 저렴하다.

식사 후 숙소로 돌아오는 야간에 '레기스탄 광장'에 들렸다. 여름철 저녁 더위를 피해 산책 나온 시민이 매우 많다. 8월 초순 한낮은 40도 이상이지만 밤 기온은 시원한 대륙성 날씨이다.

호텔로 돌아오는 도중에 솔레존의 안내로 중국 자본이 투자하는 사마르칸트 외곽의 고층빌딩, 호텔이 즐비한 신도시 건설 현장에 잠깐 들렸다. 중국 정부의 실크로드 '일대일로' 사업의 일환으로 중국 자본을 들여와 상업용 빌딩 등을 대규모로 짓는 건설 현장이다. 미래의 사업 수익성이 어떨지 걱정된다.

우리는 사마르칸트에서 2박을 하면서 티무르 유적지를 관광하며 휴식을 취할 계획이다.

서기 4세기부터 10세기까지 실크로드 무역의 대표적 상인인 '소그드인' 거주지를 '소그디아나' 지역이라고 부른다. '사마르칸트, 부하라, 타슈켄트' 등 시르다리아강과 아무다리아강 사이의 지역을 말한다. 소그드 상인은 페르시아(이란)계 종족으로 실크로드 전성기였던 당나라 시대에 사마르칸트에서 중국의 돈

레기스탄 광장 야경

황, 장안을 오가며 국제무역에 종사하던 사람들이다.

신라 경주에도 소그드인 흔적이 남아있다. 신라 '원성왕' 왕릉의 석상에 코가 크고 눈이 움푹 들어간 석상은 소그드인으로 추정된다. 신라 향가 '처용가'에 나오는 사람도 실크로드를 따라서 계림(경주)에 장사하러 온 소그드인 가능성이 크다. 계림은 당나라 시대 실크로드의 맨 동쪽 지선支線에 있던 도시다.

사마르칸트가 역사에 처음 나오는 것은 그리스의 알렉산더 대왕이 기원전 4세기 침략했을 때 '마라칸타'(현재 사마르칸트) 주민들이 초기에 맹렬한 저항을 했다는 기록이 있다.

사마르칸트는 페르시아(이란). 서돌궐, 당나라, 몽골 등 역사적으로 강대국의 각축장이었다. 역사적 이유로 페르시아(이란)에 가까운 서쪽 도시 "사마르칸트와 부하라"는 이란계 종족인

신라 원성왕릉
소그드인 석상

'타지크족'이 70% 이상이고, 언어도 이란어 계통인 '타지크어'를 쓴다. 동쪽 타슈켄트 등은 투르크 계통인 '우즈벡어'를 사용한다.

우즈벡의 공용어는 우즈벡어, 타지크어, 러시아어 등 3개 언어를 사용한다. '솔레존'은 우즈베크족인데 타지크어, 우즈벡어, 러시아어, 한국어 4개국 언어를 구사한다. 5명 자녀가 있는데 큰 아들은 미국 유학, 다른 자녀는 러시아어 학교, 타지크어 학교 등 각각 다른 학교에 보내고 있다. 최근은 영어를 가르치는 영어 학교가 인기라고 한다.

사마르칸트는 지정학적 위치 때문에 주변 강대국의 침략과 지배를 돌아가며 받았다. 생존을 위해 주변 강대국의 눈치를 잘 봐야 하기때문에 새로운 지배 국가의 언어 습득은 중요한 생존술의 하나이다. 이러한 역사적 연유로 우즈베크 사람들이 외국어를 쉽게 배우는지도 모르겠다.

13세기 유라시아 대륙을 통일한 몽골족 지배하에서 3개국 이상 언어를 구사하면 몽골족의 관리가 되기 쉬웠다고 한다. 몽골족을 대신해서 세금 징수, 서기 등 행정업무는 문해율이 높은 소그드인, 위구르족 사람들이 많이 했다. 어쨌든 '다민족, 다언어' 국가의 국민은 여러 언어를 함께 배워야 하므로 불편할 것이다.

1,400년 당나라 현장 스님은 중앙아시아 '타슈켄트, 사마르칸트, 부하라'를 거쳐서 천축(인도)으로 갔다. 현장은 실크로드 상인 소그드인의 특성에 대해 '대당서역기'에서 부정적인 기록을 남겼다. "그들은 거짓말을 자주하고 남을 잘 속인다. 돈을 심하게 밝히며 이익을 구하는 데에는 아비와 아들이 닮았다."

당나라의 역사책인 '당서唐書'는 소그드인이 어떻게 아이를 상인으로 기르는지를 기록하고 있다. "아들이 태어나면 입과 손에 꿀을 바른다. 아이가 성장해서 입으로는 달콤한 말을 하고, 손에 들어온 돈은 꿀에 달라붙어서 떨어지지 않도록 한다는 의미이다. 그들은 무역에 능하며 이익을 좋아한다. 나이 스물이 되면 외국으로 떠난다."

당나라 멸망 이후 소그드인들은 역사에서 사라졌다. 이슬람교가 지배 종교가 되면서 아랍 상인, 페르시아 상인으로 대체되고, 바닷길에 대한 정보가 많아지면서 해로를 통한 실크로드가 육로를 대체했기 때문이다. 천산산맥 넘어 유럽 쪽에 치우친

‘사마르칸트’는 현재도 가기 어려운 멀리 떨어진 곳이다.

지정학적으로 요충 지역인 사마르칸트는 알렉산더 대왕 이래 수많은 외세의 침략을 당하고, 침략마다 도시가 파괴되고, 재건되기를 반복한 도시이다. ‘불사조의 도시’라고 부른다. 특히, 13세기 칭기즈칸 군대의 침략에 저항한 것 때문에 도시 전체가 철저히 파괴되었다. 여자와 어린이를 제외한 약 3만 명의 주민이 학살되었다는 기록이 있다. 현재 사마르칸트는 14세기 중앙아시아 맹주인 ‘티무르’가 재건한 것이다.

그런데 한반도에서 멀고 먼 사마르칸트에 ‘고구려 사신도’ 벽화가 있다고 해서 우리 일행은 놀랍고 반가웠다. 고구려 사신도 벽화가 발견된 ‘아프로시압’ 유적은 13세기 몽골군이 파괴한 사마르칸트 구舊도심에서 발견되었다.

소련연방 시절인 1974년 중장비로 도로 개설 공사를 하다가 700여 년 이상 지하에 묻혀있던 건물이 ‘아프로시압 역사박물관’이다. 건물 상단 부분의 벽화는 중장비 공사로 무너져 없어지고, 하단 부문의 벽화가 네 벽면에 남아있다. 당시는 소련연방 시대인데, 소련인 학자가 벽화 하단 오른쪽 끝에 있는 두 사람이 고구려 사신이라고 확인했다.

중앙아시아 유서 깊은 도시에 고구려 사신의 벽화가 있다는 것은 놀라운 일이다. 고구려 사신 복장은 ‘조어관’(새 깃털로 장식한 모자)을 쓰고, 허리에 환도를 차고 있다. 양손을 소매 안쪽에 넣은 정중한 자세인데 궁중 사극史劇에 나오는 모습이다. 벽화에 적혀 있는 소그드문자를 해독한 결과 제작 연도는 서기 660년 또는 661년이다. 당시 이 집은 대귀족 집의 거실이고, 포크레인 공사로 잘려 나간 벽화 상단에 당시 소그드 왕인 ‘바르후

아프로시압 역사박물관 벽화, '고구려 사신'(오른쪽 끝 두 명)

만'이 앉아 있는 것으로 추정한다. 벽화에는 중국 사신, 인근 국가 사신 등 40여 명의 인물이 그려져 있다.

고구려 사신이 먼 이국땅 사마르칸트 벽화에 나오는 것에 대해 두 가지 학설이 있다.

하나는 고구려는 서기 668년 멸망 전에 수나라, 당나라와 수십 년 동안 장기간 전쟁 중이다. 동맹을 체결하기 위해 서쪽의 중앙아시아 소그드 왕에게 도움을 요청하려고 방문했던 사신의 그림이다. 고구려 사신이 왔다면 만주 지방, 몽골고원, 고비사막, 알타이산맥의 초원길 8,000km 이상을 이동해야 하는 먼 길이다.

다른 학설은 고구려 사신이 나오는 중국의 벽화를 모방해서 그렸다는 설이다. 7세기 수나라, 당나라의 침공을 물리친 고구려 명성을 이곳에서도 알고 있었을 것이다. 동방의 강대국 고구려 명성을 듣고 벽화에 고구려 사신의 그림을 그렸다는 학설이다. 어느 말이 맞든 고구려는 당시 유럽에 가까운 중앙아시아까지 알려질 정도로 강대한 국가였다.

한국의 '동북아역사재단'에서 아프로시압 박물관의 영상 기념물을 제작해서 박물관 로비에서 방영하고 있고, 박물관 정원에도 고구려 사신에 대한 안내 팻말이 설치되어 있다. 중앙아시아의 실크로드 중심 도시 사마르칸트에 1,400년 전 고구려 사신의 벽화를 보면서 고구려인의 웅장한 기상과 기개에 한민족으로서 가슴 뿌듯함을 느낀다.

고대 역사에서 고구려는 우리가 아는 것보다 훨씬 강대한 국가였다는 생각이 든다. 고대의 실크로드에서 고구려와 신라의 '군사, 외교, 문화' 등 여러 분야에서 교류했던 흔적이 아시아 대륙의 이곳저곳에 흩어져 있음을 목격하고 있다. 불행히도 조선 시대 선조들의 발자취나 교류 흔적은 대륙에 없음을 확인하면서, 고대 우리 조상들의 진취적인 역사에 대해 다시 한번 생각하게 된다.

'티무르 제국' 유적

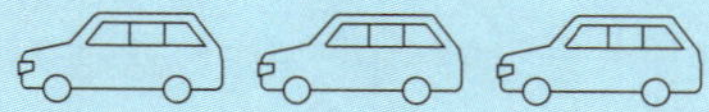

사마르칸트는 13세기 칭기즈칸이 철저히 파괴하여, 현재의 유적은 14세기 정복자 티무르가 약탈한 재화로 만든 것이다.

우리는 사마르칸트 역사와 유적을 설명해 줄 '로디나' 양을 문화 유적 해설자를 고용했다. '로디나' 양은 나이가 어려 보이는 외모인데 36세라고 한다. 아이가 세 명이고, 큰딸은 17살 고등학생이라고 해서 놀랐다. 로디나 양에 의하면 현재 우즈베크 여성은 18살에서 22살 사이에 대부분 결혼한다고 한다. 24살 나이에도 미혼이면 오울드Old 미스에 속하고, 28살 나이에도 미혼이면 이혼남이나 40세 이상 노총각과 결혼한다고 한다. 우리 기준으로 보면 매우 빠른 조혼早婚이다.

로디나 양은 한국어를 빨리 배워서 한국 관광객 가이드 일이 꿈이라고 한다. 우즈베크에서 '코리아 드림'은 최고의 로망이다. 로디나 양으로부터 여성의 결혼 연령 얘기를 들어보니, 시내에서 만나는 20대 초반 나이 어린 엄마들이 많은 이유를 알 것 같다. 식당에서 대가족들이 식사하는 모습을 보면 할아버지가 40대 중후반, 50대 초반이다. 로디나 양과 함께 40도 이상 더운 날씨에 하루 종일 사마르칸트 여러 유적지를 둘러보았다.

한국 사람은 우즈베키스탄의 국민 영웅 '티무르'에 익숙하지 않다. 티무르는 사마르칸트에서 70km 떨어진 시골에서 태어난 쇠락한 몽골족 귀족의 아들이다. 원나라와 몽골제국이 쇠락해 가기 시작하는 1336년 태어나서 중앙아시아, 이란, 중동지역, 남러시아 등을 정복한 마지막 유목민 영웅이다. 명나라를 침략하러 가다가 1405년 병사했다. 우즈벡인이 자랑하는 국민 영웅이다.

사마르칸트는 정복자 티무르가 정복지에서 데려온 장인, 예술가, 건축가들을 동원해서 재정적 후원으로 멋진 건축물을 많이 만들었다. 티무르는 준 문맹文盲임에도 학자들을 좋아해서

티무르 묘지 앞

티무르 묘지 내부

유명한 학자들을 불러서 토론하는 것을 좋아했다고 한다. 그의 자손인 후세 왕들은 예술과 문학 후원에 기여를 많이 했고, 티무르의 손자 왕은 유명한 천문학자로 레기스탄 광장에 마드라사(대학)를 세워서 학문을 후원했다.

티무르는 소련연방 시대는 인민을 착취하는 사람으로 폄하되다가 1991년 우즈베크 독립 후 영웅으로 다시 숭배되고 있다. 레닌 동상 자리를 허물고 티무르 동상을 많이 건립했다. 우즈베크 신혼부부들이 공원의 티무르 동상 앞에서 결혼식 사진을 찍는 모습을 자주 본다.

'티무르 영묘'는 청록색 타일로 멋있게 지었다. '청색'은 우주의 중심인 '하늘'과 해가 뜨는 '동쪽'을 상징한다. 종교적 염원이 있는 색이다.

여성은 티무르 묘지 입장시 치마를 입어야 한다. 아내는 현관에서 앞치마를 빌려서 입는다. 남성은 반바지 차림도 허용되고 있다. 아직도 이슬람권은 여성이 차별받고 있음을 본다.

티무르 묘에는 티무르보다 1년 먼저 죽은 사랑하는 장손자, 티무르의 두 스승, 티무르 등 5명의 관이 있다. 묘지 건설은 일찍 죽은 장손자의 묘지로 시작했는데, 티무르가 1405년 죽게 되자 합장하게 되었다고 한다. 중앙 '검은색 관'이 티무르 묘지이다. 양옆에 있는 두 개 스승의 관이 티무르 관보다 더 크게 만들어졌는데 스승에 대한 존경 표시라고 한다. 티무르가 스승을 깍듯하게 모신 점은 잔인한 정복자와는 다른 모습이다.

산 자와 죽은 자의 만남의 장소인 지하 묘지는 음산한 느낌은 전혀 없다. 죽은 자의 궁전에 찾아온 관광객들의 시끌번쩍한 소리가 흥겨운 분위기를 자아낸다.

전설에 의하면 티무르는 자기 묘지를 파손하는 사람에 큰 재앙을 내리겠다는 저주를 했다고 한다. 러시아 과학자가 1941년 티무르의 관을 열어서 진짜 티무르 인지 여부를 확인했다. 티무르는 청년 시절 양 도둑질 하다가 오른발을 다쳐서 절름발이가 되었는데 다리뼈 확인 결과 오른발 절름발이가 맞음을 확인했다. 티무르의 저주 때문인지 몰라도 묘지 개봉 1년 후 1942년 스탈린이 믿었던 동맹국 독일의 히틀러가 소련을 침공하는 2차 세계대전 독, 소 전쟁이 발생했다.

'레기스탄 광장' 주변에 우아한 색깔의 타일로 만든 세 개의 '마드라사'(대학) 건물이 화려하고 웅장하다. '마드라사'는 수십 개의 교실과 기숙사가 위 아래층 붙어있는 왕립대학 건물이다. 과거 교실인 1층의 기념품 가게, 학생 기숙사였던 2층은 가

게의 창고로 쓰이고 있다. 아내는 마드라사 기념품 가게에서 현지 장인이 만든 찻잔과 그림 한 점을 샀다. 오른쪽 마드라사 건물 벽에 불교를 상징하는 만卍자 문양, 호랑이 등에 탄 부처 얼굴, 연꽃 모양 장식이 있다. 건축가가 종교 간 화합의 목적으로 설치했다고 한다.

이슬람교는 751년 탈라스전투에서 아랍군 승리 후 포교를 왕성하게 해서 10세기에는 중앙아시아 지역은 거의 이슬람화가 완성되었다. 8세기 이전은 사마르칸트 등 중앙아시아 지역은 모든 종교가 자유롭게 허용되었다. 조로아스터교, 불교, 마니교, 기독교, 유대교 등 세계의 종교 백화점이었다. 서기 630년경 현장 스님이 천축으로 가던 때에는 불교 사원과 승려가 많앉다고 기록하고 있다. 하지만 지금은 이슬람 사원 외 다른 종교 유적은 거의 없다.

'비비하눔 모스크'는 엄청난 규모로 14세기 건축 당시 최대 만 명이 예배를 보았다고 한다. 티무르의 부인인 '비비하눔'은 티무르보다 6살 연상의 부인으로 칭기즈칸 손녀이다. 티무르는 몽골족 쇠락한 작은 귀족 가문 출신이다. 티무르가 유목사회의 정복자로 명성을 얻은 후에도 칸(왕)은 칭기즈칸 후손을 명목상 세우고, 본인은 칸에 오르지 아니했다. 칭기즈칸 혈족은 '황금가문'으로 칸(왕)은 칭기즈칸의 피를 받은 사람이 했다. 중앙아시아 일부 지역의 유전자 검사 결과 전체 주민의 약 17%가 칭기즈칸 후손의 피를 갖고 있다고 한다. 유목사회의 실력자는 수많은 처첩을 얻어서 강력한 혈연집단을 형성했다.

티무르는 아미르(영주, 제후) 신분으로 제국을 통치했다. 티무르가 칭기즈칸의 손녀인 '비비하눔'과의 결혼은 티무르의 정통성 확보에 기여했다고 한다. 티무르는 칭기즈칸 손녀인 연상의 비비하눔을 50대 후반 늦은 나이에 부인으로 맞이하고, 고귀한 집안과의 결혼에 매우 명예스럽게 생각했다고 한다.

'비비하눔 모스크'는 건설 과정에 건축가와 비비하눔의 애절한 로맨스 때문에 유명하다. 티무르가 원정을 가면서 비비하눔을 이슬람 사원의 공사 책임자로 임명했다. 그런데 건축가가 비비하눔을 사모해서 공사를 지연 지켰다. 건축가는 비비하눔에게 자기에게 키스를 해 주면 완공을 빨리하겠다고 제안한다. 티무르가 귀환했을 때 키스 소문을 듣고 건축가는 사형에 처하고, 비비하눔도 자살하도록 강제했다는 전설이다. 이런 전설 때문

비비하눔 모스크

에 사원의 명칭을 '비비하눔 모스크'로 부르고 있다. 실제는 비비하눔은 티무르가 병사 후 스스로 자살했다고 한다.

거대한 모스크 건물은 신축 당시부터 건축 설계를 잘못하여 현재도 계속 보강 공사 중이다. 문화 유적 해설자 '로디나' 양은 큰 소리로 말하지 말라고 농담한다. 목소리 울림으로 건물이 무너질 수 있다고 겁을 주면서.

'샤히힌다' 공동묘지는 티무르의 후궁, 딸, 귀족이나 장군의 부인들 묘지이다. 당시 장례 풍속은 아내는 남편과 합장을 못

했다. 왕비, 후궁, 귀족 여성을 위한 묘지를 별도로 만들었는데 매우 아름다운 건축물로서 유네스코 세계 유적이다. 청색, 하늘색, 감청색 등 아름다운 타일로 만든 수십 개의 묘지가 멋진 예술품이다. 묘지는 언덕 위에 있다. 아내는 40도가 넘는 무더위에 지쳐 묘지에 올라가기 싫다고 해서 아름다운 묘지 건물을 못 봤다. 묘지로 올라가는 길은 가파른 계단이 있다. 묘지의 계단 숫자를 정확하게 세면서 올라가야 추후 재앙을 피할 수 있다고 '로디나' 양이 말해서 가파른 계단을 몇 개인지 마음속으로 세면서 올라갔더니 덜 힘들었다.

세계 7대 불가사의 유적으로 불리는 인도 무굴제국의 '타지마할 묘'는 몽골족인 티무로의 자손이 세운 왕비 묘이다. '샤히힌다' 묘지를 보면서 인도 '타지마할 묘'는 사마르칸트에 있는 몽골족 조상의 묘지에서 영감을 얻은 것이 아닌가 생각이 든다.

인도 무굴제국의 건국자는 티무르의 고손자이다. 티무르 고손자 '바브르'는 우즈베크의 권력 쟁탈전에서 패배하고 남쪽으로 내려와 아프가니스탄에 왕국을 세웠다. 이후 바브르의 자손은 북부 인도를 정복하고 인도에 무굴제국을 건설하였다.

세계 역사의 아이러니 중 하나가 독재자가 사후死後 궁전으로 만든 묘지가 현대의 후손에게 관광자원으로 돈을 벌어주고 있다는 점이다. 역사상 많은 독재자는 죽은 다음에도 부귀영화를 누리기 위한 대규모 묘지 공사를 했다. 가난한 백성은 묘지 건설 공사에 수많은 피와 땀을 흘렸다. 서안의 진시황제 묘지, 사마르칸트의 티무르 묘지, 인도의 타지마할 묘지, 스페인 프랑코 총통 묘지 등은 인류의 문화유산 또는 관광자원으로 후손을 먹여 살리고 있다. 모스크바 붉은 광장의 레닌묘지, 천안문의

샤히힌다 묘지

모택동 묘지, 베트남의 호치민 묘지, 북한의 김일성, 김정일 묘
지는 성역聖域화되어 사회주의 체제 수호를 위한 숭배 대상이
다. 티무르가 정복지에서 약탈한 재화로 건설한 관광유적은 티
무르 사후 700년 후 우즈벡인을 먹여 살리고 있다. 우즈벡인들

이 티무르를 국부國父라고 부르는 이유다.

우리는 8월 초 무더위 대륙성 기후 아래서 하루 종일 사마르칸트 유적을 둘러보았다. 가끔은 나무 그늘에서 아이스크림을 사 먹으며 쉬기도 했다. 무더운 여름에 사마르칸트를 돌아다니며 관광하는 것은 힘들다.

점심은 '오쉬'라는 우즈베크 볶음밥을 먹었는데 우리 입맛에 맞는다. 토마토, 양파채, 신선한 샐러드가 많이 들어간 볶음밥 요리이다. 저녁은 '식후경'이라는 사마르칸트의 한식당에서 시원한 맥주와 함께 맛있는 식사를 했다. L 실장, O 사장은 양고기 음식을 안 좋아해서 힘들어하다가 김치찌개를 먹고 생기가 돈다. 우리는 고대 실크로드 중심도시인 사마르칸트에서 행복한 시간을 보냈다.

내일은 실크로드 중심도시의 하나인 '부하라'로 떠날 예정이다.

실크로드 고도 '부하라 아크로(성)'

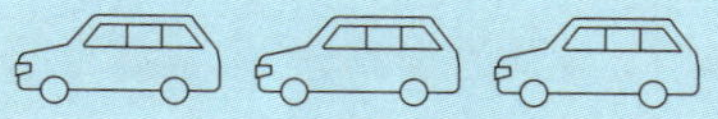

우즈베크의 오래된 고도古都는 "사마르칸트, 부하라, 히바" 3개 도시이다. 사마르칸트에서 2박을 하면서 재충전을 위한 휴식과 관광을 했다. 오늘은 280km 떨어진 '부하라'로 갈 예정이다. 출발시간에 여유가 있어서 시내 공원에서 아내와 함께 아침 산책을 즐겼다.

부하라로 출발 전 시내 주유소에서 자동차에 '디젤 기름'을 가득 채워야 한다. 우즈베크는 액화된 '메탄가스'를 자동차 연료로 사용하는 나라이다. 우리나라 택시들이 사용하는 '액화 LNG'는 '액화 메탄METAN가스'보다 성상이 안정적이라고 한다. 신은 지하자원을 불공정하게 배분한다. 우즈베크와 인접한 카자흐스탄, 투르크메니스탄은 원유, 천연가스 매장량이 풍부한 반면, 우즈베크는 경제성이 떨어지는 메탄가스만 많다.

시내를 벗어나서 외곽으로 나가면 '액화 메탄METAN가스' 충전소는 많지만, 디젤 기름을 파는 주유소는 대도시 주위에만 있다. 휘발유나 디젤 기름값이 비싸기 때문이다.

솔레존에 물어보니 액화 메탄 가격은 휘발유 가격의 1/7이

액화 메탄가스 충전소

라고 한다. 화물차, 트럭은 물론 작은 경차(기아차 마티스)도 엔진을 개조해서 차체 아래에 빨간 메탄 통을 달고 있다. 솔레존에 의하면 메탄가스 폭발 사고가 자주 발생하고, 한번 사고가 나면 대형 사고라서 외국인 상사 주재원이나 관광객은 디젤이나 휘발유 차량을 사용한다.

부하라로 가는 길은 '키질쿰 사막'의 남쪽 지역을 통과해야 한다. 도로 주변에 평야는 적어지고 사막형 지역으로 변하고 있다. 투르크어로 '키질쿰'은 '황색 사막'이라는 뜻이다. 우즈베크의 남쪽 나라인 투르크메니스탄에는 '검은 사막'이라는 '카라쿰 사막'이 서로 붙어있다. 바로 아래쪽 투르크메니스탄에 검은 사막이라는 뜻의 '카라쿰 사막'이 붙어있다.

현재 40여 일째 자동차 여행 중인데 나는 요즈음 감기로 고생하고 있다. 계속 차에 에어컨을 켜고 다녀서 감기가 오래간다. 아내도 목 디스크가 심해져서 손이 매우 저리다고 하소연이다. 디스크약을 구하러 병원에 갈 수 없어 진통제를 계속 먹고 있으나 효과가 별로 없다.

나는 시베리아 초원에서 샀던 야생 꿀을 뜨거운 물에 타서 보온병에 담아 차 안에서 꿀물을 먹고 있는데 조금씩 좋아지는 것 같다. 양고기 음식을 계속 먹으니 소화불량 등 몸 상태가 안 좋다. 소화제를 자주 먹다 보니 벌써 떨어져서 지인에게 정로환을 빌려서 먹고 있다. 자동차 여행에 대한 사전 준비가 부족했음을 새삼 느낀다.

부하라에 오후 2시경 일찍 도착했다. 바깥 기온이 42도가 넘는다. 부하라 성 관광은 더위가 약간 식는 오후 5시에 가기로 하고 잠시 호텔에서 쉬기로 한다.

'부하라'는 '사마르칸트'와 함께 중앙아시아의 오래된 실크로드 거점도시이고, 유서 깊은 역사적 도시이다. 부하라는 13세기 초반 몽골족 침략 당시 완전히 파괴되었고, 현재 성은 600년 전 티무르가 재건한 성이다.

부하라 성은 벽돌로 쌓은 20여m 높이의 성이다. 최초의 성곽은 기원전 4세기 이전에 축성되었다고 한다. 나라의 위치가 좋거나 자원이 많으면 강대국의 침략 목표가 된다. 동서양 교역의 관문이고, 풍요로운 곡창 지대인 우즈베크는 지정학적으로 강대국들이 호시탐탐 노리는 땅이다. 기원전 4세기 그리스의 알렉산더 대왕 침략, 페르시아(이란) 침략, 투르크족 지배, 이슬람과 아랍군, 몽골족, 근, 현세는 러시아와 소련이 지배했던 비운의 지역이다.

도시가 파괴되고 재건되기를 반복해서 부하라 성은 '불사조

부하라 성벽, 솔레존, 로디나 양과 함께

의 성'으로 불린다. 근세 19세기 중반 이후에는 러시아의 식민 지배 상태로 있었다. 1924년 소련의 스탈린이 인종과 언어, 역사가 다른 '타슈켄트, 사마르칸트, 부하라'를 하나로 통합시켜 소련연방에 편입시켰다.

1991년 소련 해체 후 세 도시가 주축이 되어 우즈베키스탄은 독립 국가가 되었다. 현재도 우즈베크는 지역별로 언어와 인종이 다르니 국민 통합이 힘들다. '티무르'를 정신적 국부로 숭상하는 것도 이질적 민족과 문화를 하나로 통합하기 위함이다.

부하라는 8세기 당나라 현종 때 반란을 일으킨 소그드인 '안록산'의 고향으로 유명하다. 수천km 떨어진 당나라에 와서 당 현종과 양귀비에게 아첨을 잘해서 6개 절도사 중에서 3개 절도사를 겸직한 역사적인 인물이다. 과거 우즈베크에 여행 다녀온 사람들이 들에서 밭매는 여성도 우리나라 탤런트 같은 미인이 많다는 말을 들은 적이 있는데, 미모의 여성이 눈에 띄지는 않는다.

'부하라'도 인구의 70%가 이란계 타지크인이고, 언어도 이란어 계통인 타지크어를 사용하고 있다. 우즈베크 사람은 최소한 우즈벡어, 타지크어, 러시아어 3개 국어를 알아야 한다. 우리나라에 일하러 오는 노동자나 신부들이 한국말을 쉽게 배우는 것은 우즈벡인에게 선천적인 언어 재능이 뛰어나기 때문이다.

칭기즈칸의 몽골 군대는 13세기 초 북쪽에서 키질쿰 사막을 종단하여 부하라로 쳐들어왔다. 이슬람 왕조의 지배에 있던 부하라는 맹렬하게 저항했다. 부하라 함락 후 몽골 군대는 아무도

13세기 몽골 군대에 파괴된 '부하라 성' 내부의 방치된 현장

살려주지 아니했다. 성인 남자와 여성뿐 아니라 어린아이들, 가축 등 살아있는 것을 모두 죽였다. 공포심을 불러일으켜 다른 도시들이 금세 항복하도록 만드는 고도의 전략이다. 부하라 성 내부는 칭기즈칸 군대가 폐허로 만든 모습 그대로 남아있다.

부하라는 도시 재건시 폐허가 된 부하라 성 내부는 방치하고, 성 바깥에 신도시를 건설했다.

아래 이슬람 첨탑은 12세기에 건설된 '칼론 미나렛 탑'이다. 칭기즈칸의 지시로 파괴를 면한 부하라에서 가장 오래된 건축물이다. 이 탑의 높이는 48m로 중앙아시아 미나렛 탑 가운데 가장 높다.

칭기즈칸이 말 위에서 높은 미나렛 탑 꼭대기를 보려다가 모자가 떨어졌다고 한다. 모자를 주우면서 자기가 유일하게 머리를 숙인 곳이니, 탑을 파괴하지 말고 보존하라고 지시해서 현재까지 보존된 행운의 탑이라고 전한다.

'미나렛 탑'의 주된 용도는 이슬람교 예배 시간을 알리는 것이다. 과거 어두운 밤중에 탑 꼭대기에서 불을 밝혀서 멀리 사막을 건너오는 상인들에게 등대 역할도 했다고 한다.

칼론 미나렛 양옆의 건물은 마드라사(대학)로 현재도 신학을 가르치는 학교이다. 옅은 회색과 하얀색의 마드라사 건물, 아름다운 첨탑과 광장이 잘 어울린다. 인간사 '운칠기삼運七技三'이라는 말이 있듯이 문화 유적도 운이 있어야 오래 간다. '칼론 미나렛'은 칭기즈칸의 떨어진 모자 때문에 800년 이상 존속하고, 유네스코 세계 유적으로 관광객들에게 사랑을 받고 있다.

부하라 시내를 관광하는 동안 솔레존씨를 통해 차를 정비소

에 보내서 수리하였다. 우리는 내일부터 키질쿰 사막 통과를 위해 자동차 미션오일, 엔진오일, 냉각수, 요소수를 보충하고, 오랜만에 세차하였다. 먼지와 모래로 지저분하던 차가 깨끗해지니 기분이 좋다.

부하라는 인구 28만 명의 중소도시이다. 저녁 식사하러 간 식당은 2인조 밴드가 음악을 연주한다. 식사하러 온 여자 손님들이 홀에 나와서 댄스를 춘다. 우즈베크 남자들은 술만 먹고 있다. 이슬람교를 믿는 부하라 지역은 여자들이 맥주를 마시고,

춤추는 것을 관대하게 허용하는 것 같다. 우리 일행도 댄스파티에 끼어들어 잠시 객기를 부렸다.

우리는 밴드 주자에게 흘러간 70, 80년 팝송 연주를 부탁하고, 우리가 잘 아는 러시아 가요(백만송이 장미, 백학 등) 신청곡을 부탁하였다. 식당에서 한 시간 이상을 생음악 연주를 들으며 시간을 보냈다. 팁으로 20불을 주었더니 완전히 감동이다.

아내는 쓸데없이 돈을 쓴다고 핀잔이다. 20불은 우즈베크 돈으로 28만 솜이다. 팁 문화가 없는 가난한 연주자에게 오늘은 행운의 날이다. 나올 때 밴드 주자와 기념 촬영을 했다.

우리는 부하라에서도 편안한 여행과 즐거운 식사를 즐겼다. 우즈베크는 농산물 물가, 서비스 물가가 매우 저렴하다. 환전한 우즈베크 돈이 조금 남아서 아내와 함께 건乾과일 가게에 갔다. 남은 우즈베크 돈(솜)으로 말린 과일을 샀다. 아내는 그동안 힘

부하라 여자들이 춤을 추는 저녁 식당 홀

부하라 식당의 밴드 단원과 함께

들었던 시베리아, 타클라마칸 사막 일정과 비교하면서 우즈베
크 여행은 매우 즐겁다고 말한다.

'히바 성'과 키질쿰 사막의 고난

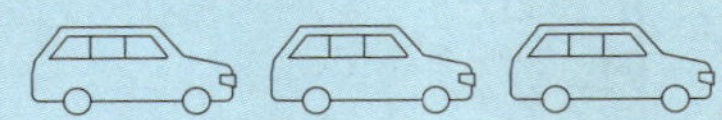

오늘 8월 10일, 부하라에서 '키질쿰 사막'의 오아시스 도시 '히바'로 가야 한다.

과거 실크로드 상인은 부하라에서 남서쪽 투르크메니스탄을 통과, 카스피해 남쪽, 이란의 '테헤란'을 지나서 튀르키예의 '이스탄불'로 이동했다. 현재 '투르크메니스탄'과 '이란'은 외교부의 여행 자제 나라이기 때문에 '테헤란' 방향으로 가는 남쪽 길은 포기했다. 대신 키질쿰 사막의 서북쪽으로 올라가서 카자흐스탄 통과, 카스피해 북쪽의 우랄강을 건너 남러시아로 들어갈 것이다. 7월 2일 동해항을 출발하여 러시아의 블라디보스토크, 시베리아 대평원, 바이칼호수를 지났는데 또다시 두 번째 남러시아에 입국한다.

아침 식사 후 부하라 성벽을 배경으로 기념 촬영을 하고, 가이드 솔레존, 로디나 양과 작별 인사를 했다. 우리는 키질쿰 사막을 종단하여 북쪽으로 향했다. 키질쿰 사막은 현지어로 '붉은 사막'이라는 뜻으로 면적은 30만km^2(남한 3배) 크기로 우즈베크와 카자흐스탄에 광활하게 펼쳐져 있다. 8월 초순인데도 초원의 풀은 노랗게 색상이 변해가고 있다.

부하라에서 히바까지 440km이다. 부하라 근처 초반부 길은 포장이 잘 되어 있는데 200여 km 지난 지점부터 도로 상태가 매우 나빠지기 시작한다. 비포장도로와 비슷한 자갈밭 길을 낮은 속도로 달린다. 가끔 화물차가 반대편 차선에서 지나가면 흙먼지가 자동차의 앞을 가린다.

키질쿰 사막은 1320년 칭기즈칸 군대가 부하라로 침략하러 올 때 물이 부족하여 무척 고생한 사막으로 기록하고 있다. 이곳의 생명수는 파미르고원에서 발원하는 '아무다리아강'이다. 아무다리아강의 상류 지역에서 목화재화를 위한 농업용수의 사용이 많아 사막의 하류 지역은 물이 매우 부족하다. 가끔 아

키질쿰 사막의 거친 초원

무다리아강 지류 근처를 지나갈 때면 대부분이 목화 밭이다.

키질쿰 사막의 한가운데에서 오후에 O 사장 차의 에어컨이 고장 났다. 자갈이 많은 도로 때문에 고장 난 것이다. O 사장 차는 시베리아에서 '터보' 고장으로 속을 많이 썩였는데 또다시 말썽이다. 키질쿰 사막의 온도는 40도가 훨씬 넘는다.

에어컨이 고장 난 차의 탑승자는 사막의 찜통 더위 속에서 2시간 이상 생고생을 하며 운전했다. 오후 3시 넘어 '히바 성'에 도착했다. 우리 숙소는 히바 성 시내의 작은 여관이다. 뒷골목에 있는 여관을 못 찾아서 우리는 잠시 골목길을 헤맸다. 구글 맵 지도 덕분에 낯선 초행길을 자동차로 여행할 수 있는 게 고맙다.

히바는 인구 8만의 작은 도시이다. 히바 시내 자동차 정비소에 한국산 SUV 차량 에어컨 수리 기술자를 찾을 수 없었다. 타슈켄트로 돌아간 솔레존에 전화를 걸어 히바에 사는 지인을 소개받았다. 솔레존 친구의 도움으로 각각 다른 정비소에 근무하는 기술자 두 명을 찾았다. 두 기술자의 합작 작업으로 새벽 1시 넘어서 간신히 에어컨을 수리했다. 에어컨 수리 때문에 O 사장과 윤 군 등은 히바 시내 구경도 못하고, 저녁 식사를 굶으며 큰 고생을 했다.

히바는 디젤 기름을 파는 주유소가 없다. 수십km 떨어진 주유소에 디젤 기름을 주문해야 한다. 주유소 직원이 기름통을 차에 싣고 와서 우리들 차에 디젤 기름을 채워준다.

히바 성은 몽고 칭기즈칸 침략시 빗겨간 지역이라 성이 잘 보존돼 있다. 히바는 동유럽과 가까운 작은 도시이고, 성 내부의 고대 건물이 온전하게 보전된 유네스코 세계 문화 유적이다. 흙

히바성 성벽에서 필자

벽돌로 지은 고풍스러운 건물 때문에 유럽 관광객이 매우 많다. 히바 성벽도 부하라 성벽처럼 벽돌로 지은 성곽이다.

히바 성 시내의 미나렛 첨탑도 층층이 예쁜 타일 장식, 기하학적 곡선, 시내를 내려보는 아름다운 건축물이다. 석양에 반사되는 미나렛 첨탑은 종교적 분위기보다는 예술적 조각상의 느낌이 강하다. 이슬람교 발생 지역인 중동 지역 모스크의 탑은 뽀족한 첨탑인 반면, 우즈베크의 미나렛 탑은 폭이 넓고 둥근데 미적으로 완성도가 높다.

시내 노점상의 상인이나 어린이들이 영어로 기념품을 사라고 호객 행위를 하는 것이 우즈베크의 다른 도시와 다르다. 러시아에 가깝기 때문인지 몰라도 히잡을 쓴 여성도 드물어 서구적인 분위기가 물씬 풍긴다.

우리가 도착한 날은 토요일인데, 인기 가수의 공연이 있다고 해서 시내에 청소년 등 인파가 무척 많다.

히바 주변은 산도 강도 없는 매우 단조로운 사막 지형이다. 단조로운 생활을 하며 살아가는 주민들에게 음악 공연은 커다란 볼거리일 것 같다. 골목마다 유럽의 관광객이 많고, 간혹 일본 사람들도 만난다. 히바에 사는 젊은 아가씨 두 명을 만났는데 낯선 동양의 남성에게 매우 친절하게 대해준다. 이슬람 율법과 달리 두 처녀는 히잡을 착용 안 했고, 우리 부부와 명랑하게 대화를 나눴다.

히바 성 중심가 석양의 미나렛 첨탑

히바 여관 옥상 테라스 식당에서 저녁 식사

히바성 저녁 식사는 여관 3층 테라스 야외 식당에서 했다. 멀리 붉은 색 노을이 지는 사막의 낙조를 배경으로 하는 야외 테라스 식당은 낭만적인 아름다움이 물씬 풍겼다. 여관에서 제공하는 저녁 요리도 매우 훌륭하다. 우즈베크의 타슈켄트, 사마르칸트, 부하라, 히바의 요리가 약간씩 다르지만 값은 대체로 저렴하고, 음식 맛은 훌륭하다. 야간에 조명을 밝힌 미나렛 첨탑은 석양의 낙조와 어울려 한 폭의 풍경화이다.

며칠 동안 우즈베크 고성 관광과 즐거운 여행시간을 보내고, 내일은 아침 일찍 카자흐스탄으로 출발해야 한다. 내일은 카자흐스탄 국경을 통과하여 카자흐스탄 '베이네우' 라는 작은 도시까지 650km 사막 길을 이동해야 한다. 주유소가 드문 사막에서 자동차에 보충할 20ℓ 디젤 기름통을 각 차에 한 통씩 사서 실었다. 아침 7시 도시락을 준비해서 일찍 출발한다. 차 안에서 아침 식사를 하며 달린다. 사막에서 점심으로 먹을 샌드위치와 음료수도 근처 식당에서 구입했다.

도로 사정이 안 좋기 때문에 카자흐스탄 도착시간이 얼마나 남았는지 알 수 없다. 끝없는 사막의 지평선 속으로 우리 차는 달려가고 있다. 사방에 마을, 구릉이나 언덕도 없는 뻥 뚫린 사막 길을 드라이브하는 것은 그 자체로 독특한 매력이 있다. 황량한 사막의 하늘은 높고 푸르고 맑다.

이곳 초원은 풀도 거의 없어서 방목하는 가축도, 유목민 천막도 안 보인다. 오랫동안 사막을 달리다가 히바에서 가져온 디젤 기름통으로 기름을 채운다.

생리현상도 사막의 모든 곳이 화장실이다. 우즈베크 화장실 요금은 2000솜 (200원)인데 휴게소가 없으니 화장실 갈 일도 없다. 여자는 서울서 가져온 커다란 검은 우산이 간이 화장실이다. 히바 출발 200㎞ 지점부터 도로는 완전 자갈밭 길이다.

자갈밭 사막 길을 달리는 도중 O 사장 차의 타이어가 빵구 났다. 오늘은 타이어 빵구, 어제는 에어컨 고장, 시베리아에서는 터보 고장 등 계속 말썽이다. 40도가 훨씬 넘는 사막의 뜨거운 햇볕 아래서 SUV 차량의 무겁고 커다란 타이어 교체는 일반인들에게 쉬운 일이 아니다. 우리는 타이어 빵구를 대비해서 예비 타이어를 가져왔다. 일행 중에 자동차 전문가 L 실장이 없었으면 훨씬 오래 걸렸을 텐데, 40여 분 만에 교체했다. 타이어 교체 후 추후 사고를 대비해서 예비 타이어를 다시 사야 할지로 다툼이 생겼다. 향후 갈 길이 많이 남아 있고, 또 발생할지도 모르는

키질쿰 사막에서 펑크 난 타이어 교체

빵구를 대비해서 예비 타이어를 사야 한다고 말하는 사람과 그냥 가보겠다는 O 사장과 작은 논쟁이 있었다.

점심은 키질쿰 사막의 도로 옆에 차를 잠시 세우고, 히바에서 사 온 샌드위치로 해결한다. 우리는 키질쿰 사막을 통과하여 오후 6시경 카자흐스탄 국경에 도착했다.

카자흐스탄으로 입국하려는 화물차들이 수 km 늘어서 있다. 승용차는 화물차와 다른 길로 통과하기 때문에 기다리는 줄이 짧아서 다행이다. 우즈베키스탄과 카자흐스탄의 국경 근처 사막에서 하염없는 기다림의 시간이 시작됐다. 사막의 국경은 공항처럼 승객용 대기실, 실내 화장실, 간식을 파는 가게나 식당도 없다. 도로 옆에서 언제 차량을 통과 시켜줄지 무한정 기다려야 한다. 다행히 저녁 무렵의 사막은 기온이 떨어져서 한낮의 뜨거운 더위가 식어간다.

어느덧 사막의 국경은 해가 지고 어둑어둑해지고 있는데 통관 시간을 가늠할 수 없어 길가에서 지루한 시간을 보내고 있다. 튀르키예에서 왔다는 오토바이 여행자는 통관을 기다리는 도중 도로 위에서 코펠로 라면을 끓여 저녁 식사를 준비하고 있다. 우리는 아침과 점심을 이동하는 차 안에서 약식으로 먹었는데, 저녁 식사는 언제 할지 몰라서 처량한 기분으로 사막의 황홀한 낙조를 바라볼 뿐이다.

카스피해 북부의 카자흐스탄

8월 11일 일요일 7시 출발, 사막길 650km를 달려와서 우즈베키스탄 국경에 오후 6시에 도착했는데 '우즈베크 출국, 카자흐스탄 입국' 절차가 계속 지연되고 있다.

아내는 키질쿰 사막 비포장 자갈밭 길을 달려오는 과정에서 차량의 심한 반동과 흔들림으로 목 디스크 증세가 심해졌다. 손과 팔뚝이 시리고 저리다고 하소연을 한다.

두 시간 기다린 다음에 우리 부부, K교수, K회장 네 사람은 우즈베크 출국 수속을 마쳤다. 차는 사람과는 별도로 출국 수속을 해야 하는데 이게 시간이 많이 걸린다.

나와 아내는 개인 가방을 가지고 우즈베크 국경을 지나서 걸어서 100여 m의 비포장 길을 걸어가니 카자흐스탄 세관이다. 카자흐스탄 국경의 작은 대합실은 입국하려는 사람들로 아수라장이다. 카자흐스탄은 세계에서 9번째로 영토가 넓은 나라인데, 입국장 대합실 면적은 왜 이렇게 좁은지, 5평도 안 되는 것 같다. 매우 협소한 대합실은 줄서기도 없고, 새치기가 판을 쳐 무질서 자체이다. K 교수는 새치기하는 사람에 대해 큰 목소리

우즈베키스탄 국경의 긴 자동차 행렬

로 항의했다. 카자흐 세관 직원이 항의하는 우리 일행을 보고, 어디서 왔는지 물어본다. 한국에서 왔다고 하니 앞쪽 줄로 이동시켜 주고, 편의를 봐주어서 그나마 빨리 통과하였다. K 교수의 용감한 항의가 없었다면 한 시간 이상 더 걸렸을지도 모른다. 오후 6시 우즈베크 국경 도착 후 세 시간 만에 밤 9시에 카자흐스탄 세관을 통과하였다.

진짜 문제는 자동차가 언제 통과할지 모르기 때문에 사막의 길가에 앉아서 무작정 기다려야 한다. 저녁 식사를 할 만한 식당이 근처 사막에선 찾아보기 힘들다. 편하게 앉아서 기다릴 장소도 없다. 사막의 도로 옆에 앉아서 자동차가 나오기를 하염없이 기다리고 있다. 8월 11일 한여름임에도 밤 10시가 넘으면서 키질쿰 사막의 대륙성 기온이 떨어져 한기가 피부로 느껴진다. 국경 도착 6시간이 경과한 밤 12시가 넘어도 자동차는 안 나온다. 이곳은 인터넷이 안 되는 오지라 세관에 잡혀있는 차안의 일행과 전화도 안 된다. 자동차 운전자와 통화할 수 없어서 더욱 답답했다. 얇은 여름옷을 입고 쌀쌀한 키질쿰 사막 도로 옆에 앉아 무작정 기다리다가 지쳐서 잠이 들었다. 영락없는 길거리 '홈리스'모습이다. 국경 도착 8시간이 지난 새벽 2시가 되어서 우리들 차가 카자흐 국경을 통과하였다.

모두가 지칠 대로 지친 상태로 오늘 밤 예약한 키질쿰 사막의 '베이네우'로 가야 한다. 새

카자흐스탄 국경에서 8시간 기다림

벽 2시30분경 '베이네우'로 가는 중에 카자흐스탄 경찰이 차를 세우고 막무가내로 돈을 요구한다. 교통법규 위반과 관계없이 차를 세우고 못 가게 한다. 한번 돈을 주면 호구로 소문나서 카자흐스탄 영내에서 계속 경찰 검문에 고생한다고 들었다. 20분 이상을 도로에서 경찰차에 붙잡혀 고생했다. 경찰에 통사정한 끝에 겨우 풀려나 새벽 3시에 '베이네우' 여관에 간신히 도착했다.

어제 아침 7시 히바를 출발, 카자흐스탄 변방의 작은 시골 도시 '베이네우' 여관까지 650km 오는 데 20시간 걸렸다. 아침, 점심을 샌드위치로 때우고, 저녁은 굶었다. 구글맵 덕분에 뒷골

목에 있는 허름한 여관 건물을 쉽게 찾았다. 너무 늦은 시각이라 여관 문을 안 열어주면 어쩌나 걱정했는데, 종업원 두 명이 주차장에서 기다리고 있어서 새벽 3시 넘어서 체크인을 했다. 종업원이 차량 도난 방지를 위해 여관 뒷마당에 있는 주차장에 차를 세우도록 안내한다. 방에 짐을 풀고 샤워를 간단히 하고, 새벽 4시가 돼서야 잠에 들었다. '베이네우' 시골 여관은 좁은 방에 침대 쿠션도 엉망이지만 눕자마자 천당행 꿀잠에 빠진다. 이번 자동차 여행 중 가장 힘든 하루였다.

최악의 공공서비스를 경험하면서 후진국 국경은 '공무원이 왕이고, 백성은 졸이다.'는 생각이 든다. 카자흐스탄은 세계에서 9번째 넓은 영토를 가진 국가이다. 넓은 영토에 석유, 희토류 등 많은 지하자원을 보유한 자원 부국이다. 카자흐 초원은 유목민의 본거지로서 기원전 7세기 스키타이족, 기원전 3세기 흉노족, 서기 4~7세기 투루크족, 13세기 이후 몽골족이 지배하다가 근세에는 18세기 이후 러시아가 지배한 복잡한 역사의 땅이다.

카자흐스탄은 1760년 강대국 러시아에 자발적으로 식민 통치를 요청한 나라다. 주변 국가의 끊임없는 침략으로 고생하느니 강대국 러시아의 보호를 받고 안전하게 살려는 실리적 선택이었다. 역설적으로 러시아 식민 지배가 카자흐의 광대한 영토가 분할되지 아니하고 1991년 독립 후 영토를 그대로 보전하는 데 도움을 주었다고 한다.

러시아 식민 지배를 250여년 받다가 소련연방이 해체되던 1991년 독립한 신생 국가이다. 광대한 영토에 살고 있는 민족의 수도 130개가 넘는다고 한다. 대★분류한 종족의 숫자도 20

여 개다. 유목민 종족은 자기의 "종족과 출신 지역"에 대한 충성이 우선이고, 국가에 대한 충성은 후後 순위이다. 지배자는 수시로 변하지만, 혈연으로 연결된 종족은 영원하기 때문이다.

다민족, 다언어에 영토가 넓은 국가의 문제점은 우리는 상상하는 것보다 훨씬 심각하다. 카자흐 종족은 이란계 피가 많이 섞인 우즈벡인보다 상대적으로 동양인과 많이 닮았다. 현재 카자흐는 러시아어, 카자흐어 두 개 언어가 공식 언어이다. '카자흐'는 현지어로 '자유인, 독립인, 방랑자'의 의미인데, 공무원의 기강과 책임감은 유목민의 유전자가 남아서인지 매우 부족한 것 같다.

카자흐스탄은 석유와 천연가스 수출로 인해 경제 사정은 중앙아시아 국가 중에서 가장 좋다. 우즈베키스탄 등의 고려인이 경제가 좋은 카자흐스탄으로 이사 와서 살고 있다. 현재 카자흐스탄 거주 고려인은 약 20만 명으로 중앙아시아 국가 중에서 가장 많이 산다. 이 나라는 호적에 출신 종족을 기재하는 나라여서 고려인 후손의 통계가 정확하다.

'베이네우' 여관에서 새벽 4시 취침, 아침 8시 기상, 4시간의 짧은 잠을 자고 아침 식사를 한다. 시골 여관에 숙박객은 우리 일행뿐이다. 시골 여관의 아침 식사는 달걀 후라이 한 개, 식빵 몇 조각, 커피 한잔이다. 여관의 여주인이 종업원도 없이 혼자서 직접 서빙한다. 그나마 따뜻한 커피 한잔에 감지덕지다.

오늘은 8월 12일, 서울 출발(7월2일) 40일째이다. 여행의 막바지다. 인구 1만 명의 작은 도시, '베이네우'를 아침 10시 출발하여 카스피해 근처 '아티라우'까지 450km를 가야 한다. 먼저 주유소에서 차에 디젤 기름을 가득 채웠다.

　‘베이네우’까지 이동한 거리는 러시아 블라디보스토크에서 1만6,500km를 달려왔다. 아침에 여관을 나오니 골목 입구에 카자흐스탄 경찰차가 어슬렁거린다. 경찰차를 안 만나도록 골목길을 돌아서 운전하였다. 경찰이 돈을 뜯을 것이 걱정이 되어 미리 피해서 운전했다.

　카스피해의 북쪽으로 올라가고 있다. 황무지와 메마른 초원을 통과하고 있다. 가끔 쌍봉낙타, 단봉낙타와 함께 풀을 뜯는 풍경이 나타난다. ‘단봉낙타’는 아라비아 지역과 아프리카 사하라 사막 등 더위에 강한 지역에 사는 품종이고, ‘쌍봉낙타’는 고비사막 등 추위에 강한 지역에 사는 품종이다. 이곳 카자흐스탄 서쪽 변방은 두 종류 낙타가 함께 공존하는 지역이다.

　가끔 마주 오는 트럭 기사들이 앞에서 카자흐스탄 교통경찰

단봉낙타와 쌍봉낙타가 공존하는 카스피해 근처 초원

카스피해 북부 키질쿰 사막 모래폭풍

이 단속하고 있다고 서치라이트를 반짝이고 지나간다. 중앙아시아, 시베리아 지역 화물차 기사의 공통된 매너이다.

카자흐 초원길을 통과할 때 갑자기 모래 광풍이 휘몰아쳤다. 우리는 속도를 늦추고 서행을 한다. 폭풍이 지나고 얼마 후 사막의 파란 하늘과 하얀 뭉게구름이 나타난다. 멀리 사막의 하얀 뭉게구름을 무심히 바라보면서 인간의 욕구가 무엇인지 생각해 본다. 나에게 진정 소중한 것은 무엇인가? '느림과 빠름'에 대해 다시 한번 생각한다. 자본주의 경쟁사회는 '빠름과 속도'에 중독되어 있다. 항상 시간에 쫓기는 마음으로 살아가는 치열한 문명사회에서 잠시나마 해방감을 느끼고 있다.

대륙성 기후, 사막성 기후가 혼재된 카스피해 북부 지역은 날씨가 변덕스럽다. 이곳은 해저 20m~30m 사이의 저지대이다. 도로는 얕은 호수 위를 흙으로 돋아서 만들었다.

카자흐스탄은 자원이 많아 부유한 나라라서 우즈베키스탄보다 도로 상태가 매우 좋다. 어제 험한 자갈밭 길을 달리다가 오늘은 포장 상태가 좋은 도로를 달리니 기분이 좋다. 8월 중순 접어드는데 주변 초원의 풀은 말라붙어 가을 풍경이 나타나고 있다. 누렇게 물든 초원을 지나가면서 고위도 지역의 가을이 빨리 오는 것을 본다.

점심은 휴게소에서 서울에서 가져온 고추장, 짱아치, 김을 반찬으로 했다. 한국인에게 고추장이야말로 영혼의 음식, '소울 푸드soul food'임을 실감한다.

가끔 카자흐족 마을을 지나쳐 간다. 장례 풍속은 민족마다 다르지만, 카자흐족의 공동묘지는 석조로 만든 화려한 건물 양식이다. 화려한 묘지 치장은 사후세계의 저택을 장식한다고 생각하는 것 같다.

카스피해 북부 저지대 도로

카자흐족 공동묘지

카자흐스탄의 산업도시 '아티라우'에 오후 5시경 도착했다. 아티라우는 인구 16만 도시로 카스피해 석유채굴 때문에 생긴 도시이다. 카스피해로 흘러가는 우랄강 하류 지역이다. '아티라우'는 위도는 북위 47도(서울 37도), 경도는 51도(서울 127도)로 유럽에 가깝다. 8월 중순 기온이 우리 가을인 20여 도로 선선한 날씨이다.

아티라우에서 우리가 숙박한 호텔 이름은 "벨루가"이다. 카스피해에 서식하는 철갑상어의 이름이다. 철갑상어는 '캐비어('알)를 얻기 위한 남획으로 멸종위기 어종이다. 20여년 전 아제르바이잔 바쿠에 출장 갔을 때 철갑상어 고기와 캐비어를 먹어 본 것이 기억난다.

저녁 식사를 위해 구글맵을 검색해 보니 아티라우에 한국식당이 있다. 고려인 3세가 운영하는 매우 작은 한국식당을 찾았다. 숙소에서 15분 이상 거리의 주택가 골목에 있는 협소한 한국식당이다.

주인은 60세 전후 나이의 뚱뚱한 아주머니이고 종업원은 없다. 한국어는 못하는데, 한국 사람 8명이 동시에 들어오니 놀라는 기색이다. 카자흐스탄 최변방 지역에 한국에서 자동차로 여행 온 사람은 우리가 처음일 것이다. 된장찌개, 김치찌개를 주문했는데 맛이 기대 이상으로 훌륭하다. 1937년 연해주에서 강제이주된 고려인 후손이다. 중앙아시아 최서쪽 카스피해 근처 변방에 한국의 된장, 고추장, 김치가 보존되고 있는 것이 놀랍다.

식사 중 옆 테이블의 잘생긴 러시아 청년이 우리에게 다가와서 한국말로 '안녕하세요' 인사를 한다. 자기의 어머니는 고려인이고, 아버지는 러시아인이라고 한다. 작년에 6개월간 어머니의 나라 한국을 방문해서 여행도 하고, 취업도 했다고 말한다. 한국이 좋아서 기회가 되면 또 가고 싶다고 말한다. 1937년 스탈린의 강제 이주로 쫓겨온 러시아계 고려인 후손도 어머니의 나라 한국을 좋게 생각한다. "민족이란 무엇인가?" 평소에는 생각하지 않던 질문을 스스로에게 던져 본다.

남러시아와 조지아

러시아
우크라이나
카자흐스탄
아티라우
아스트라한
베이네우
우즈베키
스탄
코카서스산맥
블라디카프카스
카스피해
조지아
바투미
트빌리시
카라칼
트라브존
아르메니아
아제르바이잔
투르크메니스탄
흑해
앙카라
시바스
아나톨리아고원
카파도니아
튀르키예
자그로스산맥
이란
시리아
레바논
이스라엘
이라크
요르단
이집트
쿠웨이트
사우디아라비아
아라비아해

남러시아 볼가강 하류 '아스트라한'

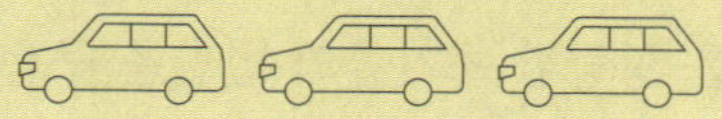

오늘은 8월 13일, 서울 출발한 지 41일째이다. 카자흐스탄의 '아티라우'는 북위 47도다. 아침 기온 17도로 우리의 가을 날씨 비슷하다. 오늘은 카스피해 북부의 초원 지대를 지나서 우랄강을 건너 러시아로 다시 재입국해야 한다. 국경을 통과할 때마다 고생한 경험 때문에 아침 일찍 숙소를 출발한다.

중간에 휴게소 식사가 어쩔지 몰라서 점심으로 먹을 샌드위치를 미리 샀다. 카자흐 샌드위치는 양고기를 많이 넣어서 따뜻할 때 먹으면 맛있지만 식어서 딱딱해진 샌드위치는 맛이 없다.

도로변 초원의 풍경은 가을로 변하는 황갈색이다. 카스피해 북쪽 카자흐 지역은 황량한 거친 초원이다. 주위에 산이 없어서 끝없는 지평선이다.

카자흐스탄 국민은 세계에서 1인당 육류 소비량이 가장 많은 민족이라고 자랑한다. 이들은 스스로 '늑대' 다음으로 고기를 많은 먹는 것을 자랑스럽게 생각한다. 세계 9번째 영토가 넓은 카자흐스탄은 대부분 영토가 광활한 초원으로 되어 있다. 광대한 카자흐 초원은 지역마다 자라는 풀의 종류가 달라서 풀을 먹

고 자라는 소, 양의 고기 맛이 지역마다 다르다고 한다. 카자흐
인들이 특히 말 고기를 가장 좋아한다는 사실에 놀랐다.

'카자흐' 의미는 자유인, 방랑자, 모험가의 뜻이라고 한다. 유
목민 시절 광대한 초원에서 자유롭게 이동하며 살았던 역사를
강조한 것이다. 황무지를 닮은 황량한 초가을의 벌판은 구름이
낮게 깔려서 더욱 을씨년스럽다. 영국의 유명한 시인, 'TS 엘리
엇'의 '황무지' 시를 떠올린다.

죽은 땅에서 라일락을 키워내며, 기억과 욕망을 뒤섞어, 잠든
뿌리를 봄비로 깨운다....
한 줌 먼지 속의 공포를 보여주리라

차가운 바람이 황량한 평야를 스쳐 지나간다. 단순하고 고요

카자흐 초원의 황갈색 거친 초원

한 자연경관을 바라보며 지나가고 있다. 가까이에 산은 전혀 없고, 남쪽 저지대에 카스피해가 있다. 우리는 카스피해 북쪽을 지나서 곧 러시아 국경으로 들어갈 것이다. 카자흐스탄에서 러시아로 향하는 도로에 관광을 온 차량은 거의 없다.

13시경 카자흐스탄 국경에 도착했다. 카자흐스탄 출국수속은 20여 분 만에 일찍 끝났다. 3일 전 큰 고생을 생각할 때 운이 좋다는 생각이 든다. 다시 10km 거리를 이동하면 우랄강 다리가 있다. 우랄강이 러시아와 카자흐스탄 국경선이다. 우랄강을 건너면 러시아 병사가 총을 들고 서 있는 경비초소를 지나간다.

러시아 세관 통과를 기다리는 동안 역시 통관을 기다리는 카자흐스탄 트럭 기사와 도로 위에서 실없는 농담을 한다. 카자흐 트럭 기사는 우리 차에 부착된 지도를 보면서 한국에서 왔다는 사실에 놀라움을 나타낸다. 내가 트럭 기사에 어디로 가는지 물어보니 러시아 볼가강 중류의 도시로 화물을 싣고 간다고 말한다. 우리는 서로 나이를 묻는다. 트럭 기사가 60살이라고 한다. 내 나이를 알려주면서 트럭 기사에게 나를 형이라고 불러라 말하고 함께 웃는다. 다행히 러시아 세관의 통과 절차가 두 시간만에 끝났다.

지리학에서 유럽과 아시아의 경계선은 '우랄산맥'이 기준이다. 우랄산맥 서쪽은 유럽 대륙, 동쪽은 아시아 대륙이다. 지리학자들은 유럽과 아시아를 합쳐서 '유라시아 대륙'이라고 부른다. 드디어 자동차로 아시아 대륙을 지나 유럽 대륙의 남러시아에 진입했다.

카스피해 북쪽의 지형은 저지대로 넓은 남러시아 초원이 펼쳐져 있다. 유라시아 대륙의 초원은 동쪽부터 "몽골초원, 카자흐 초원, 남러시아 초원” 순서로 연결되어 있다.

기원전 7세기에서 기원전 3세기까지 카자흐 초원의 유목민 강자는 ‘스키타이’ 족이다. 고대 그리스인들이 ‘사카족’이라고 불렀던 ‘스키타이족’은 흑해 북부, 카스피해 북쪽 남러시아 초원과 카자흐 초원에서 활동했던 종족이다.

스키타이 문화의 특징은 ‘사슴뿔 양식’ 등 동물 문양 정교한 ‘금세공’ 문화이다. 1만km 이상 멀리 떨어진 아시아 대륙의 최동쪽 신라 고분의 왕관에서 스키타이 금세공 양식이 발견되고 있다. 스키타이 금세공 문화가 신라에 전달된 경로는 두 가지 학설이 있다.

하나는 스키타이족이 몽골고원을 통일한 흉노족에게 금세공 문화를 전달하고, 흉노족이 전수받은 스키타이 금세공 문화를 중앙아시아와 만주 지방을 거쳐서 한반도 동해안을 따라 남쪽으로 내려와 신라의 계림으로 전달되었다는 학설이다.

다른 학설은 흉노족의 일파인 ‘남흉노’ 족이 기원전 한 무제에 투항했다. 한 무제는 흉노족 족장에게 ‘김 일제’라는 이름을 내렸다. 기원전 108년 한 무제는 낙랑군 등 ‘한 4군’을 평양에 설치했다. 한나라는 항복한 흉노족을 군대로 차출하여 변방의 낙랑군으로 보냈다. 서기 313년 낙랑군이 고구려에 멸망당한 후 낙랑군에 살던 흉노족 출신 귀족들이 스키타이 문화를 가지고 아직 부족 국가 상태인 신라로 이주, 스키타이 문화를 전달했다는 설이다. 3국을 통일한 신라 문무왕 묘비에 ‘나의 조상은 투우 김 일제’라는 비문의 발견으로 흉노족 후손과 경주김씨 연관성이 학계의 관심사이다.

어느 학설이 맞는지 알 수 없지만, 유럽 쪽 흑해 북부 남러시

아 초원의 스키타이 문화가 오랜 세월에 걸쳐 아시아 대륙의 최
동쪽 신라의 계림(경주)으로 온 것은 틀림없다.

우랄강을 통과 몇 시간을 이동하면, 러시아인들이 어머니 강
이라고 부르는 '볼가강' 하류가 나타난다. 볼가강 하류는 '삼각
주' 지역이라 많은 지류의 강으로 나뉘어 카스피해로 흘러간다.
볼가강 하류의 많은 지류에 콘크리트 다리가 설치되어 있는
데, 유독 한 곳은 전쟁 영화 세트에 나올 것 같은 출렁다리 '부
교浮橋'가 설치되어 있다. 출렁다리 '부교' 건너는 요금이 차 한
대당 500루불(7,500원)이다. 약 100m 강폭을 지나는 요금인데
매우 비싸다. 이 부교는 인구 52만 명의 '아스트라한'에 들어가
기 위해서는 꼭 지나가야 하는 다리이다. '아마도 러시아 마피
아 또는 공산당 실력자가 통행료 수입을 챙기려고 일부러 다리

볼가강 하류에 설치된 '부교'

를 만들지 않는 것은 아닐까?' 추측하며 다리를 건너간다.

볼가강 하류의 삼각주에 있는 '아스트라한' 시내의 작은 호텔에 도착했다. 우리가 묵는 아스트라한 호텔은 유럽풍이다. 실내에 테니스 코트, 수영장 등 부대시설도 훌륭하다.

저녁 식사까지 시간이 남아서 볼가강 지류로 아내, K 교수 세 명이 산책을 갔다. K 교수는 은퇴한 목사인데 대학에서 성악을 전공하신 분이다. 기분이 좋으면 멋지게 가곡을 한 곡 부른다. K 교수는 일행 중 가장 연장자인데 성품이 온화하고 원만하다.

아내와 나는 바지를 걷어 올리고 볼가강에 발을 담그며 기념사진을 찍었다.

볼가강 언덕에 앉아서 유명한 러시아 민요 '볼가강의 뱃노래'를 유튜브에서 들었다. 합창단의 우렁찬 목소리가 군가와 비슷하다. 2차세계대전 때 군가로도 사용되었다고 한다. 애국심을 부추기는 민요이다. 민요의 후렴이 '어기영차 영차, 어기영차 영차' 우리의 뱃노래 후렴과 비슷하다. K 교수가 러시아 민요 '벼룩의 노래', '비가(엘레지)', 우리 가곡 '명태, 가고파' 등을 소개한다. 볼가강 강둑에 앉아 유튜브 음악을 들으며 감성의 시간을 즐겼다. 볼가강 강가에서 들었던 이은상 선생의 '가고파' 가사가 가슴을 적신다.

> 그 물새 그 동무들 고향에 다 있는데.
> 나는 왜 어이타가 떠나 살게 되었는고.
> 온갖 것 다 뿌리치고 돌아갈까 돌아가….

저녁 식사는 아스트라한의 호텔에서 볼가강의 민물고기 샤

아스트라한 호텔 근처 볼가강 하류의 지류에서

슬릭 요리(생선구이 일종), 러시아 흑맥주를 주문했다. 우리는 8도
짜리 러시아 흑맥주를 처음 먹어봤다.

음식을 서빙하는 20대 중반 젊은 호텔직원이 음식을 가져오
면서 한국말로 "맛있게 드세요." 인사를 한다. 러시아 청년의
한국어 인사에 깜짝 놀랐다. 식사 후 러시아 청년에게 한국말을
어디서 배웠는지 물어봤다. 러시아 청년은 오늘 한국 사람을 처
음 만났다고 말한다. 우리가 도착하자 인터넷을 찾아서 한국어
인사말을 연습해서 처음 사용해 봤다고 한다. 가수 BTS의 팬이
라고 하면서 한국어 발음이 정확했는지 궁금해한다. 한국의 K
컬쳐가 러시아 남부의 시골 청년에게까지 알려진 것을 보니 감
동이 밀려왔다. '자랑스러운 대한민국' 국민임에 자부심이 느
낀다.

'아스트라한' 인접 지역은 러시아 역사에서 특별한 지역이다.

러시아는 1337년부터 약 240년 동안 몽골제국의 속국으로 있었다. 러시아는 이 기간을 '타타르의 멍에'라고 부른다. 러시아는 몽골족을 '타타르족'으로 불렀다. 칭기즈칸은 큰 아들(주치)을 분가시키면서 '카자흐스탄의 이르티시강에서 몽골군의 말발굽이 닿는 미지의 서쪽 땅 전체'를 영토로 주었다. 칭기즈칸은 상속재산으로 미래에 정복할 땅을 미리 준 것이다.

칭기즈칸 일족이 통치한 동유럽에서 중국까지 '팍스 몽골리아 시대'의 한 장면이다. 칭기즈칸의 장남 주치와 그의 자손이 남러시아에 세운 나라를 '킵차크 칸국'이라고 부른다. 킵차크 칸국의 수도가 '사라이'인데 '아스트라한' 바로 옆 볼가강 하류에 있다.

볼가강 하류는 몽골족들이 좋아하는 드넓은 초원임을 이곳을 와 보고 알게 되었다. 몽골족 후손들은 이후 남러시아, 카자흐스탄, 우즈베키스탄 등을 통치했다. 소수 인원의 통치자 몽골족은 통치를 위해서 이슬람교를 적극적으로 수용하고, 다수 인원인 투르크족 문화에 동화되어 오늘날 중앙아시아 투르크 문화를 만들었던 역사의 현장을 지나가고 있다. 당시 '모스크바 공국'은 몽골족 킵차크 칸국에 세금을 대신 징수하는 세리稅吏 역할로 부를 축적하여 오늘날 강대국 러시아가 되었다.

아스트라한의 서쪽으로 볼가강 중류는 2차세계대전의 최대 격전지인 '스탈린그라드'(현재 '볼고그라드'로 변경)가 있다. 1942년 겨울 전투에서 수백만 명이 죽었다. 독일은 아제르바이잔 석유를 구하기 위해 이곳을 침략했다 실패 후 2차세계대전 패전의 기로에 선다.

우리에게 익숙한 러시아 가곡 '백학'은 스탈린그라드 전선에서 살아남은 중앙아시아 출신 '감지토프'가 쓴 시이다. 스탈린그라드에서 죽은 전우의 영혼이 하얀 학이 되어 하늘로 올라갈 것을 기원하는 시라고 한다. 소련연방으로 있던 우크라이나 작곡가 '얀 프레겔'이 이 시에 곡을 붙여 '백학'이 탄생했다. 러시아는 우크라이나인이 작곡한 '백학' 곡을 2차세계대전 승전 진혼곡으로 사용하고 있는데, 두 나라는 현재 치열한 전쟁 중이다.

볼가강은 중세 시대 북유럽의 바이킹족들이 슬라브족을 납치해서 아랍 지역에 노예로 팔기도 했고, 모피, 보석(호박) 등을 아랍 상인과의 무역로로 이용했던 유서 깊은 강이다.

러시아 볼가강을 건너, 흑해와 카스피해 사이의 애환이 많은 세계사의 현장을 지나고 있다.

코카서스산맥을 넘어서 '조지아'로

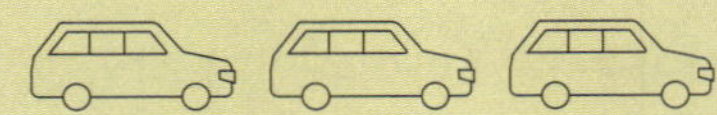

남러시아 볼가강 하류 도시 '아스트라한'에서 하룻밤을 보내고 아침 일찍 '블라디 카프카스'(러시아 최남단 도시)로 내려간다. 오늘은 남쪽으로 590km 먼 거리를 이동해야 한다. 흑해와 카스피해의 중간에 있는 내륙도로를 통해서 남쪽으로 내려갈 것이다.

과거 모스크바 시내 지하철과 공연장 등에서 무자비한 폭탄 테러로 악명이 높은 '체첸 자치공화국' 중심부를 관통해서 가야 한다. 우리는 평화로운 스텝지역 초원을 지나서 남으로 내려가고 있다. 8월 중순임에도 이 지역 초원은 고위도 지역이라 초가을 풍경이다. 우리들 차는 얼마 후 체첸 지역으로 들어섰다.

체첸인 종교는 이슬람교이고, 러시아인은 그리스 정교를 믿는다. 언어도 체첸족은 체첸어를 사용한다. 체첸인들은 러시아에 대해 역사적으로 한을 많이 품고 있다. 1942년 2차 세계대전 때 스탈린은 체첸인이 독일 편을 들 것을 두려워해서 고려인처럼 시베리아와 중앙아시아로 강제 이주시켰다. 전쟁이 끝난 후 1956년 다시 체첸의 고향으로 돌아오게 하였다. 1990년대 러시아와 체첸의 오랜 내전으로 많은 체첸인들이 죽고, 수도(그로즈니)는 완전 폐허가 되었다. 체첸은 인구 150만 명의 작은 공화국인데, 고려인 후손이 400명 체첸에 산다고 한다. 체첸인이 중앙아시아로 유배왔을 때 미리 와 살던 고려인이 농사짓는 방법을 알려주는 등 많은 도움을 주었다. 1956년 체첸인이 고향 체첸으로 돌아갈 때 일부 사람이 농사지으러 따라온 것이 고려인 이주의 시작이라고 한다.

체첸 지역 작은 가게에 음료수를 사러 잠시 들렀다. 체첸인 주인은 음료수를 사러 들어온 이방인인 우리를 무척 경계한다. 한국에서 왔고, 현재 자동차 여행 중이라고 말하니 경계심을 풀고 친절하게 대한다. 청포도 세 봉지와 아이스크림 8개를 샀다. 365루불(5,000원)로 물가가 매우 싸다. 체첸인 가게 주인은 우리에게 체첸 지역을 이동할 때 '안전을 위해 반바지 대신 긴 바

체첸 지역 작은 구멍가게의 체첸인 주인

지’를 입으라고 충고한다. 이 말을 들으니 갑자기 겁이 난다. 체첸 지역을 이동하면서 주민들 복장을 보니 모두가 긴바지를 입고 있다. 아마도 종교적인 이유일 것으로 추정된다.

오늘의 목적지 ‘블라디카프카스’로 가는 길은 체첸 지역의 중앙을 관통하는 길 하나뿐이라 조심해야 하겠다. 국도에 다니는 차량은 많지 아니하고, 검문소마다 경찰과 군인들이 많이 서 있다. 한 시간 반 만에 체첸 지역을 벗어나니 긴장이 풀린다.

체첸 지역을 통과하여 ‘북오세티아나 공화국’ 수도인 ‘블라디카프카스’ 입구에서 러시아 경찰의 검문에 걸렸다. 우리가 불법적으로 입국했다며 길에서 못 가게 시간을 끈다. 자동차 서류와 여권을 보여주어도 붙잡아 놓고 못 가게 한다. 우리를 경찰서로 가자고 막무가내 주장하면서, 차 한 대당 7,000루불을 벌

러시아 부패 경찰의 검문

금을 내야 한다고 협박한다.

뇌물을 달라는 속셈이 뻔히 보인다. 한 시간을 길에서 씨름하다가 윤 군을 통해서 100달러를 줬더니 친절하게 여행 잘하라고 인사를 하며 보내준다. 문제는 다른 러시아 경찰에 한국에서 온 우리 차의 상황을 알려서 또다시 돈을 뜯어 가는 것이다. 러시아를 다녀온 여행객에게서 러시아 경찰의 악명을 여러 번 들은 적이 있는데 당하고 보니 맞는 말이다.

어쨌든 테러로 유명한 체첸 지역을 무사히 통과하고, 약 600km를 달려서 러시아 최남단 도시 '블라디카프카스' 숙소에 안전하게 오후 늦게 도착했다. 우리가 러시아 최동쪽 태평양의 '블라디보스톡' 항구에서 출발했는데 지명이 비슷한 러시아 서남쪽 '블라디카프카스'에 도착한 것이다.

시내에서 코카서스산맥이 가까이 보인다. '북오세티아나 자치주'는 소수 종족인 '오세트족'이 사는 지역이다. 이 지역도 종교는 이슬람교이고, 언어는 오세트어를 쓴다.

우리는 블라디카프카스의 이태리 레스토랑을 검색하여 우아한 저녁 식사를 즐겼다. 내일 입국할 조지아 레드와인 두 병을 반주로 주문해서 여유로운 담소를 즐긴다. 비싼 레스토랑은 러시아 손님이 가득하고, 흥겨운 저녁 식사 분위기이다.

블라디카프카스는 러시아연방 '북오세아티아' 공화국의 수도이다. 건물 색상이 붉은색 벽돌 건물로 매우 우중충한 느낌의 도시이다. 다만 도로 곳곳에 심은 '마로니에' 가로수가 인상적이다. 시내에서 유럽 대륙 최고봉 '예브루스산'(5642m)의 눈 덮인 하얀 산봉우리가 멀리서 보인다. 나는 유럽의 최고봉이 알프스산맥에 있는 것으로 알았는데, 실제는 남러시아 코카서스산

블라디카프카스 시내의 울창한 마로니에 나무

맥의 '예브루스산'(5642m)라는 사실을 이번에 알았다.

'오세티아족'은 소련연방 해체 후 코카서스산맥 북부 땅은 러시아 영토로 편입되고, 코카서스산맥의 남쪽은 조지아 영토로 나뉘었다. 우리처럼 하나의 민족이 갑자기 나라가 분리됨에 따라 왕래가 어렵다. 남북으로 분단된 오세티아족의 통일 분위기 높다고 한다.

조지아 영토에 속하는 남쪽 오세티아는 독립을 선포하여 민족 갈등, 종교갈등으로 인한 테러 발생 등 언론에 가끔 나오는 분쟁지역의 하나이다. 러시아군이 주둔하여 실질상 반독립 상태이다.

아침 일찍 조지아로 입국하기 위해 호텔을 나와서 블라디카프카스 시내를 빠져나가는데 반대편 차선에 있던 러시아 경찰차가 우리 차를 보고 세우라는 신호를 보낸다. 어제처럼 뇌물을 받으려는 수작임을 눈치채고, 못 본척하고 앞으로 도망쳤다. 아침 출근 시간이라 차가 많고, 경찰차가 반대편 차선에 있어서 쫓아 오지 못해 안도했다. 시내를 빠져나와 20여분 이동하니 코카서스산맥 속에 있는 러시아 국경에 많은 차들이 줄지어 서 있다.

러시아 국경에 아침 9시 도착하여 오후 3시에 조지아 입국 절차가 끝났다. 러시아 국경 통과에 6시간을 길에서 서서 기다렸다. 이유는 카자흐스탄에서 러시아 입국할 때 자동차 서류에 행선지를 잘못 기재했다고 한다. 러시아 세관에서 카자흐 세관으로 연락 등 행정 절차 때문에 코카서스산맥에서 점심도 못 먹고 6시간을 무한정 기다렸다. 길옆에서 6시간을 서 있으면 지루하고 몸과 다리가 아프다. 자동차 여행의 국경 통과 절차가 참으로 힘들고 지긋지긋하다.

러시아 국경에서 기다리는 중에 튀르키예 출신 오토바이 여행자를 또 만났다. 며칠 전 우즈베크 국경에서 만난 구면이다. 오토바이 여행자는 50살의 고등학교 지리 선생이라고 본인을 소개한다. 여름방학 3개월 동안 오토바이를 타고 혼자서 여행 중이다. 오토바이로 5월 하순 이스탄불을 출발 이란, 투르크메니스탄, 북부 인도, 네팔을 다녀왔다. 귀국은 타지키스탄, 키르기스스탄, 우즈베키스탄, 카자흐스탄, 남러시아, 조지아를 통과하여 이스탄불로 귀국 중이다. 오토바이로 3개월 동안 여행비용이 얼마를 썼는지 물어봤다. 돈은 얼마 안 들었다고 말한다.

코카서스산맥 계곡의 조지아 국경

숙소는 그동안 값싼 유스호스텔 50일 숙박, 텐트 20일 숙박, 민가에서 공짜로 10일 숙박했다고 한다. 식사는 얻어먹기도, 라면을 먹기도 하고, 길거리에서 값싼 음식을 사 먹었단다. 오토바이를 살펴보니 조그마한 중고 오토바이이다. 여행객은 체구도 조그마하고, 햇볕에 검게 탄 얼굴은 구릿빛이다. 대단한 모험가라고 칭찬해 주었다. 자기 딸이 한국을 좋아해서 지난해 두 달 동안 한국에서 언어연수를 다녀왔다고 말한다. 여행 중 어디가 가장 좋았는지 물어보니 '파미르고원'이고, 가장 힘든 곳은 '북인도'라고 말한다. 여행담을 재밌게 나누다가 튀르키예 오토바이 여행자는 통관절차가 빨리 끝나서 먼저 떠났다.

　오후 3시경 조지아로 입국하여 조지아 현지 가이드 '데이비스'를 만났다. 데이비스는 35세의 조지아 남성이다. 사전에 연락받고 조지아 국경에 우리를 마중 나온 것이다. 우리가 너무 늦게 나와서 무슨 사고가 있었는지 크게 걱정했다고 말한다.

　데이비스는 국경 근처 '카즈벡' 마을의 가정집에 점심을 예약해 놨다. 오후 4시경 점심을 먹었다. 양송이 버섯찜, 가지나물 등 코카서스 산골의 재료로 만든 토속 음식이 인상적이다. 음식은 맛있는데 너무 배가 고파서 허겁지겁 급하게 먹다 보니 정작 늦게 나온 메인 음식은 많이 남겼다.

　민가에서 가정집 점심을 먹고 근처 해발 2,200m 산 정상에 있는 "성 3위 일체 교회"로 차를 타고 올라갔다. 약소국 조지

카즈벡 마을 민가의 가정집 점심 식사

코카서스산맥 2,200m 고지의 '성 3위 일체' 교회

아는 수 천 년 동안 로마제국, 페르시아(이란), 몽골제국, 티무르 제국, 오스만 터키, 러시아 등 수많은 강대국의 침략과 지배를 받았다. 2,200m 산꼭대기에 있는 이 교회는 전란의 피해를 안 입어서 가장 오래된 교회라고 한다. 이 사원은 처음은 조로아스터교 사원으로 지었는데 14세기부터 교회로 사용, 600년 역사를 갖고있는 조지아 정교회 교회이다. 주위 코카서스산맥의 풍경이 아름다워서 조지아를 소개하는 관광 사진의 랜드마크 성당이다.

조지아는 동방 정교의 일파인 '조지아 정교회'를 믿는다. 산 정상의 삼위일체 교회는 일주일에 한 번씩 사제가 산 아래 카즈벡 마을에서 올라와서 미사를 집전한다. 눈이 많이 오는 겨울은 예배가 중단된다고 한다. 자동차 길과 주차장이 교회 입구까지 있어서 관광객이 매우 많다. 2,200m 정상의 '성 3위 일체 성당'에서 내려다보이는 코카서스산맥의 경치는 매우 멋있다. 한국인들이 많이 찾아오는 트래킹코스가 코카서스산맥 중턱 옆으로 길게 이어져 있다.

교회 담장 옆에 수도원이 있다. '봉쇄 수도원'이라고 한다. 수도사가 한번 들어가면 평생 못 나오는 의미다. 현재 5명의 수사가 수도하고 있다고 한다. 관광객의 소음 때문에 수사들의 기도와 묵상이 지장을 받을 것 같다는 생각이 들었다.

해가 지기 전 코카서스산맥을 빨리 넘어야 한다. 지그재그의 급경사 1차선 길을 해발 2,400m 정상까지 올랐다가 조지아로 내려가기 시작한다.

화물차들이 천천히 이동하기 때문에 중앙선을 넘어서 화물차를 추월할 때마다 아찔하다. 이곳은 겨울은 스키장이고, 여름은 피서 휴양지로서 계곡마다 리조트, 호텔이 많다. 유럽인들이 스위스는 물가가 비싸니 코카서스산맥으로 많이 놀러 온다고 한다.

코카서스산맥은 아기자기한 예쁜 바위산이다. 지금까지 사막과 초원을 보다가 수목이 자라는 산을 보니 우리나라 설악산에 온 것처럼 반갑다. '세계 최고봉 에베레스트산을 정복한 사람은 나머지 산은 조금 시시하다'라는 산악인들 말이 생각난다. 2주일 전에 지나온 파미르고원과 천산산맥의 웅장하고 장엄한 스케일과 비교해 보면 코카서스 산맥은 상대적으로 나지막한 동네 산 같다는 느낌이 든다.

매우 급경사의 가파른 길을 달려서 조지아 수도 '트빌리시'

코카서스산맥의 작은 산골 마을

숙소에 도착한 시간은 밤 10시다. 밤 10시에 데이비스가 예약한 조지아 식당으로 저녁 식사하러 갔다. 조지아는 농업국가로서 산악지대, 스텝지대, 평야지대를 끼고 있어서 우리처럼 다양한 식자재가 생산된다. 조지아에서 3일 머무는 동안 조지아 음식에 매우 만족했다.

조지아
'트빌리시' 관광

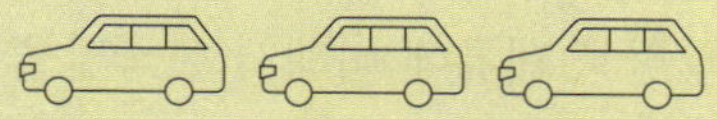

코카서스산맥 남쪽에 위치한 조지아는 지리적으로 아시아 대륙에 속하지만, '조지아 정교회' 라는 기독교 때문에 정신적으로 유럽 대륙에 속한다고 말한다.

지리학에서 유럽과 아시아 대륙의 경계선은 코카서스산맥이다. 산맥 북쪽 러시아 땅은 유럽 대륙에 속하고, 산맥 남쪽의 조지아는 아시아 대륙에 속한다.

조지아는 서기 377년 기독교를 국교國敎로 지정했다. 조지아 사람들은 기독교 역사가 아르메니아 다음으로 오래된 것에 대해 자부심이 크다. 관광자원의 대다수가 조지아 정교회 교회 건물이다. '데이비스' 말에 의하면 중국 관광객이 가장 많이 온다고 한다. 조지아는 중국과 자유무역협정FTA 체결로 중국경제와 밀접하다고 설명한다.

최근 한국 관광객이 매년 1만 명 이상 온다. 반면 일본 관광객은 별로 안 온다고 설명한다. 데이비스는 세 나라 관광객을 구별할 수 있다고 농담한다. '중국인은 시끄럽고, 한국인은 열심히 사진을 찍고, 일본인은 조용해서 구별된다.' 말하는데 공감이 간다.

데이비스는 35세 나이로 자녀가 3명이다. 20살에 한국 정부의 코이카 장학금을 받아서 한국에서 2년 석사과정을 다녔다. 부인도 서울에 유학 와있던 조지아 여학생을 만나서 결혼했다고 한다. 2년 동안의 짧은 한국 체류에 비해서 한국말을 매우 잘한다고 칭찬하니, 한국어 발음이 매우 어렵다고 대답한다. "여, 으, 유" 발음이 잘 안된다고 한다.

저녁 식사에 조지아의 '항아리 와인'을 주문했다. '크베브리'라고 부르는 계란 모양의 항아리에 담근 전통 조지아 와인은 포도를 송이채 항아리에 넣어서 땅속에서 6개월 숙성 후 먹는다. 조지아 항아리 와인은 소문에 비해 맛이 텁텁하고 별로다. 와인을 좋아하는 아내도 역시 이름보다 맛이 못하다고 말한다. 우리는 조지아 항아리 와인 대신 통나무 통에 담근 레드와인을 새로

조지아 포도주를 담그는 달걀 형태 항아리, '크베브리' 통

이 주문했다.

조지아 와인이 유명해진 것은 소련연방 시절인 1970년대 8천 년 전에 만든 포도주 찌꺼기가 발견되어 세계에서 가장 먼저 와인을 담근 것으로 알려졌다. 당시 영국 BBC TV 기자가 조지아의 오래된 유적에서 발견된 세계 최고역사의 와인 발견을 보도함에 따라 조지아 포도주가 알려졌다고 한다. 조지아는 이후 세계에서 가장 먼저 와인을 담근 국가로 유명해졌고, 조지아 와인에 대한 세계의 관심이 높아졌다.

조지아에서도 프랑스식으로 만드는 숙성 와인이 전체 생산의 70%이고, 나머지 30%만 '크베브리'라고 부르는 전통 방식의 항아리 와인이라고 한다. 조지아 국도 곳곳에 달걀 형태의 항아리 독을 파는 가게들이 매우 많다. K 교수는 목사 출신으로 여행 중에 술을 안했다. 그런데 세계에서 가장 오래되었다는 조지아 와인을 몇 잔 마셨다. 우리가 이미 파계했으니 계속 드시라고 농담을 했다.

트빌리시 식당에서 늦게 저녁을 먹고 호텔 방에 도착하니 밤 12시가 넘었다. 매일 불규칙적 식사, 오랜 시간 자동차 탑승으로 아내는 힘들다고 한다. 목 디스크가 갈수록 통증이 더욱 심하다고 하소연한다. 진통제를 계속 먹고 있다.

조지아는 수난의 역사를 가진 국가이다. 중세는 오스만 터키 지배, 18세기부터는 러시아 지배, 1991년 소련연방 해체 후 독립한 신생 국가이다. 가난한 농업국가로서 청년 일자리 부족이 심각하다. 1991년 소련에서 독립 당시 인구수가 500만 명인데, 현재 인구수는 350만 명으로 줄었다. 청년들이 일자리를 찾아서 유럽과 서구로 떠나기 때문에 매년 인구수가 줄고 있다고 한다. 대다수 생필품을 외국의 수입품에 의존한다. 코로나 이후 높은 물가 인상으로 서민층의 생활이 어렵다고 한다.

조지아 트빌리시의 우리가 묵고 있는 호텔은 7층짜리 아담한 호텔이다. 아침 식사는 옥상층 7층 테라스에서 트빌리시 시내 경치를 보면서 여유로운 시간을 보낸다. 오늘 하루는 여유롭게 트빌리시 시내 관광을 할 예정이다. 오늘은 8월 15일 한국의 광복절이다. 서울의 아들에게 전화해 보니 여름 더위가 아직도 극성이라고 말한다.

트빌리시 시내 중심으로 '쿠라강'이 흐르고, 쿠라강을 중심으로 양옆에 시가지가 형성되어 있다. 데이비스 안내로 조지아 정교회의 대주교가 거주하는 '삼위일체 교회'에 갔다. 최근인 2003년에 국민 성금으로 건축한 105m 높이 성당으로 조지아

트빌리시 도심 105m 높이 삼위일체 교회

트빌리시 시내
산 정상에 설치된
어머니상

에서 가장 규모가 큰 교회라고 한다.

조지아에 기독교를 처음 선교한 사람은 '니노우'라는 여자라고 한다. '니노우'가 이스라엘에서 가져왔다는 포도나무 십자가가 교회에 있다는 전설을 설명한다.

트빌리시 시내 중심부 산등성이에 공원이 있다. 오스만터키와 전쟁으로 폐허가 된 고성이 함께 있다. 우리는 케이블카를 타고 산 정상으로 올라가면서 트빌리시 시내 경치를 구경했다. 산 정상에 트빌리시 시내 어디서나 보이는 '어머니상'이 크게 세워져 있다.

어머니상은 '한 손에는 검을, 다른 한 손에는 포도주 잔'을 들고 서 있다. 외침을 막아달라는 간절함의 표시로 여신이 칼을 들고 있다. 약소국인 조지아는 12세기 100년 동안만 독립 국가를 유지한 슬픈 역사의 나라이다.

1991년에 소련의 200년 식민지에서 해방된 조지아는 국호를 처음은 '그루지아'라고 하다가 2006년 영어식 발음인 '조지아'로 국호를 변경했다. 약소국이지만 언어와 문자는 조지아어와 조지아 알파벳을 쓰고, 종족은 조지아족이 전체의 80%이며, 종교는 조지아 정교회 등으로 문화적 정체성을 갖고 있다. 조지아 알파벳은 배우기 어렵다고 한다.

조지아가 자랑하는 '항아리 와인' 박물관에 갔다. '크베브리'라고 부르는 항아리 술통, 와인 잔으로 사용했던 '소 뿔잔'(소뿔처럼 생겨서 채운 와인 잔) 등 조촐하다.

시내 중심부에 '시오니 성당'에 들리고 인근 식당으로 점심을 먹으러 이동했다. 시오니 성당 바로 앞에 소련의 독재자 스

스탈린이 3년 다녔던 신학대학 건물

푸시킨이 자주 왔던 트빌리시 온천

탈린이 3년 동안 다녔던 신학대학 건물이 있다. 스탈린의 어머니는 스탈린을 신부로 키우기 위해서 신학대학에 입학시켰는데 4학년 때 중퇴하고, 사회주의 운동에 전념했다고 한다.

스탈린은 젊어서 조지아의 시인으로 유명했다고 한다. 그가 청년 시절에 쓴 시가 당시 조지아 교과서에 실렸을 정도다. 스탈린은 청년 시절 무척 감수성이 깊었던 사람 같다. 이러한 감수성이 인민을 선동하는 연설에 도움이 되었을 것이다.

점심 식당 바로 앞에 트빌리시의 유명한 온천이 있다. 5세기 로마 시대부터 있던 오래된 곳이다. 온천 입구에 러시아의 유명한 시인 푸시킨(1799~1838년)이 휴양겸 온천을 하러 여러 차례 방문했다는 팻말이 붙어있다. 당시 조지아는 러시아 식민지였기 때문에 푸시킨이 이곳 먼 남쪽으로 휴양하러 온 것이다. 푸시킨의 '삶'이란 시를 트빌리시에 오니 떠오른다.

식당 주인과 함께

삶이 그대를 속일지라도 슬퍼하거나 노하지 말라

슬픈 날을 참고 견디면 즐거운 날이 오리니

마음은 앞날에 살고 지금은 언제나 슬픈 것이니

모든 것은 덧없이 사라지고 지나간 것은 또 그리워지나니

푸시킨은 여자 문제로 결투하여 39세 젊은 나이에 사망한 천재 시인이다.

식당 주인이 구글에 한글로 댓글을 달아주면 커피를 공짜로 주겠다고 제안한다. 한국 관광객이 조지아에 올 때 홍보에 도움이 된다고 한다. 나는 "이곳은 푸시킨이 다녀간 식당이다. 삶이 그대를 속일지라도 이 식당은 그대를 실망시키지 아니할지니"라고 과장되게 한국어로 댓글을 달아주고 공짜 커피를 후식으로 먹었다. 우리 부부는 구글에 댓글을 달아주고 식당 주인과 기념 촬영을 했다.

점심 식사 후 근처 벼룩시장에 갔다. 아내는 벼룩시장에서 유화로 그린 조지아 풍경화 소품 두 점을 거리의 화가에게 샀다. 그림 한 점이 20유로인데 산 정상에 있는 조지아성당 그림이다. 벼룩시장에서 한국에서 놀러 온 부부를 만났는데 2주일 일정으로 코카서스 3개국 여행 중이라고 한다. '조지아, 아르메니아, 아제르바이잔' 3개국 여행 일정인데, 2주일 동안 머무르기에는 답답할 것 같다는 생각이 든다.

트빌리시 외곽의 작은 산꼭대기 '즈베리' 수도원에 들렀다. 6세기에 만든 '조로아스터교'(배화교) 사원을 조지아 정교회 교회로 사용하고 있는 곳이다. 기원전 7세기 페르시아(이란)에서 조로아스터교가 탄생했다. 이슬람교가 도입되기 전 약 500년

즈베리 수도원 홀에 있는 조로아스터교 불의 제단

동안 페르시아는 조로아스터교를 국교로 삼았다. 과거 페르시아의 지배 시절에 지은 사원에 "불 피우던 제단"이 남아 있어서 이채롭다. '배화교'라고 부르는 조로아스터교는 정화와 순결의 의미로 '불'을 중요시한다. 현재 배화교 신자는 아제르바이잔 등에 일부 남아 있다.

현재 수도인 트빌리시로 옮기기 전의 과거 조지아 수도는 '세타마우리'이다. 트빌리시에서 한 시간여 떨어진 지역인데 도시 전체를 1993년 유네스코 세계 유적으로 등재했다.

'스베티츠호벨리' 대성당이 이곳에 있다. 4세기 조지아에 기독교를 전파한 성녀 '니노우'가 작은 성당을 지었고 한다. 이후 여러 번 파괴와 재건을 거듭한 뒤 현재 사원은 11세기 조지아 전성기 때 지은 오래된 사원이다. 이 사원이 예수님 성의를 묻

스베티츠호벨리 대성당

은 장소이고, 십자가 나무 조각을 보존했다는 전설이 있어서 유명하다고 데이비스가 설명한다.

명칭은 '대성당'이지만 소박한 작은 성당이다. 성당 주위에 많은 기념품 가게가 붙어있다. 이 사원을 건축 후 왕이 건축가의 오른팔을 잘랐다고 한다. 건축가가 다른 나라에 이보다 멋진 사원을 건축하지 못하도록 방해하기 위해서. 전설이지만 조지아의 자부심이 느껴진다. 조지아인들이 이 사원을 사랑하기 때문에 역설적인 전설을 만들었을 것이다.

여행의 후반부에 트빌리시 주변의 조지아 관광지를 하루 종일 돌아다니며 여유로운 휴식을 취했다.

흑해 항구 "바투미", 튀르키예 "트라브존"

8월 17일 토요일 아침 조지아 수도 '트빌리시'를 출발하여 흑해 항구도시 '바투미'로 360km 이동해야 한다. 바투미로 가는 중간에 '스탈린'(1878~1953년)이 태어난 조지아의 시골 도시 '고리'의 "스탈린 기념관"에 들렸다. 기념관 건물 정면에 스탈린이 어린 시절 살았던 작은 생가 건물을 복원해 놨다. 스탈린의 아버지는 아래 건물의 왼쪽 지하실의 점포에서 구두 수선공으로 일했다. 1층 두 개의 방중에서 오른쪽 방은 주인이 살고, 왼쪽 방은 스탈린 가족이 살았다고 한다. 매우 조그마한 집인데, 과거 스탈린 가족이 살았던 집 그대로 복원했다고 한다.

스탈린의 아버지는 술주정뱅이였는데, 어린 시절 아버지의 매질로 스탈린의 오른팔은 평생 장애가 되었다고 한다. 어머니는 독실한 기독교 신자로 스탈린을 신부로 만들기 위해 신학대학에 보냈으나 스탈린은 공산주의 혁명 사상에 빠져서 대학을 중퇴했다. 스탈린은 근세 우리 역사와 악연이 많다. 1937년 연해주 조선족의 중앙아시아 강제 이주, 북한에 김일성 공산주의 정권 수립, 6.25 남침 지원 등 우리 민족과는 악연이 많은 독재

스탈린 기념관의 스탈린 생가

스탈린 기념관 내부

자이다. 조지아 사람도 스탈린을 매우 싫어한다고 하는데 관람객이 상당히 많다.

스탈린은 농업국가 소련을 1930년대 중공업 국가로 발전시켜 강대국을 만들었다는 평가가 있다. 일부 나이 든 노인은 스탈린 시대가 좋았다고 향수를 가진 사람도 있다고 한다.

스탈린은 레닌이 뇌졸중으로 쓰러졌던 1922년부터 1953년 사망까지 30년 동안 철권을 휘두른 독재자였는데 스탈린의 손자가 조지아에 살다가 몇 년 전에 죽었다고 한다. 스탈린도 비행기 공포증이 심했다고 한다. 장거리 여행도 전용 기차를 이용했다고 한다. 스탈린이 생전에 탔던 기차가 야외에 전시되어 있다. 기차에 있는 스탈린 집무실과 침실은 매우 소박하고 검소하다는 느낌을 받았다. 스탈린이 죽었을 때 유품을 조사해 보니 재산이 거의 없었다고 한다. 독재자 스탈린은 개인의 치부를 위한 부정부패는 안 했다고 한다. 스탈린의 딸은 미국에 망명해서 경제적으로 어렵게 살았다.

흑해 바투미로 오는 중간에 '우푸리스치케' 지역에 있는 고대 동굴 도시 '바르지아'에 들렀다. 기원전 8세기부터 사람이 살았던 곳이다. 번성했던 9세기에는 700여개 동굴이 있었는데 100년 전 지진으로 대부분 무너지고 200여 동굴만 남아 있다. 동굴 도시 정면에 목가적인 넓은 평야가 있고, '꽈리강'이 평야의 중심으로 지나간다.

석양 무렵 흑해黑海의 '바투미' 항구에 도착했다. 저녁 식사는 바투미 항구의 선창가에 있는 해산물 식당에서 조지아 레드 와인을 곁들여 흑해에서 잡은 생선으로 맛있는 식사를 즐겼다. 바투미는 흑해 연안의 유명한 휴양지로 관광객이 많다. 미리 저녁 식사 예약을 했기 때문에 간신히 자리를 잡았다. 멸치튀김 일종인 '함시' 요리가 고소하고 맛있다.

바르지아 동굴 도시

최근 우크라이나 전쟁을 피해서 온 러시아와 우크라이나에
서 피난 온 부자들이 많다고 한다. 도망 온 러시아와 우크라이
나 부자들 때문에 전쟁특수를 누리는 휴양 지역이라고 한다. 최
전방의 젊은이는 죽어가고 있는데, 도망쳐온 일부 부유층은 한
가롭게 수영을 즐기고 있다. 호텔이 시내 중심 상업지역에 있는
데 밤늦도록 관광객으로 왁자지껄하다.

이른 아침 바투미 해변으로 산책을 갔다. 이른 시각임에도
바다에서 해수욕하는 사람들이 많다. 바투미는 북위 41도(서울
37) 지역임에도 '아열대' 기후 지역이다. 아열대 작물인 레몬,
차 등이 재배되는 지역이라고 한다.

오늘 8월 18일. 일요일은 이번 여행의 목적지 국가인 '튀르

키예'로 입국하는 날이다. 조지아 바투미 외곽에 튀르키예 국경이 바로 인접해 있다. 210km를 이동하여 튀르키예의 흑해 연안 도시 '트라브존'으로 갈 예정이다.

조지아 출국은 매우 간단하게 끝났다. 3일 동안 가이드를 한 데이비스와 헤어졌다. 튀르키예 입국 절차는 이번 여행 중 가장 쉽게 끝났다. 국경에서 튀르키예에서 우리를 안내할 '오 이삭' 군을 만났다. 오 이삭 군은 이스탄불 치과대학 재학생으로 기독교 신자이기 때문에 이름을 성경에 나오는 이삭으로 지었다고 한다.

아침 시간 흑해 바투미 항구의 해변

오 이삭 군 어머니는 튀르키예 주민을 대상으로 한국어를 가르치는 학원을 한다고 한다. K 컬쳐 덕분에 한글을 배우는 튀르키예 사람이 많다는 얘기를 오이삭군이 했다.

조지아 바투미에서 트라브존으로 가는 길은 해안선을 따라서 '흑해'의 옆으로 달린다. 흑해 바닷물 색깔이 파란색인데 왜 검은 바다, '흑해黑海'라고 부르는지 알아봤다. 투르크어로 '북쪽' 지역은 검다는 의미의 'black'이라고 부른다고 한다. '북쪽에 있는 바다'라는 의미로 '흑해black sea'라고 부른다고 한다. 투르크어로 남쪽은 영어 'red'(빨간색)라고 한다. 시나이반도에 있는 홍해紅海도 '붉은 바다'의 뜻이 아니고 과거 오스만 터키 시대 '남쪽에 있는 바다' 뜻이라는 것을 처음 알았다.

오후 일찍 트라브존에 도착했다. 시간이 많이 남아서 트라브존 뒤편 언덕에 있는 전망대로 올라가서 차를 마시며 흑해를 관광하고, 터어키 공화국 초대 대통령인 '무스타파 케말 파샤'의 별장을 보러 갔다. 신혼부부가 사진 찍는 장소인데 관람객이 무척 많다.

'터키 공화국'은 '오스만터키'에서 유래하는데 2022년 '튀르키예'로 이름을 바꿨다. 중앙아시아 초원에 살던 투르크족(돌궐족) 일파인 '오구즈' 족이 서쪽으로 이주하여 1072년 '만지케르트' 전쟁에서 동로마(비잔틴)제국을 격파하고 '셀죽 투르크'를 세웠다. 셀죽 투르크가 몽골족에게 멸망한 후 14세기 투르크족(돌궐족) 일파로 다른 오구즈 종족이 '오스만터키'를 세웠다. 오스만터키는 1453년 콘스탄티노플을 함락시켜 동로마제국을 멸망시킨다. 도시 이름도 '콘스탄티노플'에서 '이스탄블'로 바꾼다. 오스만터키 왕조는 수백년 동안 중동과 지중해, 동

트라브존 공원의 전망대에서 바라본 흑해 바다

유럽의 강대국으로 군림했다.

1차 세계 전쟁 때 독일과 함께 추축국이 된다. 패전 후 오
스만터키 왕조는 해체되고, 많은 영토를 그리스에 빼앗기고,
1923년 터키 공화국을 수립하였다. 터키의 국부라고 부르는
'무스타파 케말 파사'가 터키 공화국의 초대 대통령이 되었다.

저녁 식사는 흑해 해안가 식당에서 흑해에서 잡은 생선 요리
로 했다. 이번 여행의 마지막 국가에 입국했으므로 이제는 마음
이 무척 편안하다. 그동안 육상 국경 통과에 너무 힘이 들었던
기억이 아련하다.

트라브존에서 하룻밤을 보내고 튀르키예의 아나톨리아 고
원을 횡단, 종착지 유럽 대륙의 이스탄불로 가야 한다. 오전
에 트라브존에서 50km 떨어진 '수멜라산 수도원'을 들렸다가
420km 달려 튀르키예 내륙도시 '시바스'에서 숙박할 계획이다.

　　수멜라산의 1,300m 높은 절벽에 수도원을 짓게 된 전설은 중국 '돈황 막고굴'의 불교 석굴 조성 전설과 비슷하다. 서기 388년 두 명의 수도사가 수멜라산 아래를 지나가다가 현재의 수도원 터에서 성모 마리아의 현신을 봤다고 한다. 서기 366년 '낙준'이라는 승려가 돈황의 명사산 옆을 지나다가 관세음보살의 현신을 보고 명사산 절벽에 막고굴 석굴 건설을 시작한 것과 비슷한 스토리이다.

　　1,000년 이상 계속 공사를 하여 13세기에 현재의 모습을 갖췄다고 한다. 이슬람 종교 치하에서 폐쇄와 사용을 반복하였다. 1923년 터키 공화국 수립 후 기독교인들은 그리스로 모두 돌아감에 따라 100년 동안 폐허로 남아 있었다. 2016년부터 터키

수멜라 수도원

정부가 관광지로 복구 공사를 시작하여 현재는 유럽 관광객들이 많이 찾아오는 유명한 기독교 관광지가 되었다.

수도원은 수멜라산 입구에서 표를 사서 셔틀버스를 타고 1,300m의 산 중턱으로 한참 올라가야 한다. 산 중턱 절벽에 수도사들이 살던 큰 규모의 기도원이 있다. 외국인의 입장료는 터키 화폐 '리라' 대신 20유로(약 3만원)를 받는다. 터키의 인플레가 심하기 때문에 입장료를 유로화로 받는다. 터키 인의 입장료는 60리라로 외국인 요금의 1/10 수준이다. 수도사나 승려의 영적인 기도와 묵상은 깊은 산속, 사막 등 인적이 끊긴 곳에서 한다는 점에서 동양과 서양이 비슷하다.

수멜라 수도원을 내려와서 내륙고원 '아나톨리아' 고원을 횡단해야 한다. 아나톨리아 고원은 해발 1,000m~1,500m 사이의 고원지대로 벌써 가을처럼 황금색으로 변하고 있다. 강수량이 적기 때문에 일찍 가을이 오는 것 같다. 넓은 고원에 가끔 오아시스가 있거나 강이 있는 지역에 도시나 마을이 형성되어 있다. 하늘은 사막처럼 푸르고 쾌청하다.

튀르키예 인구의 대부분은 바다에 접한 에게해, 흑해, 포스포러스해에 살고 있다. 물이 부족한 내륙 지역은 인구가 많지 아니하다. 물이 인간 삶의 기본임을 확인하게 된다.

튀르키예의 면적은 78만km^{2}로 남한 면적의 8배이다. 운전하는 L 실장이 퇴직 후 오토바이를 타고 아나톨리아 고원을 횡단해 보고 싶다고 말한다. 텅 빈 고원지대인 건조한 스텝지대를 달리는 기분이 매우 행복하다.

오후 늦게 위스키 이름 '시바스 리갈'과 비슷한 명칭인 '시바

튀르키예의 아나톨리아 고원

스'에 도착했다. 시바스는 1919년 '케말 파사'(터키 국부, 아타 튀르크)가 '국민회의'를 구성한 도시로 근대 터키 역사의 중요한 도시이다. 숙소는 실크로드 상인들이 묵고 가던 "카라반 세라이"를 현대식으로 개조한 여관이다. 말로만 들었던 '카라반 세라이'에 숙박하게 되어 기쁘다.

—— **PART 7** ——

목적지 튀르키예

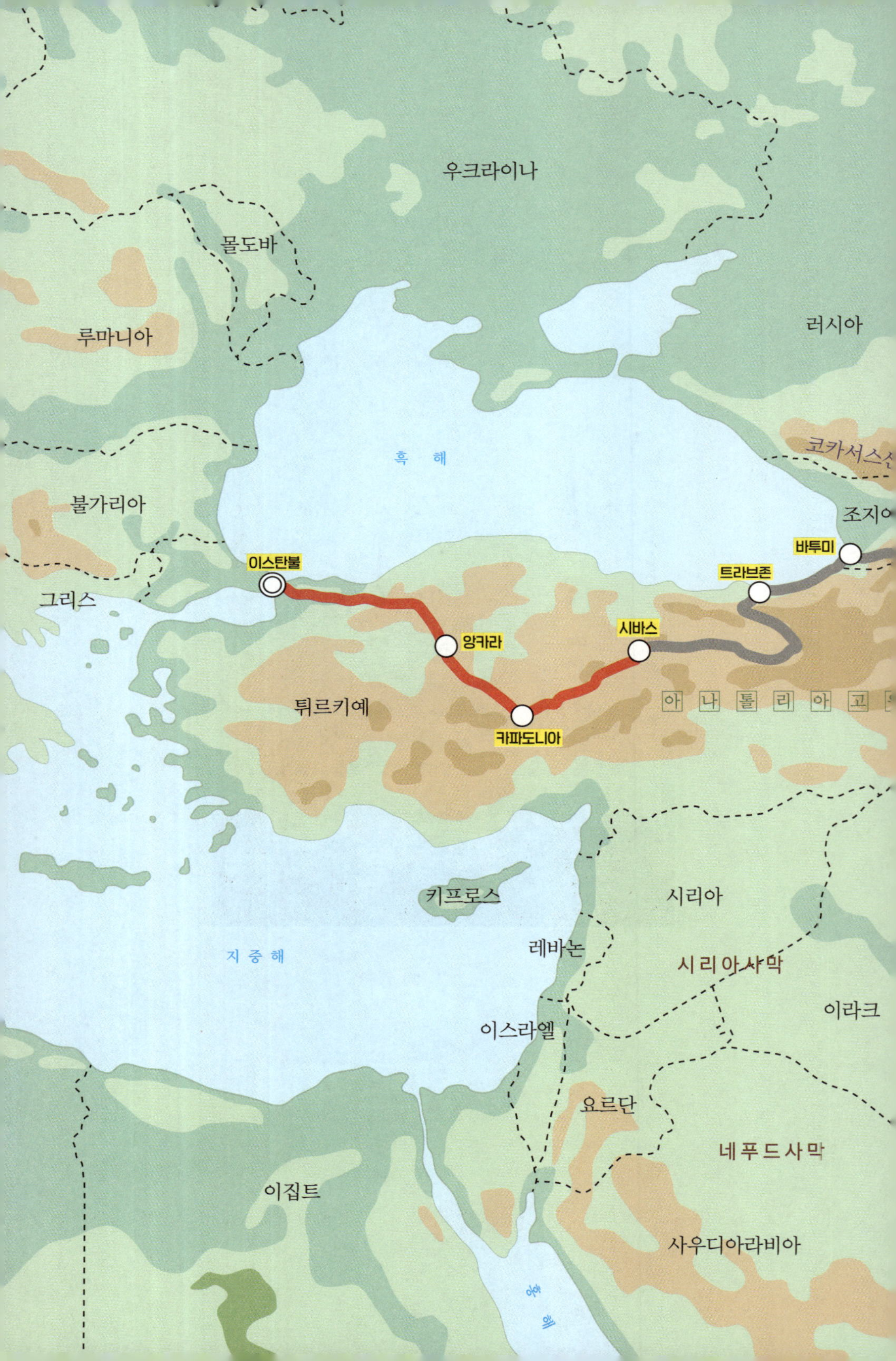

우크라이나
몰도바
루마니아
러시아
흑해
코카서스산
불가리아
조지아
이스탄불
바투미
트라브존
그리스
앙카라
시바스
튀르키예
카파도니아
아나톨리아고원
키프로스
시리아
레바논
지중해
시리아사막
이라크
이스라엘
요르단
네푸드사막
이집트
사우디아라비아
홍해

아나톨리아 고원의 시바스와 카파도키아

아나톨리아 고원을 횡단해서 우리는 오후 늦게 '시바스' 시내 숙소에 도착했다. '시바스' 시내에 여러 개의 이슬람 사원이 모여 있어서 '대★모스크 단지'라고 부르는 유네스코 세계문화유산이 있다. 모스크 단지는 11세기 '셀죽 터키' 시대부터 건축했다고 한다. 관광 겸 저녁 식사를 위해 대모스크 단지로 걸어갔다.

이슬람 사원의 커다란 첨탑이 가까이 밀집해 있다. 고딕식 첨탑은 중앙아시아의 예술미가 넘치는 '미나렛 탑'과 비교된다. 어떤 사원은 개보수가 안 되어 타일이 계속 떨어져 내리고, 지진으로 첨탑이 약간 기울어져 있어서 위험해 보이기도 한다.

시골 지역이라 검은 천으로 얼굴을 가리는 '차도르' 복장을 한 여성들이 많이 보인다. 석양 무렵에 저녁 예배 시간을 알리는 스피커 소리가 여러 모스크에서 동시에 들린다.

우리는 모스크 광장에 있는 '케밥' 노점상에서 케밥과 콜라로 저녁 식사를 했다. 케밥 굽는 고기 냄새, 향신료 타는 냄새, 자욱한 연기가 모스크 광장을 가득 채우고 있다.

튀르키예 대표적 음식인 '케밥'은 고기, 채소, 향신료, 각종 소스, 볶음밥 등을 함께 구워서 만드는 것으로 수백 가지가 넘는다. '오스만터키' 왕국은 술탄에게 동일한 음식을 제공하면 안 된다는 생각으로 수백 가지 음식을 개발했다. 현재 케밥은 세계 어디서나 저렴하게 먹을 수 있는 대표적인 길거리 여행 음식이다.

튀르키예 이슬람 사원은 사원 앞 넓은 광장에 노점상을 허용한다. 노점상으로부터 임대료를 받아서 모스크의 운영 경비에 사용한다고 한다. 광장에 여름철 더위를 피해서 나온 주민, 케밥을 먹으러 온 시민, 옷 가게에서 옷을 사러 온 사람들이 시장통처럼 북적인다.

시바스의 대(大)모스크 단지

터키 전통 요리 '케밥' 노점상

케밥 식사할 때 옆 좌석에 앉은 터키 사람들이 함께 사진 찍자는 요청을 많이 해서 여러 컷의 사진을 찍었다. 어떤 사람은 딸이 부산에 다녀왔다고 말하며 반가워한다. 시골 도시 시바스는 한국인 관광객이 적게 오기 때문인지 한국에 대해 관심이 많고, 친절하다.

우리가 묵은 시바스의 호텔은 400년 된 실크로드 상인 숙소인 '카라반 세라이'를 개조한 숙소이다. '카라반 세라이'는 실크로드 상인들이 낙타, 말 등을 타고 와서 묵어가는 숙소이다. 낙타를 묶어두는 1층 중앙의 마구간은 현재 식당으로 개조하여 사용하고 있다. 건물의 사면은 방을 만들어서 호텔로 사용하고 있다.

중국에서는 실크로드 상인의 숙소를 '객잔客棧' 부른다. 중국 운남성 차마고도에 트래킹 갔을 때 마방馬防들이 묵고 가는 산

실크로드 상인의 숙소 '카라반 세라이' 정문

속 '차마 객잔'에서 묵었던 적이 있다. 실크로드 상인들의 숙소인 '카라반 세라이'에서 숙박을 경험하게 되어 기쁘다. '카라반 세라이', '객잔'은 각지에서 온 상인들이 서로 만나서 경험했거나 들었던 각종 정보를 교환하는 사랑방 역할을 했다. 아쉬운 점은 이슬람 지역이라 호텔 식당에서 맥주나 와인을 안 판다는 점이다. 근처 편의점에서 캔 맥주를 사 와서 한 잔 마시고 잠을 청했다.

'시바스'에서 아나톨리아 고원을 지나서 이스탄불까지 이틀만 가면 된다. 전쟁같이 위험을 무릅쓰고 강행군했던 여행이 끝나가고 있다.

8월 20일 시바스의 하늘은 높고 푸르다. 해발 1,300m 고도에 있는 도시이다. 오늘은 아나톨리아 고원을 270㎞를 달려서 관광지로 유명한 '카파도키아'에 가야 한다.

실크로드 상인 숙소 '카라반 세라이' 건물 앞에서 사진을 촬영하고 여유롭게 출발한다. 도시를 조금만 벗어나면 메마른 고원지대의 황금빛 들판과 파아란 하늘이 벌써 가을풍경이다.

시바스 인근 초원은 튀르키예 목장 견犬 '캉갈'이 있는 지역이다. 길을 지나가면서 덩치 큰 개들을 유심히 찾아본다. '캉갈'은 양 떼 속에 숨어있다가 양 떼를 습격하는 늑대나 곰과 싸우도록 훈련된 덩치가 매우 큰 맹견이다. 목줄 둘레에 송곳 모양의 강철을 박아놔서 곰이나 늑대가 캉갈의 목을 물지 못하도록 한다는 얘기를 들었다. 캉갈은 해외 반출이 아니 된다.

아나톨리아 고원을 세 시간 달려서 관광지로 유명한 '카파도키아'에 점심 무렵 도착했다. 오후 시간 카파도키아 지역을 관광할 예정이다.

카파도키아의 현지인을 오후 시간 관광 가이드로 채용했다. 우리는 시간이 부족해서 효율적으로 돌아다녀야 하므로 현지 사정을 잘 아는 안내인이 필요하다.

오후 짧은 시간 동안 '괴뇌메' 야외공원, 우츠히사로 버섯바위 등 명소를 관광하였다. 개구쟁이 스머프 만화에 나오는 난장이 마을의 '요정 바위', 남성의 성기를 닮았다고 해서 부르는 'Love Vally', 성벽처럼 생긴 '중앙성벽', 산꼭대기 정상까지 20분 이상 걸어 올라가야 하는 '끝 성벽', 비둘기를 동굴에 살도록 키웠다는 '비둘기 동굴' 등 곳곳을 관광했다.

계곡 건너 절벽에 있는 '비둘기 동굴'은 지금도 일부 비둘기들이 살고 있다. 과거에 주민들이 여러 목적으로 비둘기를 길렀다고 한다. 봄에는 비둘기 똥을 모아서 포도 농사 거름으로 사

카파도키아 love 밸리

용, 식량이 떨어지는 겨울철은 비둘기를 잡아서 식탁에 올렸으며, 원거리에 편지를 보낼 때 전서구로 사용했다고 가이드가 설명한다. 이곳도 역시 외국인에게 입장료는 20유로씩 받고, 현지인들은 리라로 소액을 받고 있다.

카파도키아 석회석 바위는 수십 km 떨어진 화산이 폭발하여 두껍게 화산재가 쌓였던 지형이 수천만년 동안 비와 바람과 시간이 빚어낸 조형물이다. 로마 시대부터 사람들이 살았던 동굴은 1950년부터 동굴 주민을 평지 지역으로 소개하였다. 지금은 동굴에 사는 주민은 거의 없다고 한다.

카파도키아 평원의 석양은 아름답다. 나와 아내는 전망 좋은 카페에 앉아 진한 터키 커피를 마시며 카파도키아 석양을 즐겼다.

과거 사람이 살았던 동굴 마을 유적

카파도키아는 '화이트와인'이 유명하다고 해서 근처 와인너리에 들렸다. 세 종류 '화이트 와인'을 시음하는데 1인당 200리라(8,000원)이다. 와인너리에서 화이트와인 6병을 샀는데 2,430리라(9.2만원)로 저렴하다. 카메이트 L 실장과 윤 군에 한 병씩 기념으로 나눠줬다.

편안한 하루 관광을 마치고, 숙소로 예약한 동굴 호텔에 도착했다. 석회석 절벽을 파서 만든 동굴의 방마다 침실, 화장실, 샤워실 등이 설치되어 있다. 동굴 호텔의 각각 방의 크기와 설계는 지형 때문에 모두 다르다.

저녁 식사는 K 회장이 멋진 레스토랑에서 항아리 케밥과 카파도키아 레드와인, 화이트와인을 후원했다. 이슬람 교리 때문에 튀르키예는 술판매가 일반적으로 금지되고 있다. 예외적으로 허가받은 경우에만 술을 판매할 수 있다. 식당을 예약할 때 주류를 판매하는지 사전에 확인하고 어렵게 술 파는 식당을 찾아서 예약했다. 식당에서 파는 술값은 매우 비싸다.

내일이면 목적지 이스탄불에 도착하게 된다. 레스토랑에서 카파도키아 산 와인을 즐기며 그동안 전투적 여행의 회고와 사선死線을 넘은 전우애의 덕담을 나누고, 무사히 여행을 마쳐감에 대한 감사의 건배 등 화기애애하고 즐거운 담소를 나눴다.

터키 공화국의 건국자 케말 파샤는 세속주의 정책을 펼쳐서 남녀 평등 추진, 어려운 아랍어 문자를 알파벳 문자로 변경, 여성의 히잡 착용 폐지, 음주 허용, 종교의 정치 관여 금지 등을

석회석 절벽에 만든 동굴 호텔

동굴 호텔의 침실, 화장실 등 실내

실시했다. 그런데 현재 에르두안 대통령이 이슬람 신자와 종교 지도자의 표를 얻으려고 다시 복고주의 정책으로 회귀하고 있다. 과거보다 술판매 규제가 심해지고, 히잡과 차도르를 쓴 여성도 많아짐을 보게 된다.

카파도키아 관광상품의 하나가 아침에 열기구를 타고, 새벽하늘을 날아가는 것이다. 열기구 탑승 비용은 100유로에서 200유로까지 다양하다. 새벽 4시에 일어나서 열기구 탑승 장소로 이동해야 하는 불편 때문에 열기구 타는 것을 포기하고, 새벽에 일찍 일어나서 호텔 테라스에서 보기로 결정했다. 새벽에 동굴 호텔의 테라스에서 하늘을 나는 형형색색 열기구를 보았

새벽하늘의 카파도키아 열기구 풍선

다. 숙소에서 열기구를 구경하는 것도 직접 타는 것과는 다른 기쁨을 준다. 카파도키아 동굴 호텔에서 여유 있는 아침 식사를 마치고 다음 목적지 앙카라로 향한다.

새삼스럽게 동해항에서 출발, 초원, 사막, 고원, 산맥 등 2만여km 먼 길을 달려 온 자동차에 감사의 마음이 든다. 아내는 오랜 시간 우리를 태우고 달려온 자동차에 감사의 뜻으로 이름을 지어주자고 한다. 아내는 그리스신화에 나오는 하늘을 나는 천마 "페가수스"로 자동차의 이름을 지었다. 그리스신화에서 '페가수스'는 순백의 날개 달린 말이다. 예술가들이 창조적 영감과 시적 상상력의 상징으로 묘사한다. 우리를 태운 페가수스 차는 운전석 앞에 빨간색 '엔진 경고등'이 오랫동안 켜져 있다. 귀국하면 즉시 정비소에 가야 한다. 이틀 전에는 도로에서 튕겨 온 돌멩이가 앞 유리에 맞아서 앞유리창이 길게 금이 가기 시작했다. 우리 차 '페가수스'는 부상과 상처를 입고 현재까지 거의 2만여km 먼 거리를 달려왔다. 7월, 8월의 40도가 훨씬 넘는 열사의 사막, 높은 고원지대의 가파른 길, 형편없는 자갈밭 도로 등에서 에어컨을 계속 작동하고 오느라고 정말 고생을 많이 했다.

아나톨리아 고원 메마른 8월 하순 풍경

앙카라 '한국전 참전 기념탑', 이스탄불 도착

오늘은 카파도키아에서 '앙카라'까지 300여km를 달려야 한다. 목적지 근처에 가까이 갈수록 마음이 여유롭다. 아나톨리아 고원은 도시를 벗어나면 광활한 초원이 나온다.

카파도키아를 출발하여 메마른 고원을 지나면 앙카라 120km 못 미쳐서 '쿠즈겔루 솔트레이크'라는 커다란 소금호

앙카라로 가는 아나톨리아 고원의 풍경

쿠즈겔루 솔트레이크 소금호수

수가 있다. 8월 하순 건기라 소금기가 호수 표면에 바짝 말라붙어서 옅은 분홍색을 띠고 있다. 바닥 표면에 있는 핑크빛 규조류의 색깔 때문이다. 우기에 호수에 물이 많이 차면 홍학이 날아와서 장관이라고 한다. 볼리비아의 소금호수 '우유니 사막'과 매우 비슷하다. 현재 소금호수는 하얀 사막처럼 햇빛에 반짝인다. 우리는 소금호수에서 산책도 하고, 기념사진을 찍으며 동심의 시간을 보냈다.

소금호수를 나와서 옆에 있는 휴게소에서 소금기가 밴 손발을 씻고, 점심 식사하러 갔다. 윤 군이 세면장에 휴대폰을 놓고 나왔다가 곧바로 찾으러 갔는데 없어졌다. 순식간에 누군가 집어 간 것이다. 여행 끝자락에 불운을 당한 것이다. 지난 2달 동안 기록한 메모, 사진 등을 모두 분실한 윤 군은 한동안 우울해

했다. 우리나라 같으면 분실할 일이 아닌데.

　오후 4시경 튀르키예 수도 ‘앙카라’에 도착했다. 우리는 먼저 시내 중심부 한국전 참전 공원에 헌화하러 갔다. 1973년 서울 시가 6.25 전쟁의 터키 군대 참전에 대한 감사의 뜻으로 세운 것이다. 경주 불국사 ‘석가탑’ 형태의 위령탑, 팔각정 휴게소 등 이 있는 아담한 공원이다. “6.25 참전 기념 공원”에 도착하니 공원 출입문이 잠겨서 내부로 들어갈 수가 없다. 평소 방문객이 거의 없어서 기념 공원 출입문을 잠가둔 것이다. 기념 공원 관 리인을 찾아서, 6.25 기념 공원에 들어가서 전사자 등에 대한 묵념을 하고 감사의 인사를 드렸다.

　터키는 6.25 전쟁 당시 미국, 영국, 캐나다 다음 네 번째로 많 은 군대 (1만5천명)를 파병했다. 전사자와 실종자 수는 미국, 영 국 다음 세 번째로 많았다. 6.25 전쟁의 사망자 유해는 부산 UN 군 묘지에 안장되어 있다. 공원 건립시 부산 UN군 묘지의 흙을 가져다 이곳 공원에 뿌렸다고 한다. 6.25 참전 군대 중에서 희 생자 숫자가 가장 적은 나라는 필리핀 군대라고 한다. 필리핀은 영어 소통이 잘 되어서 미국 공군의 지원을 잘 받았고, 반면 터 키는 영어가 서툴러서 미 공군의 지원을 못 받아서 희생자 숫자 가 많았다고 전한다.

　서울 여의도 KBS 별관 앞에 6.25 전쟁 기념을 위해 서울에 조성한 ‘앙카라 공원’이 있다. 튀르키예 수도 ‘앙카라’는 해발 1천m 내외의 분지형 도시로 날씨가 무척 무덥다.

　8월 22일 아침 식사 후 앙카라에서 450km 떨어진 최종 목 적지 ‘이스탄불’로 향한다. 아내와 나는 힘들었던 전투적 여행

앙카라의
6.25 전쟁
참전 기념탑

의 사선死線을 넘었다는 안도감으로 편안하다. 앙카라 호텔에서 아침 식사에 향이 진한 커피를 마시며 지난 50일간을 돌아봤다. 지구의 반 바퀴를 지나옴에 따른 마음의 여유, 뿌듯함, 성취감을 느낀다. 아내는 험한 사막길 위에서 발생한 목 디스크로 계속 고통을 호소했는데, 목적지 근처에 가까이 오니 기분이 좋아져서 아프다는 말을 적게 한다. 이스탄불 가까이 오면서 아내는 차 안에서 여행 소감을 말한다.

"광활한 시베리아 대초원, 파미르고원, 천산고원, 타클라마칸, 고비사막 등 영적인 여행을 했다. 진한 감동의 느낌도 시간이 지나가면 잊혀 질 것이고, 말로 영적인 느낌을 표현할 수 없어서 아쉽다."

'앙카라'에서 '이스탄불'로 가는 6차선 고속도로는 상태가 매우 좋다. 이스탄불에 가까이 갈수록 초원이 적어지고, 산에는 무성한 숲과 나무들이 울창하다. 우리나라 충청도 지역의 산처럼 밋밋한 구릉지대를 지나고 있다. 바다 가까이 가면서 기후도 건조한 스텝 기후에서 지중해성기후로 바뀌고, 도시와 마을도 많이 나타난다. 터키 인구는 주로 해안선에 살고 있다. 흑해, 보스포러스 해협, 에게해와 지중해 등에 밀집해 산다.

여유가 있는 우리는 경치 좋은 산 중턱의 휴게소에서 충분한 휴식도 취하고, 터키 전통 아이스크림(젤라토)도 먹으면서 행복한 드라이브를 하고 있다. 8월 22일 오후 4시경 아시아대륙과 유럽대륙을 연결하는 '보스포러스 해협'의 다리에 도착했다.

이 다리는 자살하는 사람이 많아서 도보로 걷거나 중간에 차를 세우는 것은 금지하고 있다. 자동차 창문을 열고 바다 냄새를 맡는다. 아내는 드디어 마라톤 결승선을 통과했다고 차 안에서 환호성을 한다.

보스포러스 해협 양쪽 해안에는 숲이 무성하고, 하얀색의 깔끔한 지중해풍 건물이 많다. 다리 아래로 흑해와 지중해를 오가는 화물선, 관광객을 싣고 온 대형 크루즈, 관광 유람선 등 많은 배들이 분주하게 지나간다. 다리를 건너면 지리적으로 유럽대륙이다. 튀르키예 전체 면적의 3% 면적이 유럽대륙에 속하고, 97%는 아시아대륙에 속한다. 튀르키예는 3% 면적 때문에 유럽으로 인정받기를 매우 희망하는 나라다. 튀르키예는 유럽에 있는 3% 영토 덕분에 북대서양조약 군사안보기구인 NATO 회원국이다. 이스탄불을 지나는 보스포러스 해협은 러시아 해군의 지중해 통과를 감시하고, 러시아와 전쟁 발생시 유럽 안보에 필요한 군사적 요충지이다.

아시아대륙과 유럽대륙의 경계선 '보스포러스' 해협

보스포러스 다리를 건너 해안 도로를 달리면 '골드 혼'으로 부르는 만灣이 나타난다. '골든 혼' 다리를 건너 해안선 도로를 따라가면 구도심 '술탄 아흐멧 광장'이 나온다. 우리는 오후 석양 무렵에 해안가에 있는 호텔에 도착했다. 우리가 묶는 호텔은 보스포러스 해협의 바로 옆에 있고, 호텔에서 '술탄 아흐멧 광장'은 가까이에 있다.

서울에서 출발, 동해항에서 카페리호에 차를 싣고 25시간 걸려 동해를 건넜다. 블라디보스토크 항구에서 이스탄불까지 장장 약 2만 2,000km를 달려왔다. 지구의 적도 둘레가 4만km이니 지구 반 바퀴 거리를 차로 달려온 셈이다.

호텔에 짐을 풀고, 바로 호텔 뒤쪽 성벽 길을 통과하여 '술탄 아흐멧 광장'으로 아내와 산책을 갔다. 8월 22일 오후 석양 무렵, 세계 각국에서 온 관광객이 참으로 많다.

461

‘동로마 제국’(비잔틴 제국) 시대 만든 ‘아야 소피아 박물관’, 오스만 터키 왕국의 ‘톱카프 궁전’, 하얀색의 웅장한 ‘불루 모스크’ 사원, 실크로드 상인의 교역 시장 ‘그랜드 바자르’, 로마 시대 전차경기장 등 중요 유적이 걸어서 10분 이내에 있다.

‘이스탄불’은 유럽대륙에서 인구수가 가장 많은 도시(인구 약 1,600만명)이고, 수도를 1600년 담당한 유럽 최대 관광도시이다. 이스탄불은 1985년 유네스코 세계 문화유적으로 지정되었다. 이스탄불 위치는 서울과 비슷한 위도의 반대편 서쪽에 있는 도시이다. 동에서 서로 달리는 차 안에서 국가별 표준시가 수시로 바뀜에 따라 손목시계를 10여 번 맞추면서 달려왔다.

이스탄불이 처음 수도가 된 것은 서기 310년 로마제국이 수도를 ‘로마’에서 ‘비잔티움’으로 천도하면서이다. 도시 이름 ‘비잔티움’을 ‘콘스탄티노플’로 콘스탄티누스 황제가 자기 이름을 따서 변경하였다. 투르크족 ‘오스만터키’가 1453년 동로마제국을 멸망시키고, 도시 이름을 ‘이스탄불’로 변경하였다. 1차세계대전 패전 후 ‘터키 공화국’이 수립하면서 수도를 1923년 앙카라로 이전할 때까지 이스탄불은 1,600년 동안 수도로 있었다. 터키 인구의 유전자 분석을 해보면 동양계인 투르크족 DNA는 약 17%이고, 나머지는 과거 이곳에 살던 유럽계 인종이라고 한다.

7월2일 동해항 출발, 50일 만에 오늘 8월 22일 오후 아시아 대륙을 관통해서 실크로드 종착지에 무사히 도착했다. 우리 부부는 8월 26일 귀국 비행기를 예약했다. 며칠 동안 관광과 쇼핑 등 행복한 시간을 보낼 계획이다.

이스탄불 '실크로드 우호협력기념비'

우리를 태우고 온 차는 이스탄불 도착 다음 날 8월23일 아침 일찍 항구로 가서 부산으로 부치기로 했다. 한국으로 가는 선박 회사는 화재 예방을 위해 자동차에 남은 기름을 5ℓ 이내로 줄이라고 말한다.

튀르키예 법은 외국에서 타고 온 자동차를 본국으로 선적해야만 세관에서 출국 허가를 해준다. 자동차 선적이 안 되면 이스탄불을 떠날 수 없다.

아내가 '페가수스' 이름을 붙인 차는 만신창이가 되어있다. 운전석 앞유리창은 도로에서 튕겨온 돌멩이에 맞아서 긴 금이 생겼다. 덕지덕지 묻은 모래 먼지와 곤충의 핏자국, 운전석 계기판에는 엔진 점검 경고등이 빨갛게 들어와 있다. 아내는 호텔 주차장에서 '페가수스'와 이별의 기념 촬영을 하였다.

요즘 한국으로 가는 배는 이스라엘과 팔레스타인 전쟁으로 '수에즈운하'를 통과하지 못한다. 아프리카 최남단 희망봉을 돌아가야 한다. 이 때문에 자동차를 부산항으로 부치는 비용이 크게 올라서 한 대당 운임이 700만원이다. 부산항 도착하는데

우리를 태우고 온 '페가수스'와 호텔 주차장에서 작별

2달 반이 걸린다. 동해항에서 블라디보스톡항 운임도 한 대당 150만원이다. 세관 통관 운송업체에도 비용을 지불해야 한다.

자동차 여행은 디젤 기름과 요소수, 국가마다 보험 가입, 고속도로 통행료, 중국 입국허가 컨설팅업체 비용, 출발 전 자동차 부품 교체, 여행 중간 10여 곳 정비소 수리비, O 사장 차의 '터보' 부품을 서울에서 내몽골 고비사막으로 공수 비용 등 돈이 많이 들었다. 오지를 통과하는 장거리 자동차 여행에 대한 경험이 없다 보니 서울에서 밑반찬과 간식, 구급약을 적게 가져와서 고생도 많았다. 사막이나 고원 등 변방에 근무하는 국경 근무 공무원의 불친절하고 비효율적인 행정절차는 자동차 여행을 더욱 힘들게 만들었다.

장거리 여행의 목적지에 도착하니 몸도 마음도 날아갈 것 같다. 귀국 일자까지 남은 3일 동안 이스탄불 관광을 할 것이다.

이스탄불에서 우리 부부는 결혼 40주년 기념의 낭만적 시간을 오붓하게 보낼 계획이다.

아침에 일어나면 '골든 혼', '보스포러스' 바닷길을 산책한다. 아침 산책 후 호텔 테라스 식당에서 아침 해가 뜨는 것을 바라보며 느긋하게 향이 진한 커피를 마시며 여유로움과 평화로움을 즐긴다.

지난 50여 일 동안 유목민처럼 매일 수백km를 이동하였다. 이제는 정착민처럼 한 장소에 머무는 것이 매우 편하다. 시내에서 터키 아이스크림 '젤라토'도 사 먹고, '술탄 아흐멧 광장'의 야외 식당에서 시원한 생맥주와 피자로 점심을 먹는다. 술판매를 엄하게 규제하기 때문인지 몰라도 생맥주 500cc 한 잔 값이 매우 비싸다. 말로만 들었던 '전통 터키 탕'에도 가봤다. 1인당 70유로 요금을 2인 80유로로 흥정했다.

나와 아내는 숙소에서 10분 거리 떨어진 '술탄 아흐멧 광장'에 있는 '아야 소피아' 박물관에 산책을 자주 갔다. '아야 소피아'의 뜻은 '거룩한 지혜'라는 의미이다. 성모 마리아를 축원하는 성당이다. 천주교에서 동정녀 마리아는 신성한 지혜와 동일시한다.

소피아 박물관의 입장료는 튀르키예 '리라' 대신, 40유로(6만 원)를 받는다. 소피아 박물관은 세계 각국에서 온 관광객이 표를 사기 위해 길게 줄지어 있다.

'아야 소피아 박물관'은 6세기에 지어져 여러 번 지진을 견뎌낸 건축물이다. 오스만 터키왕국은 15세기 소피아 성당을 이슬람 사원으로 변경하여 500년 이상을 사용했다. 근세 터키 공화

성 소피아 성당 박물관

국은 관광객용 박물관으로 변경하여 비싼 입장료를 받고 있다.

'불루Blue 모스크'는 소피아 성당 건너편에 있다. 오스만제국 전성기인 1616년 아야 소피야 성당을 의식해서 심혈을 기울여 건축한 예술적 건물이다. 이슬람 사원이라서 외국인에게도 입장료를 안 받는다. 외관의 색상이 차분하게 아름다운 '흰색'이다. '불루(파란색)' 모스크로 부르는 이유는 사원 내부의 파란색 타일이 아름답기 때문이다. 하얀색 건물과 6개의 첨탑이 아름다운 조화를 이룬다. 이슬람 사원의 서열과 등급은 첨탑의 개수로 따진다고 한다. 이슬람 사원에서 첨탑 6개가 가장 높은 등급의 사원이었다. 1616년 불루 모스크가 6개의 첨탑을 만든 후에 사우디아라비아 메카의 이슬람 성지인 '카바 사원'의 첨탑을 종전 6개에서 9개로 늘려서 건축했다고 한다. 대체로 대형 사원의 첨탑 숫자는 4개이다. 시골의 작은 사원은 첨탑이 1개이다.

이스탄불 시내에 이슬람 사원 숫자가 약 6,000개라고 한다. 하루에 5번 기도 시간을 알리는 스피커를 동시에 여러 사원에서 틀고 있다. 이방인에게 커다란 스피커 소리가 약간은 소음수준이다. 아내는 하루에 5번(새벽, 점심, 오후, 일몰, 취침)씩 기도하게 되면 일이 끊겨서 업무에 지장이 많겠다고 얘기한다.

시간이 남아서 이스탄불 고고학박물관(세계 4대 고고학박물관)에 구경 갔다. 오스만제국 시절 그리스, 시리아, 지중해 인근에서 발굴된 비너스 상 등 매우 많은 고대 소장품을 보관하는 곳이다. 고고학박물관은 관광객이 한산하다. 그리스의 아테네 고고학박물관의 소장품은 파손된 것이 대다수이고, 전시 유물도

아름다운 블루 모스크 사원

이스탄불 고고학박물관 로마 시대 유물

석관에 새겨진
슬픔에 빠진 여인들

많지 아니한 데 비해서 이곳은 엄청난 유물과 보존 상태도 매우 훌륭하다. 이번에 세 번째로 이스탄불 고고학박물관을 방문하는데, 올 때마다 전시품이 바뀌기 때문에 지루하지 아니하다.

전시품 중에서는 하얀 대리석 석관 벽에 새겨진 슬퍼하는 여인들의 조각이 인상적이다. 2,000년 전 죽은 남편에 대한 애도

보스포러스 해협 유람선 관광

와 슬픔을 생동적으로 표현했다. 여인들의 슬픈 표정을 참으로 잘 묘사했다. 시리아의 '시돈'이라는 도시에서 출토된 석관이라고 한다.

보스포러스 해협의 유람선을 타고 이스탄불 야경을 감상했다. 1인당 20유로 요금을 10유로로 할인해서 샀다. 저녁 식사 후 석양 무렵에 유람선을 타고 학창 시절 수학여행을 온 것처럼 기분을 냈다.

나와 아내는 실크로드 여행의 마무리로 두 곳의 상징적 장소를 방문키로 했다. 이스탄불의 오래된 재래시장 '그랜드 바자르', 골드 혼 건너 '갈라타 타워' 옆에 설치된 '실크로드 기념비'다.

술탄 아흐멧 광장을 가로질러서 걸어가면 '그랜드 바자르'

그랜드 바자르
정문 앞에서

시장 출입문이 나온다. '그랜드 바자르'는 과거 실크로드 상인
이 동방에서 가져온 물건을 판매하는 장소였다. 이곳이 당나라
실크로드 전성기에 상인들이 동양의 비단, 향료, 약재 등을 낙
타와 말로 싣고 와서 팔았던 종착지이다. 시장 안은 중국인 관
광객이 특히 많다.

시장 입구에서 만난 튀르키예 노인 한 분이 우리에게 한국인
인지 묻는다. 자기 아버지가 한국전 참전용사라고 반갑게 말하
며 현지 사정을 얘기해줬다. "그랜드 바자르는 외국인에게 바
가지요금을 받는다. 시장은 구경만 하고, 쇼핑은 차라리 시장
밖의 가게에서 사는 것이 싸다."라고 알려준다. 아내는 '그랜드

바자르'에서 손자들에 선물할 티셔츠를 몇 개 샀다.

아내는 가격흥정을 나에게 미뤘다. 나는 티셔츠와 기념품 가격을 상인이 부른 값의 절반으로 깎아서 샀다. 아내는 내게 흥정을 잘한다고 칭찬했다.

마지막 목적지는 '골든 혼 다리'의 건너 '갈라타 타워' 옆에 있는 경주시와 이스탄불의 "실크로드 기념비"이다.

갈라타 타워는 13세기 이탈리아 도시국가 '제노바'가 만든 탑으로, 갈라타 타워의 꼭대기는 이스탄불 시내 전망대이다. 탑 주변은 기념품 가게와 식당으로 가득한 유명한 관광지이다. '갈라타 타워' 전망대 입장료는 20유로를 받는다.

13세기 만든 갈라타 타워

나와 아내는 그랜드 바자르에서 몇 km 떨어진 갈라타 타워로 걸어가다가, 힘들어서 택시를 탔다. 택시 기사가 요금이 1,500리라(6만원)라고 말한다. 내가 1,000리라(4만원)에 가자고 가격을 깎았다. 택시 기사는 우리에게 계속 말을 시켜서 정신을 분산시킨다. "이차가 현대차 중고차로서 100만km 이상 달렸는데 잘 달린다. 현대차가 매우 좋다. 한국 사람과 터키와 형제 국가이다." 등 계속 말을 시킨다. 나중에 알고 보니 바가지요금을 씌웠다. 200리라 요금 거리를 1,000리라를 준 셈이다. 택시에서 내린 다음에 바가지요금을 씌운 사실을 알고 아내와 함께 웃고 말았다.

갈라타 타워 옆의 2013년 설치된 경주시와 이스탄불시가 만

실크로드
우호협력 기념비

든 "실크로드 우호협력 기념비" 앞에서 기념사진을 찍고, '시베리아 실크로드' 대륙횡단 대장정을 끝냈다.

신라의 수도 '계림'은 실크로드의 가장 동쪽의 끝자락에 있는 도시였다. 고등학생 시절부터 꿈꾸었던 실크로드 길을 주마간산走馬看山 격으로 지나왔다. 유라시아 대륙 곳곳에 있는 한민족 얼이 서린 역사의 현장에서 그동안 몰랐던 고대 조상들의 진취적인 기상을 보았다. 선조들의 한恨과 자취가 남아있는 2만 2,000km 유라시아 길을 가로질러 우리의 여행은 대단원의 막을 내렸다.

대장정의 끝,
그리고 귀국

우리 일행은 완주 기념으로 호텔 뒤쪽의 한식당 '고려정'에서 자축파티를 했다. 이슬람권은 돼지고기를 팔 수 없는데, 한국식당 '고려정'에서 삼겹살 안주에 한국 소주와 맥주를 오랜만에 마음껏 먹었다. 내가 자축파티 비용을 냈다. 아내는 여행 도중에 건배사로 외쳤던 "가자, 이스탄불" 대신, "왔다, 이스탄불"로 센스있게 바꿔서 박수를 받았다.

귀국하기 전날 '고려정' 식당에서 석별 식사를 할 때 아내는 '추억이 많은 사람이 부자다'라는 말로 2달 동안의 동고동락을 회고했다. 돈으로 계산할 수 없는 자아 성취, 남이 알아주지 아니해도 나만의 내밀한 경험을 만든 것은 인생의 소중한 재산이다. 나와 아내는 '추억 부자'가 되었음에 감사한다.

2024년 7월 2일 장맛비가 심하게 내리는 날 아침 서울을 출발, 동해항으로 갈 때 영동고속도로 자동차 안에서 아내는 가기 싫다고 울먹이고, 옆 좌석에 있는 나 역시 쓸데없는 일을 저지른 것이 아닌지 걱정했던 일이 생생하다.

블라디보스톡행 카페리 여객선에 차를 싣고, 25시간 동안 여객선 3등실 객실에서 고생했던 일이 엊그제처럼 생생한데 자동차 여행을 무사히 끝냈다.

결혼 40주년, 내 나이 70살을 기념한 실크로드 역사와 지리 여행에 아내의 동행에 감사하다. 동해항에서 일행 8명이 처음 만났는데 불가佛家에서 말하는 전생의 인연이다. 김중석 목사님, 강경중 회장님, 오영환 대표님, 이경태 실장님, 현광민 대장님, 윤하경군이다. 귀국했을 때 친구들은 장기간 여행 중에 부부간에도 싸우는데, 처음 만나는 낯선 사람들끼리 장거리 여행을 무사히 다녀온 것에 대해 신기하다고 말한다.

귀국해서 친구들이 장거리 여행의 무사 귀환을 축하해주면서 "윤영선, 장가 잘 갔다. 내 아내는 절대로 함께 안 갈 것이다."라며 농담을 했다.

2024년 여름 두 달(7월과 8월) 동안 내 인생의 가장 큰 일탈을 경험했다. 그동안 꽉 짜인 조직 생활에서 벗어나 자유와 느림의 시간을 보냈다. 결혼 40주년 기념으로 시베리아와 실크로드 길을 간다고 했을 때 자녀 등 주위의 모든 사람이 만류했다. "오지에서 아프면 어쩌려고 그러느냐?" 등 여러 이유를 들며 만류했다. 아내의 목 디스크, 감기, 소화불량, 자동차 고장 등으로 고생을 많이 했지만 지나고 보니 그런 고생이 소중한 추억거리로 남는다.

후진국 국경 직원들의 불친절과 장시간 기다림도 지나고 보니 아름다운 추억이다. 인터넷이 자주 끊기는 시베리아 대초원, 바이칼호수의 청정한 공기, 고비사막의 무한대 지평선, 황량한 타클라마칸 사막, 만년설의 파미르고원, 평화로운 천산산

이스탄불에서
귀국 직전 필자

맥 정경, 키질쿰사막 자갈밭 길, 아름다운 코카서스산맥 종단, 아나톨리아 고원 등 말과 글로 표현하기 어렵다. 광활한 대지에서 내면의 평안함과 영혼의 자유로움, 겸손함, 느림, 고요함, 멈춤을 느꼈다. 장엄한 대자연 속으로의 몰입은 내 인생에서 잊지 못할 심리적 피정避靜이었다. 대륙과 대자연의 시간은 직선으로 가지 않고 곡선으로 천천히 흐르고 있었다.

실크로드 곳곳에 남아있는 우리 조상의 고대 역사 흔적, 왕오천축국전을 쓴 신라 승려 '혜초스님' 자취, 연해주 독립운동가의 유적 등 모두 감동이었다.
대륙성기후, 사막성기후, 스텝기후, 한대 기후 등 척박한 기후를 보면서 온대지역에 사는 것에 감사하게 됐다.

민족 갈등, 종교 갈등, 다언어 사용, 지역갈등, 물 부족, 물류 문제 등 많은 나라가 크고 작은 문제를 갖고 있음을 보았다. 연해주에 살던 17만명 고려인들의 중앙아시아 강제 이주 현장, 현재 중앙아시아에 살고 있는 50만 명의 고려인 4세, 5세들의 삶의 현장을 잠시 보았다. 고려인 4세, 5세 후손들에 대한 모국의 따뜻한 관심이 요구된다. 이들은 한글을 잊어버렸지만, 모국에 대한 애정과 사랑이 넘치고 있다. 중앙아시아에 흩어져 살고 있는 고려인 중고등학생, 대학생 등을 초청하여 모국의 역사, 문화, 한글을 알려주는 사업의 필요성도 깨닫게 됐다. 자원 부국인 중앙아시아에 한민족 네트워크 형성을 지원하고, 저출산에 따른 노동력 공급 등 다양한 측면에서 상호 도움이 될 수 있다는 생각이 든다.

2024년 8월 27일 인천공항에 도착하니 아들이 차를 갖고 마중 나왔다. 아내는 정형외과에 가서 목 디스크 치료를 몇 개월 동안 받았다.

나는 지인들에게 강의 요청을 받아서 "시베리아 실크로드" 역사 여행 강의를 가끔 하였다. 실크로드 여행기도 2024년 9월부터 2025년 8월 말까지 1년 동안 매주 1회씩 신문에 연재하였다. 애정으로 읽어준 독자분들에게 감사드린다. 여러 지인이 연재가 끝나서 아쉽다는 애정 어린 말씀을 주시며, 여행기를 출간하라고 격려했다. 여행기를 기록으로 남기면 먼 훗날 손자들이 이 책을 읽으면서 할아버지와 할머니가 어떤 사람인지 알게 될 것이다.

여행기 때문에 모교인 '서울고등학교' 유튜브 방송에 출연한 것도 작은 기쁨이다. 살아간다는 것은 끊임없는 선택과 결정의 과정이다. 돌이켜보니 "시베리아 실크로드" 역사와 지리 여행을 선택한 것은 내 인생을 조금이나마 풍요롭게 만든 작은 전환점이었다.

이제 로버트 프루스트 시인의 '가지 않은 길'의 한 구절을 인용하며 여행기를 마친다.

> 노오란 숲속에 두 갈래로 길이 있었습니다.
>
> 나는 두 길을 다 가지 못함을 안타깝게 생각하면서
>
> ......
>
> 훗날 훗날에 나는 어디선가 회고하며 이야기할 것입니다.
>
> 숲속에 두 갈래 길이 있었다고,
>
> 나는 사람이 적게 간 길을 택하였노라고,
>
> 그리고 그것 때문에 모든 것이 달라졌다고

은 퇴 는 도 전 이 다

유라시아 횡단, 22000km

초판 1쇄 발행   2025년 11월 5일
초판 3쇄 발행   2025년 12월 4일

지은이   윤영선
펴낸이   김상철
발행처   스타북스
등록번호   제300-2006-00104호
주소   서울시 종로구 종로 19 르메이에르종로타운 A동 907호
전화   02) 735-1312
팩스   02) 735-5501
이메일   starbooks22@naver.com

ISBN   979-11-5795-783-5 03980

© 2025 Starbooks Inc.
Printed in Seoul, Korea

이 책은 저작권법에 의해 보호를 받는 저작물이므로 무단전재와 무단복제를 금합니다.
잘못 만들어진 책은 구입하신 서점에서 교환하여 드립니다.